东北典型地区积雪特性及其影响

张丽娟 臧淑英 等 著

科学出版社

北 京

内 容 简 介

本书全面系统地介绍东北典型地区近年来积雪调查和研究的主要成果和进展,详细阐述了东北地区积雪特性分布、百年长序列东北地区积雪深度和面积的分布与变化特征,以及 21 世纪东北地区积雪参数的变化趋势,全面揭示了东北地区降雪参数以及降雪结构的变化规律,剖析了东北地区积雪黑碳、重金属等污染特性以及来源,重点分析了积雪对春季土壤湿度及植物生长的影响,对黑龙江省积雪灾害的风险进行了评估和区划,尤其是针对松嫩-三江平原两大农业区的积雪特性以及春季土壤湿度影响进行了研究并取得了突破性的研究成果。

本书主要为全球变化、自然资源、资源环境、灾害风险、自然地理、农业气象、气候学、冰冻圈科学、区域与可持续发展等领域的科学研究及相关行业技术和业务人员、高等院校的相关专业师生提供参考,也可为各级政府部门工作人员制定开发规划方案、应对气候变化方案及决策提供依据。

图书在版编目(CIP)数据

东北典型地区积雪特性及其影响/张丽娟等著. —北京:科学出版社,2022.5

ISBN 978-7-03-071213-4

Ⅰ. ①东… Ⅱ. ①张… Ⅲ. ①积雪–研究–东北地区 Ⅳ. ①P426.63

中国版本图书馆 CIP 数据核字(2021)第 281469 号

责任编辑:杨帅英 赵 晶 / 责任校对:杨聪敏
责任印制:吴兆东 / 封面设计:蓝正设计

科 学 出 版 社 出版
北京东黄城根北街 16 号
邮政编码:100717
http://www.sciencep.com

北京虎彩文化传播有限公司 印刷
科学出版社发行 各地新华书店经销

*

2022 年 5 月第 一 版 开本:787×1092 1/16
2022 年 5 月第一次印刷 印张:14 1/4
字数:338 000

定价:150.00 元
(如有印装质量问题,我社负责调换)

本书作者名单

主　笔　　张丽娟　　臧淑英

撰写人　　潘明溪　　潘　涛　　张　帆　　黄玉桃　　李永生
　　　　　陈玉颖　　蒋顺宇　　任　崇　　张文帅　　杜　晨
　　　　　郑艳姣　　郭军明　　许　越　　刘冠之　　李雪蒙
　　　　　赵余峰　　宋帅峰　　王子晴　　王雨萌　　郭喜慧
　　　　　赵恩博　　汪　楠　　姜美伊　　王　楠　　褚　越
　　　　　杨艺萍　　赵　程　　宋海燕

秘书组　　姜美伊　　王　楠　　褚　越　　王　恒

序

　　自然环境是人类赖以生存和发展的基础,探索自然环境及其各要素的特征、演变过程、地域分异规律以及驱动机制是自然地理学的重点研究内容。冰冻圈科学是一门新兴学科,其核心思想是将冰冻圈过程和机理研究与其变化的影响相关联,通过研究冰冻圈变化对水、生态、气候等的影响,将冰冻圈与区域可持续发展联系起来,从而达到为社会经济可持续发展提供科学支撑的目的。最近几年,在科学家的推动下,冰冻圈科学体系的建设取得了显著进展,这其中最重要的就是冰冻圈的研究已经从传统的只关注冰冻圈自身过程、机理和变化,转变为关注冰冻圈变化对气候、生态、水文、地表及社会等影响的研究,也就是关注冰冻圈与其他圈层相互作用中冰冻圈所起到的主要作用。

　　作为冰冻圈的重要组成部分,积雪对地表能量平衡、水文过程、大气和海洋环流等具有显著影响。在全球变暖的背景下,对温度敏感的积雪的变化趋势被视为气候变化的指示器。积雪通过其高反射率特性,改变地表能量收支,在地-气系统的物质能量交换中起关键作用,进而影响全球气候变化。积雪具有较低的导热率,因此寒冷季节的积雪覆盖对地表具有保温作用,延缓了春季气温的回暖。积雪含有丰富的水资源,积雪融水一方面增大表面径流,另一方面导致非冻结土壤湿度增加,是水文循环系统中不可或缺的一环,积雪融水是干旱半干旱地区地表径流的主要补给源。积雪不仅是地表的一种动态景观要素,而且还影响着工程、农业、旅游、娱乐等各种人类活动。

　　20世纪80年代以来,积雪变化的研究已经取得了重要的进展,也取得了一系列开拓性的成果。积雪分布和变化研究的空间尺度从区域扩展到青藏高原、南北两极、北美洲、欧亚大陆及北半球。气候变暖引起的积雪变化(春季积雪融化提前、积雪季节缩短、最大积雪厚度减小、雪面降水的可能性增大)对自然和人类系统的影响深远。目前,更多的学者致力于积雪对气候产生的内部物理过程,以及积雪-大气之间的能量和质量平衡研究,实现将积雪参数在全球气候模式中得以刻画。同时,积雪对气候的影响研究、积雪变化的脆弱性和适应性研究也取得了丰富的研究成果。

　　东北地区作为我国第二大稳定积雪区,是稳定积雪区范围与平均积雪深度最大的地区,其因位于中国最高纬度,所以是积雪重要的研究区。东北地区又是我国重要的粮食生产基地和商品粮基地。东北地区年平均气温倾向率远超全国平均水平,该地区是气候变暖的典型地区,积雪变化将对东北地区气候、生态及社会经济产生重要影响。然而,针对东北地区积雪的研究成果还相对较少。本书的出版将是对中国积雪研究的重要补充,是系统性研究东北地区积雪的首部著作,标志着东北地区积雪研究开始进入系统化研究阶段。习近平总书记指出"黑龙江的冰天雪地也是金山银山",出版该书是落实习近平总书记指示的实际行动之一,也将为东北老工业基地的振兴,为冰冻圈科学、气候变化研究、水资源评估、积雪灾害监测和预警提供基础数据和重要的科学支撑。

车　涛

2021 年 12 月 6 日

前　言

习近平总书记指出"黑龙江的冰天雪地也是金山银山"，这一论述的核心和关键词是冰雪资源、科学规划和开发寒地冰雪资源、充分挖掘冰雪资源优势，是落实习近平总书记讲话精神、助推东北地区冰雪经济发展、振兴东北老工业基地经济的重要举措。掌握东北地区的冰雪资源时空格局及变化特征，是实现这一重大目标的先决基础和前提；研究积雪变化的影响，对保证东北地区粮食生产安全及东北地区生态环境可持续发展具有重要意义。

积雪是冰冻圈的重要组成成分，其范围、动态及属性变化能对大气环流和气候变化迅速做出反应，是气候变化的重要指示器和全球气候变化研究的关键变量。积雪作为地球表面广泛的地表覆盖类型，通过高反照率对全球能量平衡产生显著影响；同时积雪具有低导热率，对冬季土壤起到了保温作用，积雪表面蒸发率很小，对土壤蓄水保墒、防止春旱具有重要意义；更为重要的是，积雪是重要的淡水资源，可以为干旱区提供重要的水资源，也是我国江河径流的重要补充和北方农田灌溉的宝贵水源，但大范围的积雪也会对交通运输、能源供应、电力设施、农业生产造成灾害性的影响。

东北地区的冰天雪地是在其独特的地理条件下形成的天然气候环境，是东北地区不可多得的巨大生态资源宝库。东北地区是我国第二大稳定积雪区，而且是稳定积雪区范围与平均积雪深度最大的地区，积雪期从南到北长达 30～190 d，年累积积雪深度最大可达 498 cm，其以积雪年均储量大和年际变率最明显而区别于其他积雪区。积雪作为东北地区重要的淡水资源，在春季融雪期，为土壤蓄水和农业灌溉提供充足水源。东北地区又是我国重要的粮食生产基地，耕地面积约占全国耕地面积的 22.9%，商品粮占全国总量的 1/5 左右，东北地区在国家粮食安全体系中具有重要的战略地位。在全球变暖背景下，东北地区年平均气温倾向率远超全国平均水平，是气候变暖的典型地区。已有研究表明，在气候变暖背景下，东北地区成为积雪面积减少最显著的区域，气候变暖对东北地区积雪指标(积雪深度、积雪初日、积雪终日、积雪期、积雪面积等)已造成一定的影响。在此背景下，积雪特征的变化对东北地区环境、水文供给、生态安全和社会经济带来重大影响，尤其是积雪减少，减少了对春季土壤的水资源供给量，增加了春旱概率；而且气温升高使积雪提前融化，融化的雪水提早流失，使作物播种期错失了雪水补给，不仅影响农作物正常播种，也影响作物出苗、生长，最终影响作物产量和品质，因此，全面系统地研究东北地区积雪分布变化及影响已经刻不容缓。本书系统地介绍了近年来东北地区积雪时空分布变化特征及影响研究的主要成果和进展，力求理清和全面掌握东北地区积雪特征变化及其影响的数据资料，为我国乃至全球冰冻圈研究提供科学支撑。

全书共分为 5 章。第 1 章绪论，讨论了积雪研究的目的及意义，以及国内外研究进展，并介绍了本书研究区概况及研究中使用的主要研究方法。第 2 章在对东北地区开展积雪野外观测的基础上，分析了东北积雪特性空间分布和变化特征，包括雪深、雪压、雪密度、积雪反照率、积雪液态含水量及雪颗粒形态等，并对比了两大主要农业区松嫩平原和三江平原积雪分布的差异，分析了东北百年及未来积雪时空演变规律。第 3 章介绍了黑龙江省降雪时空变化特征，并分析了气候变暖对黑龙江省冬季极端降水的影响和机制。第 4 章采用模拟和实验的方法分析了东北积雪中吸光性物质对积雪消融的影响，主要对积雪中重金属元素、汞元素和黑碳(BC)、矿物粉尘(MD)等吸光性物质的分布及变化特征进行分析，定量厘清了积雪污染对积雪反照率、辐射强迫及消融时间的影响。第 5 章针对积雪变化对黑龙江省春季土壤温湿度的影响开展分析，探讨了春季土壤湿度的影响因素，对比了积雪对三江平原、松嫩平原两大农业区春季土壤湿度的不同影响。

全书内容由张丽娟教授负责撰写，臧淑英教授负责全面审定。本书在哈尔滨师范大学寒区地理环境监测与空间信息服务黑龙江省重点实验室积雪团队全体成员的努力下，经过反复讨论及修稿，形成最终版本。本书第 1 章由张帆、潘明溪汇总撰写；第 2 章由潘涛、任崇、张文帅、王雨萌、郭喜慧、赵恩博、赵余峰、蒋顺宇、宋帅峰、王子晴、潘明溪、汪楠、姜美伊、王楠、褚越、赵程撰写；第 3 章由黄玉桃、陈玉颖、杨艺萍撰写；第 4 章由张帆、郑艳姣、郭军明、许越、刘冠之、杜晨撰写；第 5 章由潘明溪、李永生、李雪蒙、宋海燕撰写。全书由姜美伊、王楠、褚越、郭喜慧、王雨萌进行排版和校对。

本书的编辑和出版得到国家自然科学基金项目"积雪变化对东北农业主产区春季土壤干旱化的影响及机制"(41771067)、黑龙江省自然科学基金重点项目"黑龙江省冰雪资源时空格局与变化及其机制研究"(ZD2020D002)、国家自然科学联合基金项目"兴安型多年冻土对全球变化的响应机理及其碳循环过程研究"(U20A2082)的共同资助。

本书在组织和撰写过程中，始终得到中国科学院西北生态环境资源研究院"中国典型积雪区积雪特性地面调查"课题组王建研究员、车涛研究员、李震研究员、肖鹏峰教授、钟歆玥副研究员、戴礼云研究员等的大力支持、指导和帮助，他们从研究内容、调查项目、技术规范到野外观测仪器都给予无私援助，在此表示深深的感谢；同时，感谢美国南卡罗来纳大学(University of South Carolina)王翠珍教授、南京大学冯学智教授在本书研究过程中给予的引领和指点，他们使本书的研究更加严谨和得到升华；感谢哈尔滨师范大学寒区地理环境监测与空间信息服务黑龙江省重点实验室的张冬有院长、孙丽讲师、马大龙副教授、那晓东教授、烟贯发副教授等给予的帮助和支持；还要感谢黑龙江省气象科学研究所赵慧颖，她在本书完成过程中始终作为我们的后盾，默默地给予建议和技术的掌控；感谢黑龙江省气候中心王波主任、陈莉副主任的大力支持和帮助。此外，还要感谢很多帮助过我们的人，受篇幅限制，不便列名备载。"犹有报恩方寸在，不知通塞竟何如"，在此，作者代表全体写作成员向所有帮助过我们的人致以诚挚的谢意。

"欲穷千里目，更上一层楼"。积雪是巨大的生态资源宝库，我们团队有信心、有决心继续专注于积雪研究工作，并将研究成果进一步补充完善和提升，以便本书再版时进行补充或修正。本书疏漏之处，敬请所有同仁批评指正。

张丽娟　臧淑英

2021 年 5 月于哈尔滨

目　　录

第1章 绪 论

1.1 研究目的及意义

积雪是寒冷地区得天独厚的气候资源。2016年3月7日,习近平总书记参加十二届全国人大四次会议黑龙江代表团审议时指出"绿水青山是金山银山,黑龙江的冰天雪地也是金山银山";2016年5月,习近平总书记在黑龙江考察时再次强调以推动绿色发展为抓手,推进生态文明建设;绿水青山是金山银山,黑龙江的冰天雪地也是金山银山。2018年9月25~28日,习近平总书记在东北三省考察并主持召开深入推进东北振兴座谈会时又一次强调,要贯彻绿水青山就是金山银山,冰天雪地也是金山银山的理念。"冰天雪地也是金山银山"的核心和关键词是冰雪资源,因此,科学规划和开发寒地冰雪资源,充分发挥东北地区冰雪资源优势,是落实习近平总书记讲话精神、助推东北地区冰雪经济发展、振兴东北老工业基地经济的重要举措。而掌握东北地区冰雪资源时空格局及变化特征,是实现这一重大目标的先决基础和前提。

积雪是冰冻圈中最为活跃的组成部分(李培基,1999;张廷军,2019),在高纬度环境中,积雪在几天内以融水形式释放,形成地表环境中最重要的独立水事件(Jones et al., 2003),是春季土壤水分的重要补充(车涛和李新,2005);积雪增大地表反照率,构成了特殊的地表覆被类型,且融雪使土壤成为"湿土壤",这种"湿土壤"使得积雪信号长期保留,与大气进行长时间相互作用,从而影响区域乃至全球的气候变化(秦大河等,2014)。融雪时间和特性的变化也会影响生物圈系统(Jones et al., 2003),在一些区域成为生态系统变化的主要原因(史培军等,2006)。可见,融雪已成为一年中最重要的环境扰动因子或刺激源(Jones et al., 2003)。特别是在气候变暖的背景下,近30年全球年平均积雪面积已经减少了10%(符淙斌等,2010),北半球冬季雪水当量的总体变化呈下降趋势(Liu and Li, 2013),北半球春季融雪时间每10a提前5~6d(Dye, 2002)。因此,积雪储量的下降和积雪提前快速消失,以及它所导致的春季增温和土壤干旱化引起了广泛的注意,已经成为影响春季土壤干旱程度和持续时间的重要因素(李培基,1999;左志燕和张人禾,2008)。

东北地区是我国第二大稳定积雪区,且是稳定积雪区范围与平均积雪深度最大的地区,积雪期从南到北长达30~190d(施雅风,2001),年累积积雪深度最大可达498cm(陈光宇和李栋梁,2011),其以积雪年均储量大和年际变率最明显而区别于其他积雪区(车涛和李新,2005)。积雪为东北地区重要的淡水资源,在春季融雪期,为土壤蓄水和农业灌溉提供用水量(刘俊峰等,2012)。东北地区又是我国重要的粮食生产基地,耕地面积约占全国耕地面积的22.9%,商品粮占全国总量的1/5左右(吴海燕等,2014),东北地区在国家粮食安全体系中具有重要的战略地位(钱正英等,2007)。然而,土壤水分一直是东北地区农业生产的限制因子(钱正英等,2007),也是影响春季播种的关键指标(李雨鸿等,

2015)。东北地区春旱发生频率平均为 30%～50%。近年来，松嫩平原春旱发生频率加快，连旱不断发生，春旱已经进入严重干旱状态；春旱的范围不断扩大，从松嫩平原西部扩大至中东部，甚至以涝为主的东部三江平原在 2000 年、2001 年、2003 年、2009 年、2011 年春季频繁受到干旱的侵袭(王萍等，2006；王晨轶等，2012)；而且春旱持续时间加长。东北主要农业区春季土壤呈现出干旱化的趋势，已成为影响松嫩平原和三江平原粮食产量的重要原因之一(李廷全等，2006；王晨轶等，2012)。以齐齐哈尔市为例，其春旱频率高达 86.9%，春旱所造成的经济损失平均为 5.1 亿元/a(王晨轶等，2012)。2011 年冬季降雪量为黑龙江省近 50 年来最低值，多数县市无积雪覆盖，2012 年春季全省随之遭遇了近几十年来最严重的春旱。然而，截至目前，关于东北春季土壤干旱致因的研究成果还很少，已有研究集中在降水、大风等气象条件对东北春季土壤干旱的影响(魏凤英和张婷，2009；赵秀兰，2010；卢洪健等，2015；王萍等，2006)，却忽视了积雪变化所起的作用。

我们注意到，近百年东北增温 1.43℃，远大于全球和全国的增温率，冬季变暖比其他季节更明显(丁一汇和戴晓苏，1994；张晶晶等，2006)。在气候变暖背景下，东北地区成为积雪面积减少最显著的区域(Qin et al.，2006；张海军，2010；孙秀忠等，2010a)。积雪减少，减少了对春季土壤的水资源供给量，增加了春旱概率；气温升高使积雪提前融化，融化的雪水提早流失，使作物播种期错失了雪水补给，不仅影响农作物正常播种，也影响作物出苗、生长，最终影响作物产量和品质差异(郭玲鹏等，2012)，从而影响国家粮食安全战略。尽管较多学者对东北积雪及土壤湿度进行了深入研究(李栋梁等，2009；Ma and Qin，2012；赵春雨等，2010；刘俊峰等，2012)，但很少从积雪作为春季土壤水资源的视角研究东北积雪变化对春季土壤干旱化的影响。而这意味着，对"瑞雪兆丰年"在我国年积雪储量最大的东北地区的机理还缺乏足够认识。

综上所述，冰冻圈变化对区域环境的影响是国际冰冻圈科学研究的前沿方向，其影响过程及效应是其关键科学问题。松嫩-三江平原是气候变暖的敏感区，也是生态脆弱区，同时又是国家重要的商品粮基地。在全球气候变化背景下，研究积雪变化对东北松嫩-三江平原春季土壤干旱化影响，将有助于认识积雪变化对区域生态环境影响的规律，推进对冰冻圈变化的影响及动力机制的认识，提升应对冰冻圈变化的能力，同时本书按照习近平总书记"黑龙江的冰天雪地也是金山银山"的指示，全面、系统地研究东北地区积雪资源的分布和变化，为振兴东北老工业基地经济提供科学定量的基础数据，从保障国家粮食生产安全角度，凸显其战略意义和现实意义。同时，本书为冰冻圈科学、气候变化研究、水资源评估、积雪灾害监测和预警提供基础数据和科学支撑。

1.2 国内外研究进展

1.2.1 东北积雪分布特征和变化

国际上积雪监测始于 19 世纪，俄罗斯、加拿大、美国及欧洲国家和地区利用测雪尺记录积雪厚度，目前已经积累了 100 多年的历史数据，观测点密度不断增大，观测参数也从开始的雪深扩展到雪水当量、密度、硬度、类型等其他物理参数(Cayan，1996；

Lundberg and Koivusalo，2003)。中国积雪大范围观测研究始于 20 世纪 50 年代的气象观测系统，中国气象局在全国 765 个气象基准站实施了雪深观测(马丽娟和秦大河，2012；王澄海等，2009)，部分站点也观测雪压(仅省级气象主管机构指定气象观测站开展测量)，此后近 2400 个气象观测站陆续启动雪深雪压观测业务，至 1979 年形成统一的地面气象观测规范(中国气象局，2003)。此外，中国科学院建立多个野外台站，包括天山冰川研究站、玉龙雪山研究站、黑河遥感站、净月潭遥感站等，也开始了积雪特性的相关观测，这些持续观测的站点数据为长时间的气候变化和水文、水资源研究提供了宝贵的数据。但是，仅仅依靠人工观测和站点自动化定点观测获得的有限积雪参数不能满足水文、气候、生态的定量研究，而且站点观测范围有限，不能全面反映我国积雪的整体空间分布特征(Cline et al.，1998；Dozier and Painter，2004)。因此，国内外针对相关科研领域的积雪参数需求，开展了大量的积雪综合观测试验。其中，规模最大的为 2002 年美国国家航空航天局(National Aeronautics and Space Administration，NASA)开展的寒区陆面过程试验(cold land processes experiment，CLPX)，该试验根据不同的尺度观测了雪深、雪密度、雪粒径及形状、雪层结构、雪表面粗糙度，这是首次大规模的积雪遥感同步观测试验(Cline et al.，2002a，2002b)。我国分别于 2007~2009 年、2012~2015 年开展了黑河综合遥感联合试验和黑河生态水文遥感试验，这是我国首次开展的地面–航空积雪参数遥感同步观测试验，通过该试验获取了黑河上游的积雪数据集，对理解积雪对流域生态和水文过程的影响研究提供了强有力的数据支持(李新等，2012；王建等，2009)。2017 年科技部启动了国家科技基础资源调查专项"中国积雪特性及分布调查"。"中国积雪特性及分布调查"的总体目标是制定中国积雪野外测量规范，开展积雪特性地面与遥感调查，获取 1980 年以来中国区域积雪空间分布及其变化数据集，编制新的中国积雪类型图和系列专题图集，建立积雪特性综合数据库并实现共享，满足气候变化研究、水资源评估和防灾减灾的基础数据需求。"中国积雪特性及分布调查"项目在东北共有三条调查路线，分别为锡林郭勒—大兴安岭—漠河环线、环长白山线路和环小兴安岭线路(车涛，2020)。

卫星遥感技术可以提供大范围的积雪信息面上监测。自 1966 年以来，美国国家海洋和大气管理局(National Oceanic and Atmospheric Administration，NOAA)持续提供基于 NOAA/AVHRR(地球观测系统高级微波扫描辐射计，advanced very high resolution radiometer)的北半球每周积雪覆盖产品，其空间分辨率较低，约为 190km(Ramsay，2000)。1995 年至今，美国国家雪冰数据中心(National Snow and Ice Data Center，NSIDC)向全球发布每日近实时雪冰范围产品。该产品主要采用被动微波数据(special sensor microwave imager，SSM/I)生成，空间分辨率为 25km×25km。2000 年以来，利用积雪制图算法(SNOWMAP)等生成的中分辨率成像光谱仪(moderate-resolution imaging spectroradiometer，MODIS)积雪产品因具有较高的时空分辨率而得到广泛应用。近年来，我国的卫星数据在积雪面积制图中也得到广泛应用。例如，中国气象局制作了 1996~2010 年中国 FY-1/MVISR (多通道可见光红外扫描辐射仪)积雪面积逐旬产品，空间分辨率为 5km×5km。2008 年至今，采用 FY-3MERSI (中分辨率光谱成像仪)和 VIRR(可见光红外扫描辐射计)积雪产品融合生成全球 MULSS 日/旬/月积雪面积业务化产品，空间分辨率为 1km×1km。雪水当量遥感产品最早可追溯至 1978 年，NSIDC 利用扫描多通道微波辐射计(scanning multichannel microwave radiometer，

SMMR)微波亮温数据生产了全球 0.5°×0.5°空间分辨率的逐月雪深产品。1987 年 8 月起,性能更好的 SSM/I 和之后的 SSMI/S 替代了 SMMR,用于生产半球和全球尺度的雪深产品。Aqua 卫星上搭载的微波扫描辐射计(advanced microwave scanning radiometer-EOS,AMSR-E)于 2002 年开始使用,2011 年停止运行,并由全球变化观测任务卫星(GCOM)搭载的 AMSR-E 传感器代替。NSIDC 和日本宇宙航空研究开发机构(JAXA)分别利用 AMSR-E 和 AMSR-2 的微波亮温数据生产制作了全球范围不同时间分辨率的雪水当量产品,空间分辨率为 10～25km,较早期 SMMR 雪深产品精度有所提高。欧洲空间局(European Space Agency,ESA)利用 SMMR、SSM/I 和 SSMI/S 生产了全球 1979 年以来 25km×25km 分辨率的雪水当量产品。我国雪水当量/雪深产品主要包括利用 FY-3 生产的逐日雪水当量产品(Jiang et al.,2014)以及利用 SMMR、SSM/I 和 SSMI/S 生产的长序列逐日雪深产品(Che et al.,2008;Schaaf et al.,2002)。

国内外学者对全球积雪量的分布和变化研究的成果很多,较多学者支持积雪量减少的观点。Brown(2000)指出,全球 98%的积雪存在于北半球,1922～1997 年欧亚大陆 4 月积雪范围随着春季增暖而明显减少,春、夏两季积雪覆盖发生了明显的衰退;Gregory 和 David(2010)研究得出,北半球春季积雪面积自 1970 年以来持续减少,与冬季气温升高导致降雪减少密切相关,这一结论得到进一步证实。Estilow 等(2015)也一致认为北半球积雪减少,1978～2010 年北半球积雪面积整体呈现下降趋势,北半球冬季雪水当量的总体变化也呈下降趋势(Li et al.,2012;Mudryk et al.,2015)。Robinson 和 Frei(2000)提出,欧亚大陆积雪 20 世纪 60 年代中期急速减少,70 年代开始逐渐增加,80 年代以来开始减少,尤其 1986 年以后,积雪持续低于正常值;1972～2006 年欧亚大陆春季积雪有明显减少的趋势(Stephen and Ross,2007)。但中国学者认为,中国积雪面积 1951～1997 年明显增加(Qin et al.,2006);1978～2006 年中国地区积雪总体上呈现出平缓的增加趋势,积雪深度和积雪日数年际变化以增加为主(Tao et al.,2008;王芝兰,2008);王澄海等(2009)的研究认同中国地区积雪总体上平缓增加,积雪深度和积雪日数在 20 世纪 60 年代稍有增加,70 年代有所下降,80 年代又增加,90 年代也有增加;章诞武等(2016)分析中国降雪特征变化时指出,降雪在年内没有显著的集中趋势,这样有利于形成积雪,有利于增加流域水资源量。

部分学者对东北积雪分布与变化做了针对性研究。有的学者认为,东北积雪覆盖率从 2003 年起以每年 22.57km^2 的速率增加,积雪日数呈现增加趋势(杨倩,2015);1951～2009 年东北地区冬季积雪深度呈现增加趋势。而有的学者认为,东北地区降雪量相对稳定且呈减少趋势(王芝兰,2008);东北地区春季积雪深度和雪水当量呈现下降趋势(Ma and Qin,2012);2000～2009 年东北地区平均积雪深度呈现下降趋势(张海军,2010);积雪初日逐渐偏迟,积雪终日在 1975～1997 年明显提前(李栋梁等,2009);辽宁省积雪期缩短(赵春雨等,2010);黑龙江省 20 世纪 70 年代末以来暴雪量和暴雪日数年际波动有所增加,21 世纪以来暴雪发生频率和强度明显增加(刘玉莲等,2012,2013)。

可以看出,目前已有较多学者针对东北地区积雪变化特征进行了研究,但不同学者研究所用积雪数据源差别较大,所得结论不尽相同,甚至结果相左。因此,本书通过野外观测、遥感和模拟等方法,厘清东北地区积雪深度、液态含水量、积雪面积、积雪期、积雪日数、积雪初终日及雪颗粒形态等多参数的分布特征，分析东北地区长序列积雪面积及深度等参数的变化规律，并对东北地区积雪未来时空演变进行分析。

1.2.2 东北地区降雪变化特征

对于气候变化对降雪的影响，目前已有较多的研究。学者们更多地采用数值模型模拟方法，研究了全球尺度或局部尺度上降雪量的变化。O'Gorman(2014)综合分析了地球系统模型(ESM)等几十个模型的模拟结果，认为大多数地区的年平均降雪量随气候变暖而减少，而在地表温度极低的地区则增加；Krasting 等(2013)利用 CMIP5 模型模拟、Sarah 等(2013)采用高分辨率耦合模型模拟也得到了相似结论，认为气候变暖使低到中纬度地区的降雪倾向于减少，中到高纬度地区的降雪倾向于增加；Sarah 等(2013)利用 CMIP5 模型模拟得出，到 21 世纪末，极低降雪的发生变得普遍，北半球许多依赖降雪的地区，在未来 30 年内可能会因为低降雪年而承受越来越大的压力。部分学者研究了气候变暖对局地降雪量变化的影响，结论有所差异。一种观点认为局部变暖会使降雪量增加。例如，Bintanja(2018)用 37 个全球气候模型模拟得出，北极局部变暖是北极(70°N～90°N)降雪增加的主要原因；Chang 等(2009)认为，气候变暖使 1 月青海大部分地区降雪量呈显著上升趋势；Blanchet 等(2009)基于瑞士 239 个观测站资料分析认为，在海拔 400～2200m 平均降雪量会增加。而另一种观点认为气候变暖使降雪量减少或不具有统计意义上的增加趋势。例如，Liang 和 Bradley(2015)采用概率预测表明，21 世纪后期美国中部和东部在未来变暖条件下，大面积地区将经历局部甚至非常大的降雪损失；Screen 和 Simmonds(2012)结合模型模拟和冰芯观察资料分析认为，自 20 世纪 50 年代以来，尽管南极冬季变暖，但南极降雪量没有统计上的显著变化；Scherrer 等(2004)用观测资料分析得出，低海拔积雪的减少主要是由于温度的升高；Riyaz 等(2015)通过对监测数据的分析，认为气温升高使喜马拉雅山西部盆地降雪量下降，瑞士平均降雪量在高海拔保持不变或略有下降；Song 和 Qi(2007)认为，美国西部和中部冬季平均日温度的大幅上升会导致月降雪量与降水量之比(S/P)显著降低；Marty 和 Blanchet(2012)也同样认为气温升高而导致瑞士高山地区雪/雨(S/P)比率下降；Ye 等(2008)利用观测资料分析认为，随着气温的升高，俄罗斯欧洲部分雨夹雪天气日数增加，在俄罗斯欧洲北部和东部气温较低的地区，雨雪天的增加率较高；孙秀忠等(2010b)分析指出，我国降雪变化差异很大，东北北部、新疆北部地区的降雪量增多趋势显著，并利用联合国政府间气候变化专门委员会(IPCC)提供的模式模拟结果，给出在 SRESAlB、SRESA2、SRESBl 情景下，未来 2010～2098 年我国降雪的多模式集合预估结果。

少数学者的研究涉及了气候变暖对极端降雪量变化的影响。Juan 等(2011)利用区域气候模型模拟了在未来气候升高的情况下，在海拔 1000m 处，大雪事件的频率和强度显著降低；Kenneth 等(2009)认为，美国气温的变化趋势降低了美国极端降雪年份出现的频率；Blanchet 等(2009)认为，瑞士极端降雪量均在海拔 400～2200m 增加；也有学者认为，大雪事件对气候变化的反应尚不清楚(Shepherd，2016)。

东北地区自南向北跨中温带和寒温带，是稳定季节降雪区域。东北地区冬季降雪主要分为 4 个区域，分别为辽宁-吉林东部、吉林北部-黑龙江南部、辽宁西南部、黑龙江北部地区，且降雪量具有明显的阶段性变化特征。赵春雨等(2010)对东北地区降雪量变化趋势进行研究，发现东北冬季降雪量呈下降趋势，每10年减少0.2mm。20世纪60～70年代降雪量偏少，70～80年代降雪量偏多，90年代变化较小，21世纪初以后降雪量有所增加。孙秀忠等(2010a)研究表明，东北地区山地降雪量多，平原降雪量少。不同学者对东北地区不同省份降雪时空变化进行分析，王波等(2019)研究表明，黑龙江省大部分地区年平均降雪量增加趋势明显，降雪平均初始日期主要分布在9月下旬至10月，呈现略偏晚的趋势，而降雪平均终止日期一般在4月中旬至5月上旬，呈现略偏早的趋势。李嵩等(2014)认为，吉林省降雪量呈上升趋势，其中20世纪70年代为降雪偏少时段，2000～2010年中后期为偏多时段。赵春雨等(2010)研究表明，辽宁省降雪初日推迟，降雪终日提前，降雪期明显缩短(3d/10a)，降雪日数明显减少，降雪量没有明显变化。针对降雪内部结构变化方面的研究，多集中在对气候变暖的背景下，雪雨量比及雪雨次数比变化的研究，如Tamang等(2020)利用全球降水气候学计划(GPCP)数据分析了1979～2017年全球雪雨量比的变化，Hynčica和Huth(2019)基于107个站的降水数据分析了1961～2010年欧洲雪雨量比的变化，得出全球绝大多数地区和欧洲雪雨量比出现不同程度显著下降的趋势；1949～2004年美国西部(Knowles et al.，2006)、1949～2000年新英格兰(Huntington et al.，2004)、1936～2011年阿尔卑斯山脉(Christoph and Juliette，2012)雪雨量比也有显著下降趋势。但Tamang等(2020)认为，在全球绝大多数地区雪雨量比出现了显著下降趋势，而中国东北的部分地区却显示出上升趋势。也有学者支持了此观点，发现中国东北部的黑龙江省雪雨量比呈现显著增加的趋势，速率是7.60%/10a，黑龙江省近年来走向多雪化(侯冰飞等，2019)。与此同时，也有学者关注了雪雨次数比的变化，认为1985～2015年(韩微等，2018)和1985～2011年南极地区(Ding et al.，2020)、1849～2017年多伦多市(Micah and William，2020)、1930～2009年瑞士(Christoph and Juliette，2012)、1980～2014年中国天山山区(张雪婷等，2017)的雪雨次数比均显著下降。

表征降雪的指标很多，包括降雪量、降雪日数、降雪初日、降雪终日、雪季长度、降雪强度及各等级降雪次数和降雪量等(Zhang H et al.，2015)。然而，截至目前，对东北地区降雪指标变化研究还不全面，且较少涉及不同降雪指标对气候变暖敏感性的研究。在降水内部结构研究方面，相比雪雨量比、降雨内部结构变化研究，对降雪内部结构研究还很缺乏，尤其是在气候变暖背景下，降雪量和降雪次数对气温变化的响应哪个更为敏感，目前还没有明确的结论。因此，本书以黑龙江省为例，利用黑龙江省气象局逐日降雪量观测数据，分析黑龙江省降雪指标时空变化特征，并结合不同降雪等级分析冬季降水内部结构变化特征。

1.2.3 积雪污染及其对消融的影响

积雪中吸光性物质增加也是加速雪冰消融的重要原因之一(Bond et al.，2013；Hansen and Nazarenko，2004；Qian et al.，2009，2011；Qu et al.，2014)，其对积雪消融的影响已经越来越受到广泛关注。吸光性物质主要包括黑碳(BC)、有机碳(OC)、矿物粉尘(MD)等，其通过改变积雪反照率、辐射强迫，促进积雪提前消融。积雪中的BC和MD已经成为导致积雪消融提前最活跃的吸光性物质(Hu et al.，2020)，且BC已成为继CO_2之后影响全球气候变化的第二大重要因素(Forsström et al., 2009)。国内外学者基于 BC 和 MD 对积雪反照率和辐射强迫及其引起的积雪消融进行的研究已经取得了很多成果，但研究区域主要集中在南北极、青藏高原、冰川、山地地区等自然区域(Zhang et al., 2018；Warren, 2019；Zhong et al., 2019；Niu H et al., 2020)，而对人类活动影响较大的城市区域的研究还较少。截至目前，研究表明，积雪中 BC 和 MD 导致积雪平均反照率降低 0.005～0.423(Flanner et al., 2007)，区域差异较大。有些学者进一步研究了积雪对辐射强迫的影响，他们一致认为积雪中 BC 和 MD 导致了积雪辐射强迫的增加(Pu et al., 2019)。随着研究的深入，积雪中 BC 和 MD 对积雪消融时间的影响也得到了关注。例如，青藏高原东南部和中部冰川积雪中 BC 和 MD 分别使积雪提前消融(4.56±0.71)d 和(3.1±0.1)～(4.4±0.2)d(Niu Z Y et al., 2020；Niu et al., 2017)。除了以上自然区域外，有些学者对城市区域积雪中吸光性物质含量也进行了研究，Wang 等(2013)研究显示，中国东北重工业区雪表 BC 含量可达 1000～2000ng/g，约是受人类影响较小地区(北疆)雪表 BC 含量的 15倍。但截至目前，对东北地区积雪中 BC 和 MD 的研究还较少涉及对反照率和辐射强迫的研究。

　　除了吸光性物质外，积雪中重金属污染也引起了学者的广泛重视。研究发现，降雨或降雪天气会使颗粒状大气污染物凝结沉降，产生湿沉降效应。湿沉降对大气污染物具有十分显著的挟带作用(白莉等，2010；胡健等，2005)，并且雪水相对于雨水来说，对大气污染物作用更甚(Loppi et al., 2004)。关于积雪中重金属污染的研究具体分为两类：一类着眼于研究相对较大区域污染过程的发生发展变化情况以及重金属污染物跨区域输送途径等方面；另一类着眼于一个城市，范围较小，针对该城市不同功能分区积雪重金属元素分布情况、污染源排放差异等进行更为细致的分析。Tu 等(2013)研究了北京市降雪中重金属元素的污染状况，发现不仅城市内居民生产生活排放的污染物会对城市内环境产生不利影响，而且与北京市邻近的燃煤大省河北大量燃烧煤炭也会导致北京市空气严重污染。Juan(2017)在 2015 年冬季采集了兰州市 5 场降雪样本，分析兰州市区和郊区的重金属含量差异，结果表明，市区重金属含量明显高于人群稀少的郊区，证实了人类活动强度不同会导致污染程度的差异。Viklander(1999)在研究瑞典城市积雪时提出的积雪水质中的颗粒物质含量受到交通影响而增多，证实了交通密度和雪中重金属颗粒污染物含量之间存在正相关关系。Reinosdotter 和 Viklander(2007)沿瑞典吕勒奥市中心主干路进行融雪实验，发现道路盐不仅会对积雪融化产生影响，还会使城市融雪中氯化物污染物增多，同时加快雪中重金属污染物的释放。目前，国内已有的关于东北积雪重金属污染情况的研究多针对一个城市或一个经济中心等小范围地域进行分析，对东北地区进行整体性的污染状况和污染源的研究还很欠缺。

1.2.4　积雪变化对土壤温湿度及植物生长的影响

　　国内外学者对雪盖引起土壤湿度的变化已经进行了较多研究。很多学者研究表明，积雪可以促进土壤水分的增加(左志燕和张人禾，2008)，对浅层(0～40cm)土壤水分的影响较明显(施雅风，2001)，且积雪深度越大(陈光宇和李栋梁，2011)、积雪日数越长(刘俊峰等，2012)对浅层土壤水分的影响越大、作用时间越长。目前，大部分学者解释积雪对浅层土壤湿度的影响机制主要基于两个方面：一是积雪覆盖通过阻碍土壤含水率、温度与环境之间的能量交换，减小含水率和温度的变化幅度(吴海燕等，2014)，从而起到保墒作用；二是在融化期，以融雪水的形式补给土壤水分，增加土壤湿度(钱正英等，2007)。李雨鸿等(2015)基于实测数据和模型模拟分析了土壤湿度的变化特征，认为春季后期土壤湿度主要由降雨、融雪和蒸发之间的水热平衡作用驱动。王萍等(2006)利用气象站数据研究了欧亚大陆中部地区的融雪与土壤湿度的关系，发现年最大雪深越大，积雪终日越晚，土壤湿度越高，反之则越低。王晨轶等(2012)利用全球气候模式(Meteo-France GCM)研究了融雪作用，结果表明，春季融雪对土壤湿度的影响能够持续到夏季。任喜珍(2010)进行了积雪消融对土壤水热状况影响的研究，结果表明，积雪的消融会显著增加浅层土壤含水率。牛春霞等(2016)基于野外实测试验，观测积雪消融状况下土壤水分的变化，认为雪水入渗能在一定程度上补给土壤水，但消融后期剧烈的蒸发引起土壤表层 10cm 内水分损失较多。张音等(2020)利用土壤含水率资料，结合积雪不同阶段，分析积雪消融对季节性冻土温湿度的影响，研究表明，积雪对土壤含水率的影响深度最多达到 20cm 左右，且积雪对土壤湿度的影响主要在积雪消融时期。

自 20 世纪 60 年代起，国内外学者对雪盖引起地表热状况及土壤冻结深度的变化已经进行了较多研究，并证明了积雪保温效应的存在。已有研究采用的方法主要有两种：一是利用数值模拟和模型模拟方法模拟积雪的温度效应影响，上述研究方法表明，积雪的有无和厚度的深浅对地面温度和季节冻结深度都有重要的影响，积雪密度变化引起的地面温度和季节冻结深度的变化不大，雪盖的变化所引起的土壤温度变化远大于植被覆盖所造成的影响(魏凤英和张婷，2009；赵秀兰，2010；卢洪健等，2015；丁一汇和戴晓苏，1994；张晶晶等，2006；Qin et al.，2006；张海军，2010；孙秀忠等，2010b；郭玲鹏等，2012；李栋梁等，2009；Ma and Qin，2012；赵春雨等，2010；Cayan，1996；Lundberg and Koivusalo，2003)。土壤冻结深度、土壤季节性冻融过程与积雪深度成反比(王澄海等，2009；中国气象局，2003)。二是基于试验的方法，证明不足 5cm 的积雪对下伏浅层地温影响作用不大，一定厚度的积雪覆盖会使地表温差变小，而在没有雪盖时日温差大，积雪有良好的保温作用。同时，随着时间的变化，雪盖的作用亦有所变化，整个晚上至上午11:00 左右，雪盖起保温作用，其他时间基本起冷却作用；雪盖厚度变化比密度变化的影响更大，雪盖改变了土壤温度的变化，起到了减小土壤温度变化速率和促进土壤水分增加的作用(Cline et al.，1998，2002a，2002b；Dozier and Painter，2004；李新等，2012；王建等，2009)。积雪覆盖越厚，土壤温度受外界影响越小(魏丹，2007)。孙军杰等(1995)对裸地和积雪覆盖两种不同处理做对比，表明积雪的存在保持了地温。魏丹(2007)研究认为，当近地面气温在−5℃左右、雪层厚度大于 25cm 时，气象条件的变化对雪层热状况的影响极其微弱，同时还指出，在冻结过程中，雪盖的存在，保持了地温，减缓了土壤冻结速度，影响了水分迁移过程。胡铭等(2013)指出，雪盖对浅土层具有明显的绝热保温作用，由浅到深各层土温变化具有传递和延迟现象。

综上所述,东北作为中国第二大稳定积雪区,融化的雪水是春季土壤水资源的重要补给和保障。然而,尽管较多的学者致力于东北积雪变化、融雪与土壤水分交换、春季干旱成因等方面的研究,且取得了很多有价值的研究成果,但将积雪视为春季土壤水资源,从积雪变化的角度探讨春季土壤干旱成因的相关研究成果还很少。

1.3 研究区概况

1.3.1 东北地区

东北地区包括辽宁、吉林、黑龙江三省和内蒙古东四盟市(呼伦贝尔市、兴安盟、通辽市、赤峰市),位于我国的东北部,是我国纬度最高的地区。东北地区西起 115°31′E 的内蒙古新巴尔虎右旗以西与蒙古国交界处,东至 135°05′E 的黑龙江省抚远以东乌苏里江汇入黑龙江处的耶字碑东角,地处中高纬度欧亚大陆的东岸,横跨经度 19°34′;北达 53°33′N,总面积约 $1.27×10^6km^2$。

东北地区地形地貌类型多样,东、北、西三面被低山、中山环绕,中部为广阔的大平原。全区山脉走向大多为北东、北北东向,其次为西北或东西向,海拔一般为 500~1200m。西、北、东分别被大兴安岭、小兴安岭、长白山环绕,全区平原统称为东北平原,从南到北依次为辽河平原、松嫩平原和三江平原,东北平原是我国最大的平原。东北地区有黑龙江、辽河两大水系,也有鸭绿江、图们江、绥芬河、大小凌河等。黑龙江跨中国、俄罗斯、蒙古国三国,全长 4370km(以海拉尔河为源),排世界第十位,总流域面积达 $1.84×10^6km^2$,在中国境内的流域面积约占总流域面积的 49%。松花江是黑龙江的最大支流,由嫩江和西流松花江汇合而成,全长 1927km,流域面积约 $5.5×10^5km^2$,跨越黑龙江、吉林和内蒙古三省(自治区),支流有嫩江、呼兰河、牡丹江等。东北平原湖泊总面积 3800km²,约占中国湖泊总面积的 4.6%,湖泊率为 0.3%。

受纬度、海陆位置、地势等因素的影响,东北地区属于明显的大陆性季风气候,总体以寒带–温带大陆性季风气候为主,自南向北跨暖温带、中温带与寒温带三个气候区。东北地区年平均气温一般在–5~10℃,具有明显的南北走向的温度梯度,西北部和东北部年平均气温小于 3℃,而中部平原年平均气温为 3~7℃。东北地区气候寒冷,1 月平均气温在–4℃以下,夏季平均气温在 24℃以上。降水量呈现从东部到中部再到西部递减的趋势,年累积降水量分别为 600~1000mm、300~600mm、100~300mm。东北地区是我国第二大稳定积雪区,是稳定积雪区范围及平均积雪深度最大的地区,积雪期从南到北长达 30~190d,东北地区年累积积雪深度最大为 498cm,日照时数 2200~3000h,日照百分率 51%~67%。全区全年实测蒸发量为 1000~2100mm,是我国蒸发量较少的地区之一。

东北地区的植被类型分布有纬度地带性的规律,自北向南为寒温带大兴安岭落叶松林、温带东部山地红松阔叶混交林、暖温带辽宁丘陵山地油松–柞木林,自东向西有红松阔叶混交林、草甸草原、草原的经向分布。东北平原土壤类型主要为暗棕壤、棕壤、白浆土、黑土、黑钙土、草甸土、栗钙土、盐碱土、潮土、水稻土、沼泽土、风沙土、褐土等，以草甸土、黑钙土和黑土为主，黑土是区内重要的土壤资源。

东北地区土地资源辽阔、类型多样，是我国发展粮食生产最优的地区，也是我国重要的商品粮生产基地。东北地区粮食产量居全国之首，约占全国粮食总产量的1/5，东北地区是我国玉米、水稻和大豆的主要产区。东北地区始终是国家粮食供给的坚强保障，也是粮食安全的"压舱石"。

1.3.2 黑龙江省

黑龙江省位于43°26′N～53°33′N，121°11′E～135°05′E，是我国纬度最高、经度最东的省份。全省南北跨10个纬度、2个热量带，长约1.12×10³km；东西跨14个经度、3个湿润区，相距约0.93×10³km；黑龙江省总面积为4.64×10⁵km²(不含大兴安岭加格达奇区1.59×10³km²、松岭区0.74×10⁴km²)，占中国总面积的4.83%，居全国第六位。黑龙江省北部、东部分别以黑龙江、乌苏里江为国界与俄罗斯相望，西部与内蒙古自治区毗邻，南部与吉林省接壤。截至2019年8月，黑龙江省下辖12个地级市、1个地区，共54个市辖区、21个县级市、45个县和1个自治县。

黑龙江省地貌大体可概括为：北部大小兴安岭、西部松嫩平原、东部三江平原和东南部山地(完达山脉、张广才岭、老爷岭)，总体上是"五山一水一草三分田"。其地势大致是西北部、北部和东南部高，东北部、西南部低，主要由山地、台地、平原和水面构成。西北部为东北-西南走向的大兴安岭山地，北部为西北-东南走向的小兴安岭山地，东南部为东北-西南走向的张广才岭、老爷岭、完达山脉。兴安山地与东部山地的山前为台地，东北部为三江平原(包括兴凯湖平原)，西部是松嫩平原。黑龙江省山地海拔大多在300～1000m，面积约占全省总面积的58%；台地海拔在200～350m，面积约占全省总面积的14%；平原海拔在50～200m，面积约占全省总面积的28%。

黑龙江省位于欧亚大陆东部、太平洋西岸、中国最东北部，气候为温带大陆性季风气候。全省从南向北，依温度指标可分为中温带和寒温带；从东向西，依干燥度指标可分为湿润区、半湿润区和半干旱区。全省气候的主要特征是春季低温干旱，夏季温热多雨，秋季易涝早霜，冬季寒冷漫长，无霜期短，气候地域性差异大。黑龙江省年平均气温为3.3℃，≥10℃积温在1800～2800℃，无霜冻期介于100～150d，年降水量介于400～650mm，年日照时数多在2400～2800h，其中生长季日照时数占总日照时数的44%～48%，年平均风速多为2～4m/s。黑龙江省是全国积雪储量最多、冰雪期持续最长的省份，也是积雪年均储量年际变率最大的区域。

黑龙江省境内江河湖泊众多，流域面积在50km²及以上的河流共2881条，其中超过5000km²的有27条，10000km²以上的有18条；大小湖泊640个，水面面积约6000km²。黑龙江省是我国土壤资源最丰富的地区之一，省内分布较广的森林土壤、草原土壤和森林草原土壤，均属于地带性土壤。黑土是黑龙江省主要的耕地土壤，除牡丹江外其他各地均有分布，全省土地总面积46.4×10⁴km²，占全国土地总面积的4.83%，耕地总面积1594.1×10⁴hm²，居全国首位，占全国耕地总面积的9.9%。黑龙江省是我国重要的粮食生产基地，商品粮占全国总量的1/10左右。

1.3.3 松嫩平原和三江平原

松嫩平原位于 43°36′N~49°26′N，121°21′E~128°18′E，是东北平原的最大组成部分，地处松辽盆地中部，总面积 18.28×10⁴km²，主要由松花江和嫩江冲积而成，平均海拔在 200m。松嫩平原行政区域包括嫩江、齐齐哈尔、哈尔滨、长春、榆树、农安和松原等 37 个市(县、自治县)。松嫩平原东部、北部、西部分别被东部山地、小兴安岭和大兴安岭所包围，仅南部敞开，通向吉林省的松辽分水岭。松嫩平原的地表形态呈明显的环状结构，其外缘为大、小兴安岭及东部山地的山前剥蚀丘陵，由此向内依次为盆地外缘的山麓洪积、冲积台地和盆地内部平坦的冲积平原。松嫩平原土壤肥沃，主要是黑土，分布于山前台地和平原阶地上，土层深厚，结构好，肥力高，耕地广阔，是世界三大黑土带之一。松嫩平原属于高纬度大陆性季风气候，夏季高温多雨，冬季严寒少雨，春秋季短，升、降温速度快，夏季温度高且雨热同季。该区年均气温 1.6~5.0℃，年均降水量 399~659mm，年日照时数 2700h。松嫩平原是我国重要的商品粮生产基地之一，盛产玉米、大豆、高粱、马铃薯、小麦、亚麻、甜菜、向日葵等。松嫩平原牧场宽广、饲料充足，是黑龙江省主要的农牧业基地，此外，松嫩平原石油资源丰富，全国著名的大庆油田就位于松嫩平原腹地。

三江平原位于 45°01′N~48°28′N，130°13′E~135°05′E，为黑龙江省最东部的一片冲积平原。其北、东、南分别隔黑龙江、乌苏里江、兴凯湖与俄罗斯为邻，西侧分别与小兴安岭和完达山脉相接。三江平原行政区域包括佳木斯市、鹤岗市、双鸭山市、七台河市和鸡西市等所属的 21 个县(市)和哈尔滨市所属的依兰县，以及国家农垦系统国有农场，总面积约 10.89×10⁴km²。三江平原的地势西南高、东北低。土壤类型主要有黑土、白浆土、草甸土、沼泽土等，且以草甸土和沼泽土分布最广。三江平原属温带湿润、半湿润大陆性季风气候，全年日照时数 2400~2500h，1 月均温−21~−18℃，7 月均温 21~22℃，无霜期 120~140d，10℃以上活动积温 2300~2500℃。冻结期长达 7~8 个月，最大冻结深度 1.5~2.1m。年降水量 500~650mm，75%~85%降水集中在 6~10 月。三江平原素以"北大荒"著称，在 20 世纪 50 年代大规模开垦前，草甸、沼泽茫茫无际，开垦后建有许多大型国有农场，成为粮食产区，"北大荒"变成"北大仓"，成为国家重要的粮食基地。

1.4 研 究 方 法

1.4.1 趋势分析

时间序列数据往往存在着某种长期趋势，分析这种长期趋势就是拟合一条适当的趋势线，用以概括地反映长期趋势的变化态势。本书研究建立各要素与所对应时间的一元线性回归方程：

$$y = ax + b \tag{1.1}$$

式中，a 为线性回归系数，表示数据要素变化速率，a 值为正表示数据变化为上升趋势，a 值为负表示数据变化为下降趋势。

1.4.2　方差分析

单因素方差分析用来研究一个控制变量的不同水平是否对观测变量产生了显著影响。在 r 组处理中，每组处理皆含有 k 个观测值时，称为组间观察值数目相等的单因素方差分析。

在做单因素方差分析计算时，采用式(1.2)～式(1.5)计算：

$$SS_A = \sum_{i=1}^{r} \sum_{j=1}^{k} \left(\overline{X}_i - \overline{X}_{ij} \right)^2 \tag{1.2}$$

$$SS_E = \sum_{i=1}^{r} \sum_{j=1}^{k} \left(X_{ij} - \overline{X}_i \right)^2 \tag{1.3}$$

$$MS_A = \frac{1}{r-1} \sum_{i=1}^{r} \sum_{j=1}^{k} \left(\overline{X}_i - \overline{X}_{ij} \right)^2 \tag{1.4}$$

$$MS_E = \frac{1}{n-r} \sum_{i=1}^{r} \sum_{j=1}^{k} \left(X_{ij} - \overline{X}_i \right)^2 \tag{1.5}$$

每一个随机变量的样本称为一组，并记 $\overline{X}_i$ 为第 i 组的平均值，全部 $\overline{X}_{ij}$ 的平均值称为总平均值。SS_A：组间离差平方和，反映各组间的差异；SS_E：组内离差平方和，反映各组内的差异。SS_A 的自由度 $v_1 = r-1$，SS_E 的自由度 $v_2 = r(k-1)$。MS_A 为组间均方差，MS_E 为组内均方差。

1.4.3　变异系数

变异系数，又称"离散系数"，是概率分布离散程度的一个归一化量度，其定义为标准差与平均值之比：

$$C_v = \frac{\sigma}{\mu} \tag{1.6}$$

式中，σ 为标准差；μ 为平均值。

1.4.4　Mann-Kendall 突变检验

Mann-Kendall 法是一种非参数统计检验方法，它在气象领域的趋势分析和突变检验中应用广泛，优点是不需要样本服从一定的分布，也不受少数异常值的干扰，计算也比较方便。

对于具有 n 个样本量的时间序列 x，构造一个秩序列：

$$S_k = \sum_{i=1}^{k} r_i \qquad (k = 2, 3, 4, \cdots, n) \tag{1.7}$$

其中

$$r_i = \begin{cases} 1 & x_i > x_j \\ 0 & \text{else} \end{cases} \qquad (j = 1, 2, \cdots, i) \qquad (1.8)$$

可见，秩序列 S_k 为第 i 时刻数值大于第 j 时刻数值个数的累计数。

在时间序列随机独立的假定下，定义统计量：

$$\mathrm{UF}_k = \frac{S_k - E(S_k)}{\sqrt{\mathrm{Var}(S_k)}} \qquad (k = 1, 2, \cdots, n) \qquad (1.9)$$

其中，$\mathrm{UF}_1 = 0$，$E(S_k)$、$\mathrm{Var}(S_k)$ 分别为累计数 S_k 的均值和方差，在 $x_1, x_2, \cdots, x_n$ 相互独立，且有相同连续分布时，它们可由式(1.10)和式(1.11)算出：

$$E(S_k) = \frac{n(n+1)}{4} \qquad (1.10)$$

$$\mathrm{Var}(S_k) = \frac{n(n-1)(2n+5)}{72} \qquad (1.11)$$

UF_i 为标准正态分布，它是按时间序列 x 顺序 $x_1, x_2, \cdots, x_n$ 计算出的统计量序列，给定显著性水平 α，查正态分布表，若 $\mathrm{UF}_i > U_\alpha$ 则表明序列存在明显的趋势变化。

按时间序列 x 逆序排列，再按照上式计算，同时满足 $\begin{cases} \mathrm{UB}_k = -\mathrm{UF}_k \\ k = n+1-k \end{cases}$ $(k = 1, 2, \cdots, n)$。

1.4.5 滑动平均法

滑动平均法(moving average)又称移动平均法。在简单平均数法的基础上，通过顺序逐期增减新旧数据求算移动平均值，以消除偶然变动因素，找出事物发展趋势。本书研究采用 5 年滑动平均法计算各要素的距平平均值，当 5 年距平滑动平均值稳定由正值(负值)转变为负值(正值)时，第一次出现负值(正值)的起始年份界定为转折年。

本书研究中在进行 Mann-Kendall 突变检验过程中出现了多个交点，可结合滑动平均法确定的转折年份进行综合评判。

1.4.6 Kriging 插值法

克里格(Kriging)插值又称为空间局部插值法，是利用区域化变量的原始数据和变异函数的结构特点，对未采样的区域化变量的取值进行线性无偏最优估计的一种方法。通过对已知样点值赋予权重来求得未知样点值，其表达式为

$$Z(x_0) = \sum_{i=0}^{n} \lambda_i Z(x_i) \qquad (1.12)$$

式中，$Z(x_0)$ 为未知样点值；$Z(x_i)$ 为未知样点周围的已知样点值；λ_i 为第 i 个已知样点值对未知样点值的权重；n 为已知样点的个数。

1.4.7 皮尔逊相关系数

相关分析研究变量之间是否存在某种依存关系，并对具体有依存关系的现象探讨其

相关方向以及相关程度，是研究随机变量之间相关关系的一种统计方法。在本书研究中，相关系数用来研究降雪各要素与气温之间的线性相关关系，用相关系数 r 表示，假设存在两组样品变量 $x_1,x_2,\cdots,x_n$ 和 $y_1,y_2,\cdots,y_n$，n 为样本数，则相关系数的计算公式如下：

$$r = \frac{\sum_{i=1}^{n}(x_i-\overline{x})(y_i-\overline{y})}{\sqrt{\sum_{i=1}^{n}(x_i-\overline{x})^2}\sqrt{\sum_{i=1}^{n}(y_i-\overline{y})^2}} \tag{1.13}$$

式中，$\overline{x}$、$\overline{y}$ 分别为数列 x、y 的平均值。

相关系数 r 为 $-1\sim1$，当 $r>0$ 时，表明这两个变量呈正相关关系，r 越接近 1，变量正相关关系越显著；当 $r<0$ 时，表明这两个变量呈负相关关系，r 越接近 -1，变量负相关关系越显著；当 $r=0$ 时，表明这两个变量呈相互独立的关系，无相关性。同时，计算结果中用 P 值来检验相关性是否通过概率性水平检验，当 $P<0.05$ 时，表明这两个变量呈显著相关关系。

1.4.8　层次分析法

层次分析法(analytic hierarchy process，AHP)是美国运筹学家、匹兹堡大学 T.L.Saaty 教授于 20 世纪 70 年代提出的一种简便、灵活而又实用的多准则决策方法。该方法把各种综合问题具体化，分解成各层次，对各层次的因素进行比较和计算，从而确定不同层次因素的权重。其特点是：①思路简单明了，它将决策者的思维过程条理化、数量化，便于计算；②所需要的定量化数据较少，但对问题的本质、问题所涉及的因素及其内在关系分析得比较透彻、清楚。

构造判断矩阵：根据层次分析法，依据各因子对二级指标的影响性，对各个指标进行两两比较。同一层次内 n 个指标相对重要性的判断由若干位专家完成。依据心理学研究得出"人区分信息等级的极限能力为 7±2"，层次分析法在对指标的相对重要性进行评判时，引入了九分位的比例标度，见表 1.1。

表 1.1　相对重要性的比例标度

甲指标比乙指标	极重要	很重要	重要	略重要	同等	略次要	次要	很次要	极次要
甲指标评价	9	7	5	3	1	1/3	1/5	1/7	1/9

注：取 8、6、4、2、1/2、1/4、1/6、1/8 为上述评价值的中间值。

判断矩阵一致性检验如下。

一致性指标：

$$CI = \frac{\lambda_{\max}-n}{n-1} \tag{1.14}$$

判断矩阵的一致性比率 $CR = CI / RI < 0.10$ 时，即认为具有满意的一致性，否则需要修正。平均随机一致性指标 RI 值见表 1.2。

表 1.2 平均随机一致性指标 RI 值

n	1	2	3	4	5	6	7	8
RI	0	0	0.52	0.89	1.12	1.26	1.36	1.41

n	9	10	11	12	13	14	15
RI	1.46	1.49	1.52	1.54	1.56	1.58	1.59

1.4.9 信息扩散理论

信息扩散理论是一种对样本进行集值化的模糊数学处理方法，它可以将单值样本变成集成样本，以弥补资料不足带来的缺陷，达到提高精度的目的，其中应用最广泛的是正态扩散模型(黄崇福，2005)。本书研究利用信息扩散理论对不同级别的要素发生风险概率(risk probability)进行评估，基本原理与步骤如下：

假设 X 为扩散时段内的实际观测值的样本集合，记

$$X = \{x_1, x_2, \cdots, x_{55}\} \tag{1.15}$$

设要素的指标论域为

$$U = \{u_1, u_2, \cdots, u_n\} \tag{1.16}$$

一个单值观测样本 x 依式(1.17)将其所携带的信息扩散给 U 中的所有点：

$$f(u_j) = \frac{1}{h\sqrt{2\pi}}\exp-\frac{(x-u_j)^2}{2h^2} \tag{1.17}$$

式中，h 为扩散系数，可根据样本最大值 b 和最小值 a 及样本点个数 n 来确定，公式为

$$h = \begin{cases} 0.8146(b-a), & n=5 \\ 0.5690(b-a), & n=6 \\ 0.4560(b-a), & n=7 \\ 0.3860(b-a), & n=8 \\ 0.3362(b-a), & n=9 \\ 0.2986(b-a), & n=10 \\ 2.6851(b-a)/(n-1), & n\geqslant 11 \end{cases} \tag{1.18}$$

式中，$b = \max\limits_{1\leqslant i\leqslant n}\{x_i\}$；$a = \min\limits_{1\leqslant i\leqslant n}\{x_i\}$。

令

$$C_i = \sum_{j=1}^m f_i(u_j) \tag{1.19}$$

则样本 x_i 的归一化信息分布可记为

$$\mu_{x_i}(u_j) = f_i(u_j)/C_i \tag{1.20}$$

对 $\mu_{x_i}(u_j)$ 进行处理，得到效果较好的风险评估结果。

再令

$$q(u_j) = \sum_{i=1}^{m} \mu_{x_i}(u_j) \tag{1.21}$$

$$Q = \sum_{i=1}^{n} q(u_j) \tag{1.22}$$

由式(1.21)和式(1.22)的比值得到：

$$p(u_j) = q(u_j)/Q \tag{1.23}$$

式(1.23)为所有样本落在u_j处的频率值，即概率估计值，则超越u_j的概率值应为

$$P(u \geqslant u_j) = \sum_{k=j}^{n} p(u_k) \tag{1.24}$$

式中，P为不同级别要素的风险估计值。

1.4.10 一致性检验

Kappa系数是用来评价两幅图件空间相似程度的参数。Kappa系数0.0～0.20为极低的一致性；0.21～0.40为一般的一致性；0.41～0.60为中等的一致性；0.61～0.80为高度的一致性；0.81～1几乎完全一致。

1.4.11 聚类分析法

聚类分析(cluster analysis)法是一种建立分类的多元统计分析方法，它能够将一批样本(或变量)数据根据其诸多特征，按照性质上的亲疏程度，在没有先验知识的情况下进行自动分类，产生多个分类结果。

本书研究采用系统聚类法，先将所有样本各自看成一类并规定样本与样本之间的距离和类与类之间的距离。

由于各个要素指标量纲不同，数值大小差异较大，所以研究中先将数据进行标准化处理，再采用欧拉距离来计算类与类之间的距离，从而分类。标准化公式为

$$x_{ij'} = (x_{ij} - \bar{x}_j)/s_j \tag{1.25}$$

式中，$\bar{x}_j$为某一指标的平均值，$\bar{x}_j = \frac{1}{m}\sum_{i=1}^{m} x_{ij}$；$i$为行数；$j$为列数；$s_j$为某一指标的标准差，$s_j = \sqrt{\frac{1}{m}\sum_{i=1}^{m}(x_{ij} - \bar{x}_j)^2}$。

$$\text{EUCLID}(x, y) = \sqrt{\sum_{i=1}^{k}(x_i - y_i)^2}, x \neq y \tag{1.26}$$

式中，$\text{EUCLID}(x, y)$为样本之间的距离；k为指标个数；i为指标次序；x, y为样本；x_i为个体x的第i个变量的变量值；y_i为个体y的第i个变量的变量值。

第 2 章　东北积雪特性空间分布和变化特征

本章利用野外积雪调查数据及再分析数据,分析了东北地区积雪特性空间分布和变化特征,并在此基础上,进一步对比了松嫩平原、三江平原两大农业区积雪特性的差异。

1. 积雪野外调查数据

2017～2020 年,哈尔滨师范大学积雪调查团队进行了连续 4 年的积雪野外调查。由于受降雪异常年份及新冠肺炎疫情的影响,2017～2018 年进行了三轮调查,2018～2019 年因无积雪,只进行了一轮调查,2019～2020 年、2020～2021 年冬季受新冠肺炎疫情影响进行了一轮调查。

2017～2018 年冬季,哈尔滨师范大学积雪调查团队组织了 4 条线路进行东北地区积雪野外调查。1 号线为锡林郭勒—大兴安岭—漠河环线;2 号线包含 2 个环线:环长白山线路及环小兴安岭线路;3 号线为环松嫩平原线路;4 号线为环三江平原线路。选择的线路均覆盖了典型积雪区和重要气候带,具有较好的代表性。在每一条线路采集积雪剖面数据不少于 20 个,并记录每个剖面观测点的坐标,观测周期为 1 个积雪期观测 3 次,分为积雪积累期(12 月下旬至 1 月上旬)、积雪稳定期(1 月下旬至 2 月上旬)、积雪消融期(3 月中上旬)。调查部分图片见图 2.1。

对于每一个采样点,采用剖面采集法,即在每一个采样点挖取形成一个积雪纵剖面,分层利用钢尺、雪密度铲、雪筒、雪特性分析仪等仪器,进行雪深、雪压、雪密度、积雪反照率、积雪液态含水量及雪颗粒形态等积雪特性的测量。测量内容及所用仪器见表 2.1。

大兴安岭地区

松嫩三江平原

小兴安岭地区

积雪剖面

样本采集

雪粒径观测

积雪反射率测定   雪压观测   积雪含水率测定

图 2.1   积雪野外调查照片

表 2.1   积雪"点"测量内容及所用仪器

序号	剖面测量内容	所用仪器	序号	剖面测量内容	所用仪器
1	雪深	人工	9	积雪硬度	硬度计
2	雪水当量	人工	10	积雪粒径(分层)	手持式显微镜
3	积雪反射率	四分量表	11	雪压	雪压计
4	积雪表层温度	红外温度计	12	大气温度	通风干湿表
5	雪密度	雪特性分析仪(SPA)	13	大气压	气压计
6	积雪液态含水	雪特性分析仪(SPA)	14	风速、风向	轻便风速风向表
7	介电常数	雪特性分析仪(SPA)	15	相对湿度	通风干湿表
8	雪颗粒形态	形状卡片	16	雪土界面温度	温度计

2. 再分析数据

本书研究分析百年东北积雪雪深和面积分布及变化特征,采用的是 20CRv3(NOAA-CIRES-DOE Twentieth Century Reanalysis version 3)再分析数据。20CRv3 数据集是一个四维的全球大气数据集,其时间尺度跨越了 1836～2015 年,将当前的大气环流模式纳入历史视野,时间分辨率为 3h,空间分辨率为 0.7018°×0.7018°,下载地址:https://rda.ucar.edu/datasets/ds131.3/index.html。研究表明,20CRv3 在气候时间尺度上具有较好的表现,与基于站点的观测数据、卫星数据及现代再分析数据非常吻合。

3. 区域气候模式(BCC_CSM1.0)模拟数据

中国气象局国家气候中心(BCC)基于 IPCC 第五次评估报告(AR5)提出的不同温室气体排放情景及不同的辐射强迫(W/m²),采用区域气候模式(BCC_CSM1.0)模拟了空间分辨率为 0.5°×0.5°、时间尺度为 2006～2099 年的全球逐日气象要素的数据产品,即代表性浓度路径(representative concentration pathways,RCPs)情景数据。其中,RCP4.5 为温室气体排放与经济均衡发展模式;RCP8.5 为温室气体排放最高模式。研究区域为中国东北地区,因此界定网格范围为 38°N～54°N、115°E～136°E。研究尺度为 2020～2099 年,本书研究所用数据为 2020～2099 年逐日气温和逐日降水量。

由于数据集中只有日降水量,而研究区跨越 16 个纬度,气温相差较大,降雪初日不

一致，不能用同一时间段界定哪天降水为固态降水还是液态降水。因此，本书研究采用
Li 等(2018)提出的判断降雪日的方法，如气温低于 3℃时，当日有降水，就认为是降雪现
象，该日降水量记为降雪量。

2.1　基于野外调查数据的东北地区积雪特性空间分布和变化特征

2.1.1　雪深空间分布特征

东北地区雪深在空间上呈现出明显的区域性差异(图 2.2)，整体呈现东北高西南低的
特征。东北地区平均雪深为 13.97cm，取值范围为 8.76～25.81cm。高值区集中在三江平
原东部及呼伦贝尔与兴安盟交界处，雪深可达 21cm 以上，其中兴安盟西北部雪深最大；
低值区广泛分布在蒙东地区[①]南部及辽宁西南部，雪深不足 7.23cm，其中赤峰—朝阳—大连
一线雪深最小。

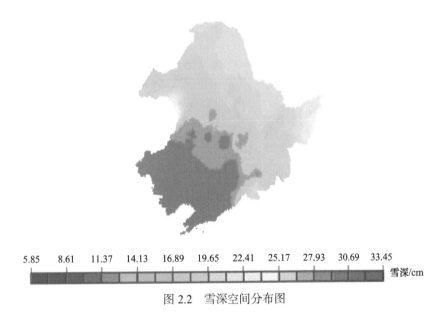

| 5.85 | 8.61 | 11.37 | 14.13 | 16.89 | 19.65 | 22.41 | 25.17 | 27.93 | 30.69 | 33.45 |

雪深/cm

图 2.2　雪深空间分布图

东北地区不同时期雪深空间分布情况见图 2.3。整体来看，在不同时期东北地区雪深
在空间上均呈现东北高西南低的特征，空间分布较为一致，但值域范围有所不同。积累
期、稳定期、消融期东北地区平均雪深分别为 11.08cm、14.52cm、16.30cm，值域范围分
别为 5.86～25.26cm、6.47～33.39cm、9.25～23.33cm。可以看出，从积累期到稳定期，东
北地区整体呈现雪深增大的现象；而到消融期，东北地区雪深空间差异性缩小，低值区
雪深增大，高值区雪深减小。积累期，雪深高值区主要位于呼伦贝尔与兴安盟交界处，雪
深可达 20cm 以上；低值区位于东北地区西南部及中部齐齐哈尔—松原—通辽一带，雪深
不足 10cm。到稳定期，呼伦贝尔与兴安盟交界处雪深增大，但高值区范围缩小，同时三

---

① 蒙东地区指内蒙古东部地区，包括呼伦贝尔、兴安盟、通辽、赤峰、锡林郭勒盟。

江平原东部及长白山一带雪深增大到 20cm 以上；低值区位置与积累期相同，但范围有所收缩。消融期，高值区雪深有所减小，但范围扩大到大兴安岭东南部、黑河北部及伊春一带；低值区雪深普遍增大，仅哈尔滨西部小范围雪深低至 10cm 以下。

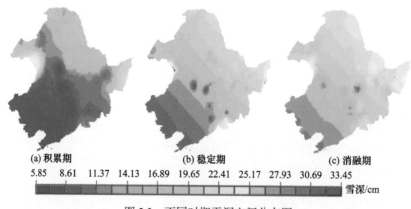

(a) 积累期　　　　　　(b) 稳定期　　　　　　(c) 消融期

5.85　8.61　11.37　14.13　16.89　19.65　22.41　25.17　27.93　30.69　33.45

雪深/cm

图 2.3　不同时期雪深空间分布图

2.1.2　雪压空间分布特征

东北地区雪压在空间上呈现出明显的区域性差异(图 2.4)，整体呈现东北高西南低的特征。东北地区平均雪压为 2.20g/cm²，取值范围为 1.60～3.99g/cm²。高值区集中在三江平原东部及呼伦贝尔与兴安盟交界处，雪压均可达 3.43g/cm² 以上，其中呼伦贝尔与兴安盟交界处雪压最大；低值区广泛分布在内蒙古东南部、辽宁省西南部及哈尔滨—长春一带，雪压不足 1.90g/cm²，长春与哈尔滨交界处雪压最低。

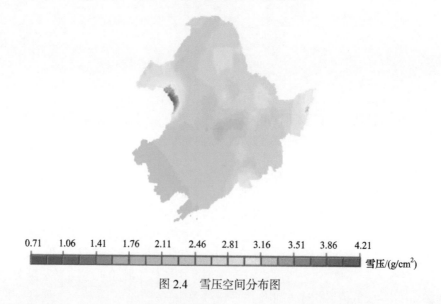

0.71　1.06　1.41　1.76　2.11　2.46　2.81　3.16　3.51　3.86　4.21

雪压/(g/cm²)

图 2.4　雪压空间分布图

东北地区不同时期雪压空间分布情况见图 2.5。整体来看，在积累期与稳定期东北地区雪压在空间上均呈现东北高西南低的特征，而消融期则呈现西南高东北低的特征，且不同时期雪压值域范围有所不同。积累期、稳定期、消融期东北地区平均雪压分别为

1.69g/cm², 2.25g/cm², 2.66g/cm², 取值范围分别为 0.71～4.15g/cm²、1.48～3.84g/cm²、2.1～4.12g/cm²。其中, 不同时期的高值区具有较好的空间一致性, 均分布在呼伦贝尔与兴安盟交界处及三江平原东部。积累期, 雪压低值区广泛分布在东北地区西南部, 零星分布在齐齐哈尔、松原、哈尔滨, 雪压低至 1g/cm² 以下; 稳定期, 雪压整体增大, 仅松原与长春交界处零星雪压低于 1g/cm²; 到消融期, 低值区转移到呼伦贝尔与大兴安岭交界处及哈尔滨。

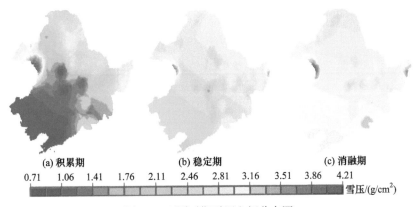

(a) 积累期　　　　　(b) 稳定期　　　　　(c) 消融期

0.71　1.06　1.41　1.76　2.11　2.46　2.81　3.16　3.51　3.86　4.21

雪压/(g/cm²)

图 2.5　不同时期雪压空间分布图

2.1.3　雪密度空间分布特征

东北地区雪密度在空间上呈现出明显的区域性差异(图 2.6), 整体呈现东北高西南低的特征。东北地区平均雪密度为 0.17g/cm³, 取值范围为 0.15～0.19g/cm³。高值区零散分布在呼伦贝尔西部、鸡西中部及牡丹江东部, 雪密度可达 0.19g/cm³ 以上, 其中呼伦贝尔西部雪密度最大; 低值区集中在大兴安岭、呼伦贝尔北部及哈尔滨—长春一带, 雪密度不足 0.15g/cm³。

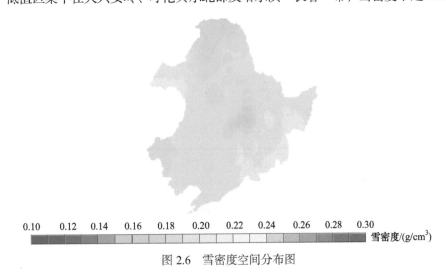

0.10　0.12　0.14　0.16　0.18　0.20　0.22　0.24　0.26　0.28　0.30

雪密度/(g/cm³)

图 2.6　雪密度空间分布图

东北地区不同时期雪密度空间分布情况见图 2.7。整体来看, 在不同时期东北地区雪密度在空间分布上并不一致，积累期整体呈北高南低的特征，稳定期呈北低南高的特征，消融期呈东南高西北低的特征。积累期、稳定期、消融期东北平均雪密度分别为 0.15g/cm³、0.12g/cm³、0.25g/cm³，值域范围分别为 0.10～0.18g/cm³、0.10～0.15g/cm³、0.20～0.29g/cm³。可以看出，从积累期到稳定期，东北地区雪密度有所减小，且空间分布情况整体相反；而到消融期，东北地区雪密度显著增大，空间分布也发生较大变化。积累期，雪密度高值区主要位于呼伦贝尔西部，雪密度可达 0.17g/cm³ 以上；低值区集中在哈尔滨与绥化交界处，雪密度低至 0.1g/cm³。到稳定期，高值区广泛分布在东北地区西南部；低值区广泛分布在呼伦贝尔北部、大兴安岭东部及黑河。消融期，高值区零星分布在哈尔滨中部、丹东及鸡西中部；低值区集中分布在大兴安岭、呼伦贝尔北部、伊春及哈尔滨—长春一带，雪密度在 0.2g/cm³ 以下。

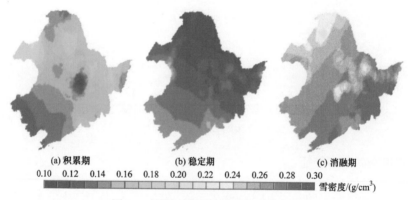

图 2.7　不同时期雪密度空间分布图

2.1.4　积雪反照率空间分布特征

东北地区积雪反照率在空间上呈现出明显的区域性差异(图 2.8)，整体呈现北高南低

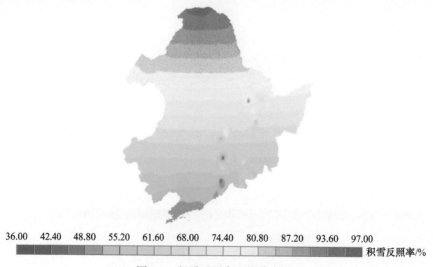

图 2.8　积雪反照率空间分布图

的特征。东北地区平均积雪反照率为 71.70%，取值范围为 43.00%~95.40%。高值区广泛分布在呼伦贝尔北部及大兴安岭地区，积雪反照率可达 93.60%以上；低值区广泛分布在辽宁南部，零星分布在铁岭、辽源，积雪反照率不足 52%。

东北地区不同时期积雪反照率空间分布情况见图 2.9。整体来看，在积累期与稳定期东北地区积雪反照率在空间上均呈现北高南低的特征，而消融期则呈现西北高东南低的特征，且随着时间推移，积雪反照率逐渐增大。积累期、稳定期、消融期东北积雪平均反照率分别为 65.40%、70.30%、77.20%，值域范围分别为 36.30%~93.70%、36.80%~93.70%、40.10%~97.00%。可以看出，积累期与稳定期，积雪反照率空间分布较为一致，高值区广泛分布在东北地区北部，低值区广泛分布在东北地区南部，但对于低值区来说，稳定期积雪反照率整体高于积累期。而消融期，高值区积雪反照率显著增大，且范围扩大，广泛分布在呼伦贝尔、大兴安岭及黑河东北部，积雪反照率均高达 90%以上；低值区广泛分布在东北地区东南一侧，积雪反照率低至 60%以下。

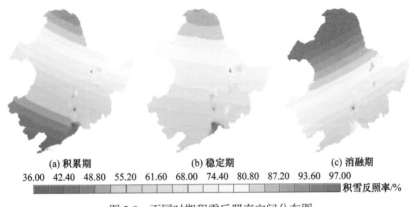

(a) 积累期　　　　　　(b) 稳定期　　　　　　(c) 消融期

36.00　42.40　48.80　55.20　61.60　68.00　74.40　80.80　87.20　93.60　97.00

积雪反照率/%

图 2.9　不同时期积雪反照率空间分布图

2.1.5　积雪液态含水量空间分布特征

东北地区积雪液态含水量在空间上呈现出明显的区域性差异(图 2.10)，整体呈现西南高东北低的特征。东北地区积雪平均液态含水量为 0.64%，取值范围为 0.40%~0.86%。高值区主要分布在呼伦贝尔西部，积雪液态含水量可达 0.82%以上；低值区广泛分布在呼伦贝尔北部及大兴安岭地区，零星分布在伊春南部，积雪液态含水量低于 0.5%。

东北地区不同时期积雪液态含水量空间分布情况见图 2.11。整体来看，在不同时期东北地区积雪液态含水量空间分布差异较大。积累期、稳定期、消融期东北地区积雪平均液态含水量分别为 0.63%、0.76%、0.52%，值域范围分别为 0.39%~1.19%、0.27%~0.99%、0.29%~1.04%。在积累期，呼伦贝尔西部积雪液态含水量最大，高达 1%以上；三江平原东部和中部、绥化中部及哈尔滨西部部分地区积雪液态含水量为 0.8%~0.9%；伊春中部、白山附近积雪液态含水量最小，低至 0.4%以下；东北其余地区积雪液态含水量集中在 0.5%~0.7%。在稳定期，赤峰—通辽—四平一带、吉林—延边部分地区积雪液态含水量最大，可达 0.9%以上；呼伦贝尔北部及大兴安岭部分地区积雪液态含水量最小，低至 0.4%以下。在消融期，东北地区积雪液态含水量整体呈现西高东低的特征，低值区广泛分布在三江平原东部，呼伦贝尔与兴安盟交界处、大兴安岭西部也有零星分布，积雪液态含水量在 0.4%以下；东北地区西部大部分区域积雪液态含水量为 0.6%～0.8%。

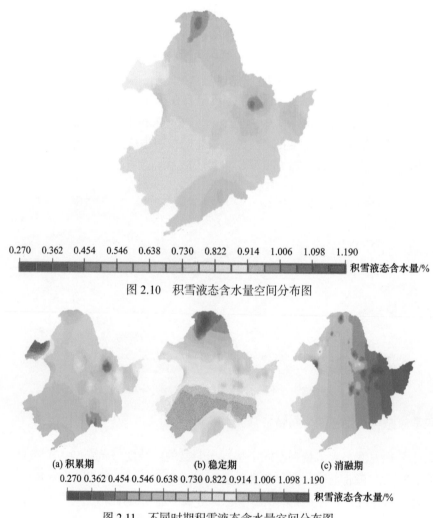

图 2.10　积雪液态含水量空间分布图

(a) 积累期　　　　　　(b) 稳定期　　　　　　(c) 消融期

图 2.11　不同时期积雪液态含水量空间分布图

2.1.6　雪颗粒形态空间分布特征

本书研究中观测的雪颗粒形态为积雪的雪颗粒形态，也就是降落在地面上的雪的形态，积雪的雪颗粒形态随着时间发生变化，不同气候、不同海拔、不同下垫面等条件下，雪颗粒形态变化不同。其基本形态分为圆形颗粒、深霜、片状颗粒、融态晶体、表霜，图 2.12 为野外观测中收集到的各种雪颗粒形态的照片。

东北地区雪颗粒形态在不同时期均表现出表层积雪雪颗粒形态存在空间差异性，底层积雪雪颗粒形态多为深霜，但不同时期积雪雪颗粒形态差异较大。

积累期，表层积雪(0～5cm)雪颗粒形态多为圆形颗粒、表霜，小部分为片状颗粒及深霜；其中，大兴安岭北部、松嫩平原南部及三江平原东北部多为表霜；圆形颗粒多分布在内蒙古东部地区、吉林大部分地区、松嫩平原北部、三江平原南部及伊春北部；片状颗粒零星分布在东北地区中部及呼伦贝尔地区；深霜集中分布在三江平原西北部。5～10cm 雪颗粒形态多为深霜，偶有圆形颗粒及片状颗粒；此层积雪对于内蒙古东部及大兴安岭地区来说属于底层积雪，均呈深霜形态，而其他地区也多为深霜形态；片状颗粒与圆形颗粒分布在吉林地区及黑河—绥化—伊春一带。10cm 以下雪层，大部分地区均呈深霜形态，圆形颗粒零星分布在吉林、伊春、双鸭山。

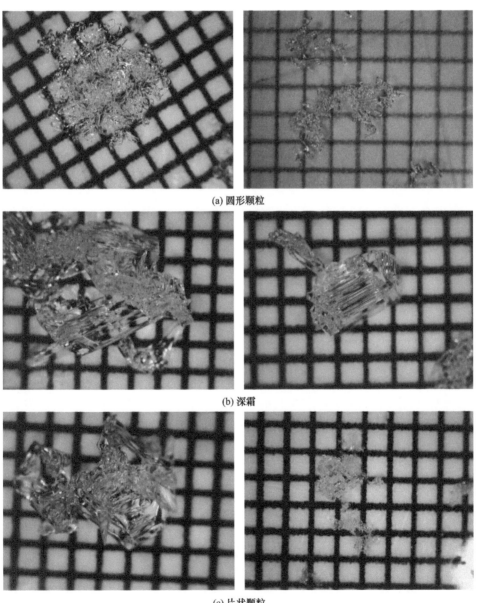

(a) 圆形颗粒

(b) 深霜

(c) 片状颗粒

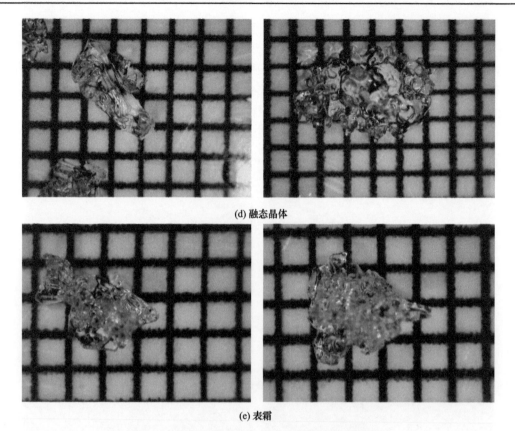

(d) 融态晶体

(e) 表霜

图 2.12　野外观测中收集到的各种雪颗粒形态照片

稳定期，表层积雪(0～5cm)雪颗粒形态多为圆形颗粒，广泛分布在东北地区；表霜分布在东北地区西北部及三江平原中部；零星地区为深霜形态。5～10cm 雪颗粒形态多为深霜、圆形颗粒及片状颗粒，内蒙古东部、大兴安岭地区圆形颗粒及片状颗粒交杂分布；吉林南部、伊春—哈尔滨一带多为圆形颗粒；三江平原与松嫩平原多为深霜。10cm 以下雪层，大部分地区均呈深霜形态；呼伦贝尔一带多为片状颗粒；伊春—哈尔滨一带多为圆形颗粒。

消融期，表层积雪(0～5cm)雪颗粒形态多为圆形颗粒，广泛分布在东北地区；齐齐哈尔—绥化—哈尔滨一带存在融态晶体；吉林中部部分地区呈片状颗粒。5～10cm 雪颗粒形态多为圆形颗粒，雪颗粒形态呈片状颗粒的地区有所增加，如大兴安岭地区、齐齐哈尔—绥化一带及三江平原北部。10cm 以下雪层，雪颗粒形态多为片状颗粒及深霜形态，其中大兴安岭、呼伦贝尔、松嫩平原东北部多为片状颗粒；吉林大部分地区、绥化—伊春—佳木斯一带多为深霜。

2.2　基于野外调查数据的松嫩平原和三江平原积雪基本性质差异分布

2.2.1　雪深空间分布

松嫩平原、三江平原雪深空间分布如图 2.13 所示，可以看出，两大平原雪深空间差异较大。松嫩平原雪深主要呈现东北高西南低的特征，而三江平原主要呈现东高西低的特征，且整体来看，三江平原雪深大于松嫩平原。松嫩平原、三江平原平均雪深分别为13.57cm、17.12cm，取值范围分别为 9.46～17.49cm、13.30～23.86cm。进一步进行方差分析，得到松嫩平原雪深显著小于三江平原(P<0.01)。松嫩平原雪深高值区位于绥化北部，雪深超过 15cm；低值区位于白城、松原、长春附近，雪深低至 10cm 以下。三江平原雪深高值区位于虎林—饶河东部，雪深可达 20cm；低值区位于哈尔滨东部及鸡西西南部，雪深低至 15cm 以下。

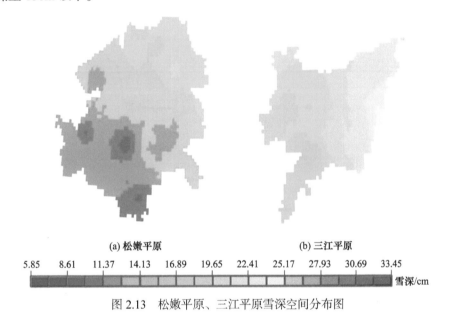

(a) 松嫩平原　　　　　　　　(b) 三江平原

5.85　8.61　11.37　14.13　16.89　19.65　22.41　25.17　27.93　30.69　33.45

雪深/cm

图 2.13　松嫩平原、三江平原雪深空间分布图

松嫩平原、三江平原不同时期雪深空间分布情况见图 2.14。整体来看，在不同时期松嫩平原雪深在空间上均呈现东北高西南低的特征；三江平原在积累期呈现东高西低的特征，到稳定期与消融期转为东北高西南低。两大平原均表现出，从积累期到稳定期，雪深整体增大；而到消融期，雪深空间差异性缩小，低值区雪深增大，高值区雪深减小；且在不同时期，雪深高值区、低值区位置有不同程度的转移。

松嫩平原积累期、稳定期、消融期平均雪深分别为 10.27cm、14.30cm、16.16cm，值域范围分别为 5.86～15.64cm、6.47～18.52cm、9.25～20.58cm。雪深高值区，在积累期与稳定期，主要位于齐齐哈尔北部及绥化北部，到消融期集中在松嫩平原东北部，五大连池—海伦一带；雪深低值区，在积累期广泛分布在吉林及齐齐哈尔南部，到稳定期低值区北移，零星分布在白城北部、松原与大庆交界处及长春南部，到消融期东移到哈尔滨西部。

三江平原积累期、稳定期、消融期平均雪深分别为 14.13cm、17.90cm、19.33cm，值域范围分别为 9.74～18.88cm、12.99～30.21cm、14.90～23.33cm。雪深高值区(雪深>20cm)，在积累期集中在虎林、饶河及密山东部，到稳定期范围扩大到三江平原北部及东部，其中虎林—饶河东部雪深达到 30cm 以上，到消融期扩大到三江平原大部分地区，其中虎林雪深最大,达到23cm;雪深低值区,在积累期集中在鹤岗及佳木斯西部,到稳定期及消融期低值区逐渐南移,主要分布在桦南及鸡东—穆棱一带。

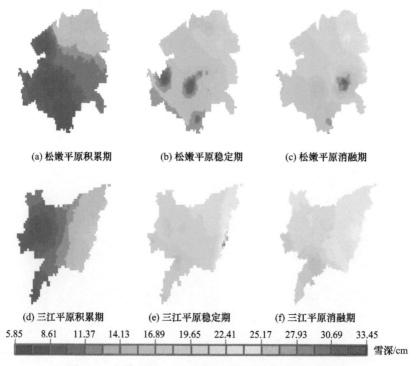

(a) 松嫩平原积累期　　　　(b) 松嫩平原稳定期　　　　(c) 松嫩平原消融期

(d) 三江平原积累期　　　　(e) 三江平原稳定期　　　　(f) 三江平原消融期

5.85　8.61　11.37　14.13　16.89　19.65　22.41　25.17　27.93　30.69　33.45

雪深/cm

图 2.14　松嫩平原、三江平原不同时期雪深空间分布图

2.2.2　雪压空间分布

松嫩平原、三江平原雪压空间分布如图 2.15 所示,可以看出,两大平原雪压均呈

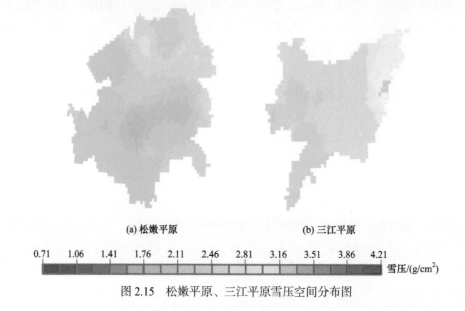

(a) 松嫩平原　　　　　　　　(b) 三江平原

0.71　1.06　1.41　1.76　2.11　2.46　2.81　3.16　3.51　3.86　4.21

雪压/(g/cm²)

图 2.15　松嫩平原、三江平原雪压空间分布图

现东北高西南低的特征，但整体来看，三江平原雪压大于松嫩平原。松嫩平原、三江平原平均雪压分别为 2.09g/cm²、2.42g/cm²，取值范围分别为 1.60～2.52g/cm²、2.05～3.15g/cm²。进一步进行方差分析，得到松嫩平原雪压显著小于三江平原($P<0.01$)。松嫩平原雪压高值区位于齐齐哈尔中部，雪压可达 2.5g/cm²；低值区位于大庆与松原交界处，雪压低至 1.60g/cm²。三江平原雪压高值区位于鸡西东北部，雪压可达 3g/cm²；低值区广泛分布在哈尔滨、七台河、牡丹江，雪压在 2.2g/cm² 左右。

松嫩平原、三江平原不同时期雪压空间分布情况见图 2.16，整体来看，在不同时期三江平原雪压均大于松嫩平原。松嫩平原雪压在积累期与稳定期呈现东北高西南低的特征，到消融期转为西南高东北低；不同时期三江平原雪压在空间上均呈现东高西低的特征。两大平原均表现出，从积累期到消融期，雪压整体呈现增大的特征，但在不同时期，雪压高值区、低值区位置有不同程度的转移。

松嫩平原积累期、稳定期、消融期平均雪压分别为 1.52g/cm²、2.17g/cm²、2.58g/cm²，值域范围分别为 0.86～2.56g/cm²、1.48～2.56g/cm²、2.12～2.81g/cm²。雪压高值区(雪压>2.4g/cm²)，在积累期集中在讷河附近；到稳定期转移到海伦—绥棱一带；到消融期广泛分布在吉林及大庆—绥化一带，其中四平附近雪压可达 2.75g/cm² 以上。雪压低值区，在积累期广泛分布松嫩平原西南部，大部分地区雪压均低于 1.50g/cm²，其中齐齐哈尔西部、白城与松原交界处及哈尔滨与绥化交界处雪压最低，低于 1.00g/cm²；到稳定期集中在松原与大庆交界处，雪压在 1.50g/cm² 左右；到消融期齐齐哈尔西部、松原—哈尔滨一带雪压较低，在 2.20g/cm² 左右。

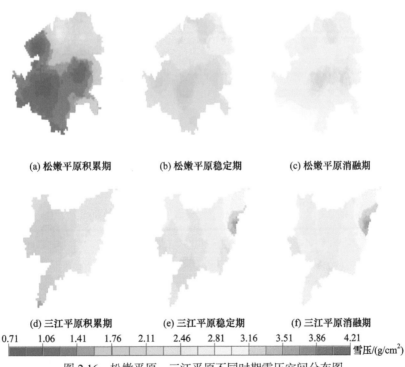

(a) 松嫩平原积累期　　(b) 松嫩平原稳定期　　(c) 松嫩平原消融期

(d) 三江平原积累期　　(e) 三江平原稳定期　　(f) 三江平原消融期

0.71　1.06　1.41　1.76　2.11　2.46　2.81　3.16　3.51　3.86　4.21

雪压/(g/cm²)

图 2.16　松嫩平原、三江平原不同时期雪压空间分布图

三江平原积累期、稳定期、消融期平均雪压分别为 2.12g/cm²、2.49g/cm²、2.64g/cm²，值域范围分别为 1.53～2.55g/cm²、2.12～3.51g/cm²、2.32～3.55g/cm²。在积累期，雪压高值区广泛分布在三江平原东南部，雪压可达 2.40g/cm² 以上；低值区广泛分布在三江平原西部，其中鹤岗及佳木斯西部雪压最低，低至 1.60g/cm² 左右。与积累期相比，三江平原在稳定期与消融期雪压大范围增大，但这两个时期雪压空间分布较为一致；高值区集中在双鸭山东部，雪压可达 3.00g/cm² 以上；低值区位于七台河及牡丹江地区，雪压小于 2.40g/cm²。

2.2.3 雪密度空间分布

松嫩平原、三江平原雪密度空间分布如图 2.17 所示，可以看出，两大平原雪密度空间分布差异较大。松嫩平原雪密度主要呈现西高东低的特征，而三江平原主要呈现南高北低的特征，且整体来看，三江平原雪密度大于松嫩平原。松嫩平原、三江平原平均雪密度分别为 0.17g/cm³、0.18g/cm³，取值范围分别为 0.15～0.18g/cm³、0.17～0.19g/cm³。进一步进行方差分析，得到松嫩平原雪密度与三江平原相比差异并不显著($P>0.05$)。松嫩平原中绥化、哈尔滨及齐齐哈尔西部雪密度较低，其中哈尔滨零星地区雪密度低至 0.15g/cm³，其余地区雪密度均在 0.18g/cm³ 左右。三江平原东北及西北大部分地区雪密度均较低，其中鸡西东北部雪密度最低；而中部及南部大部分地区雪密度相对较高。

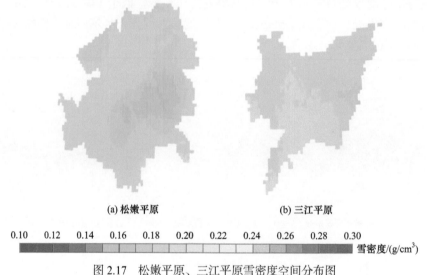

(a) 松嫩平原　　　　　　　　　　(b) 三江平原

0.10　0.12　0.14　0.16　0.18　0.20　0.22　0.24　0.26　0.28　0.30

雪密度/(g/cm³)

图 2.17　松嫩平原、三江平原雪密度空间分布图

松嫩平原、三江平原不同时期雪密度空间分布情况见图 2.18，整体来看，不同时期松嫩平原雪密度均小于三江平原。在不同时期松嫩平原与三江平原雪密度空间分布差异较大，但可以看出，随着时间推移，雪密度均呈现先减小后增大的趋势。

松嫩平原积累期、稳定期、消融期平均雪密度分别为 0.14g/cm³、0.12g/cm³、0.25g/cm³，值域范围分别为 0.10～0.17g/cm³、0.11～0.14g/cm³、0.21～0.26g/cm³。在积累期，雪密度高值区位于讷河一带，雪密度可达 0.16g/cm³；低值区集中在哈尔滨与绥化交界处，雪密度低至 0.10g/cm³。在稳定期，雪密度整体减小，但空间差异性不大；高值区分布在吉林西南部，雪密度最高将近 0.14g/cm³；低值区分布在松嫩平原东北部、绥化中部及哈尔滨中部，雪密度约为 0.11g/cm³。在消融期，雪密度整体增大，空间差异性较小；哈尔滨南部雪密度最大，约为 0.26g/cm³；松原附近雪密度最小，约为 0.21g/cm³。

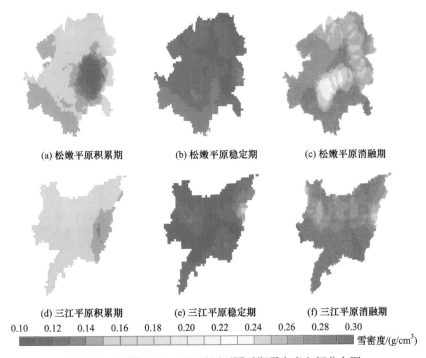

(a) 松嫩平原积累期　　　　　(b) 松嫩平原稳定期　　　　　(c) 松嫩平原消融期

(d) 三江平原积累期　　　　　(e) 三江平原稳定期　　　　　(f) 三江平原消融期

0.10　0.12　0.14　0.16　0.18　0.20　0.22　0.24　0.26　0.28　0.30

雪密度/(g/cm³)

图 2.18　松嫩平原、三江平原不同时期雪密度空间分布图

三江平原积累期、稳定期、消融期平均雪密度分别为 0.18g/cm³、0.12g/cm³、0.26g/cm³，值域范围分别为 0.17~0.19g/cm³、0.11~0.15g/cm³、0.23~0.29g/cm³。在积累期，三江平原雪密度呈西高东低的特征；三江平原中部雪密度较大，可达 0.17g/cm³ 以上；双鸭山东部及鸡西东部雪密度较小，低于 0.14g/cm³。在稳定期，雪密度整体减小；饶河、密山、桦川、穆棱附近雪密度较大，可达 0.13g/cm³ 以上；其余地区雪密度均在 0.12g/cm³ 左右。在消融期，雪密度整体大幅度增大，呈现北低南高的特征，但空间差异不大；鸡西西南部雪密度最大，可达 0.28g/cm³；饶河附近雪密度最小，约为 0.23g/cm³。

2.2.4　积雪反照率空间分布

松嫩平原、三江平原积雪反照率空间分布如图 2.19 所示，可以看出，两大平原积雪反照率空间分布较为一致，均呈现北高南低的特征。松嫩平原、三江平原积雪平均反照率分别为 71.19%、71.65%，取值范围分别为 42.98%~89.95%、62.53%~78.33%。进一步进行方差分析，得到松嫩平原积雪反照率与三江平原相比差异并不显著($P>0.05$)。松嫩平原积雪反照率高值区位于齐齐哈尔北部及黑河南部，积雪反照率接近 80%；低值区位于吉林南部，积雪反照率普遍低于 60%。三江平原积雪反照率空间差异性较小，高值区位于伊春东南部、鹤岗西部及佳木斯南部，积雪反照率可达 75% 以上；低值区位于穆棱及鸡西南部，积雪反照率在 65% 以下。

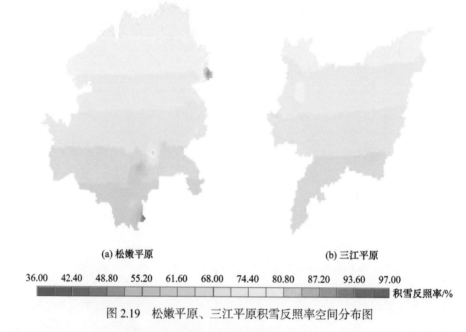

(a) 松嫩平原　　　　　　　　　　(b) 三江平原

36.00　42.40　48.80　55.20　61.60　68.00　74.40　80.80　87.20　93.60　97.00
积雪反照率/%

图 2.19　松嫩平原、三江平原积雪反照率空间分布图

　　松嫩平原、三江平原不同时期积雪反照率空间分布情况见图 2.20。整体来看，与三江平原相比，在不同时期松嫩平原积雪反照率变化更为明显，且三江平原各时期反照率空间差异性均不大。

(a) 松嫩平原积累期　　　　　　(b) 松嫩平原稳定期　　　　　　(c) 松嫩平原消融期

(d) 三江平原积累期　　　　　　(e) 三江平原稳定期　　　　　　(f) 三江平原消融期

36.00　42.40　48.80　55.20　61.60　68.00　74.40　80.80　87.20　93.60　97.00
积雪反照率/%

图 2.20　松嫩平原、三江平原不同时期积雪反照率空间分布图

松嫩平原积累期、稳定期、消融期积雪平均反照率分别为 65.86%、70.34%、77.37%，值域范围分别为 44.13%～93.67%、44.69%～93.72%、40.11%～88.14%。松嫩平原积雪反照率在积累期呈东北高西南低的特征，稳定期呈北高南低的特征，消融期呈西北高东南低的特征。随着时间推移，松嫩平原积雪反照率整体呈现增大趋势，其中由稳定期到消融期，积雪反照率增加最为明显。

三江平原积累期、稳定期、消融期平均反照率分别为 72.85%、71.67%、68.97%，值域范围分别为 61.04%～81.19%、63.68%～81.61%、61.56%～78.27%。三江平原积雪反照率在积累期呈东北高西南低的特征，稳定期呈北高南低的特征，消融期呈西北高东南低的特征。整体来看，随着时间推移，三江平原积雪反照率呈现减小趋势，其中由稳定期到消融期，积雪反照率减小最为明显。

2.2.5　积雪液态含水量空间分布

松嫩平原、三江平原积雪液态含水量空间分布如图 2.21 所示，可以看出，两大平原积雪液态含水量空间差异较大。松嫩平原积雪液态含水量主要呈现东北低西南高的特征，而三江平原主要呈现北低南高的特征，且整体来看，三江平原积雪液态含水量小于松嫩平原。松嫩平原、三江平原积雪平均液态含水量分别为 0.65%、0.60%，取值范围分别为 0.45%～0.72%、0.51%～0.69%。进一步进行方差分析，得到松嫩平原积雪液态含水量与三江平原相比差异并不显著($P>0.05$)。松嫩平原积雪液态含水量高值区广泛分布在吉林，可达 0.7% 左右；低值区位于绥化东部，低至 0.5% 以下。三江平原积雪液态含水量高值区分布在三江平原南部及勃利—集贤一带，最大可达 0.65% 以上；低值区位于嘉荫及同江—富锦—绥滨一带，可低至 0.5% 以下。

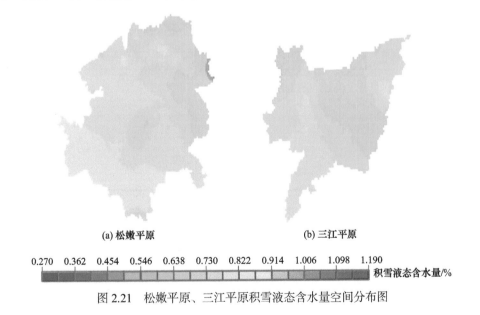

(a) 松嫩平原　　　　　　　　　　(b) 三江平原

0.270　0.362　0.454　0.546　0.638　0.730　0.822　0.914　1.006　1.098　1.190

积雪液态含水量/%

图 2.21　松嫩平原、三江平原积雪液态含水量空间分布图

松嫩平原、三江平原不同时期积雪液态含水量空间分布情况见图 2.22。整体来看，在积累期松嫩平原积雪液态含水量低于三江平原；而在稳定期及消融期，松嫩平原积雪

液态含水量高于三江平原。两大平原不同时期积雪液态含水量空间差异均较大，但整体均呈现先增后减的趋势。

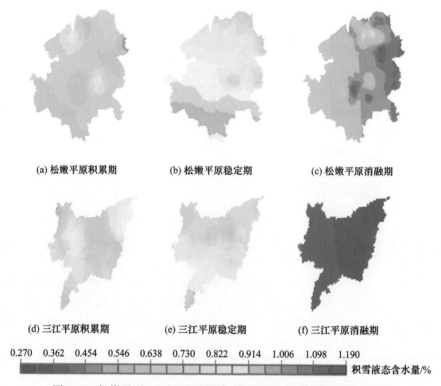

(a) 松嫩平原积累期　　　　(b) 松嫩平原稳定期　　　　(c) 松嫩平原消融期

(d) 三江平原积累期　　　　(e) 三江平原稳定期　　　　(f) 三江平原消融期

0.270　0.362　0.454　0.546　0.638　0.730　0.822　0.914　1.006　1.098　1.190

积雪液态含水量/%

图 2.22　松嫩平原、三江平原不同时期积雪液态含水量空间分布图

松嫩平原积累期、稳定期、消融期积雪平均液态含水量分别为 0.61%、0.83%、0.50%，值域范围分别为 0.42%～0.79%、0.57%～0.99%、0.32%～0.80%。积累期，高值区位于哈尔滨西部及甘南—富裕一带，可达 0.7%以上；低值区集中在绥化东部，积雪液态含水量低至 0.5%以下。稳定期，总体呈现南高北低的特征；高值区位于吉林大部分地区，积雪液态含水量可达 0.9%以上；低值区分布在松嫩平原东北部、哈尔滨西南部和东部，积雪液态含水量低至 0.6%以下。消融期，总体呈现西高东低的特征；讷河—克山一带积雪液态含水量最大，可达 0.7%以上；低值区零星分布在松原、绥化中部、哈尔滨南部等部分地区，积雪液态含水量低至 0.4%以下。

三江平原积累期、稳定期、消融期积雪平均液态含水量分别为 0.71%、0.75%、0.35%，值域范围分别为 0.50%～0.92%、0.56%～0.96%、0.30%～0.41%。积累期，高值区分布在三江平原东北部、佳木斯西部及七台河地区，积雪液态含水量可达 0.8%以上；低值区位于鹤岗西北部，低至 0.5%左右。稳定期，整体呈南高北低的特征；高值区位于穆棱南部，可达 0.9%以上；低值区分布在富锦附近，低至 0.6%以下。消融期，整体呈现西高东低的特征，且空间差异性极小，积雪液态含水量普遍较低。

2.2.6　雪颗粒形态空间分布

松嫩平原、三江平原雪颗粒形态在不同时期均表现出表层(0～5cm)积雪雪颗粒形态存在差异，但底层(5cm 以下)积雪雪颗粒形态多为深霜。

积累期，两大平原表层积雪(0～5cm)雪颗粒形态多为圆形颗粒、表霜；其中松嫩平原北部多为圆形颗粒，南部为表霜，而三江平原北部为表霜，南部为圆形颗粒；松嫩平原哈尔滨、吉林部分地区为片状颗粒，三江平原鹤岗、佳木斯部分地区为深霜。5～10cm，三江平原雪颗粒形态均为深霜；松嫩平原大部分地区为深霜，绥化中部为圆形颗粒，哈尔滨西部为片状颗粒。10cm 以下雪层，两大平原大部分地区均呈深霜形态。

稳定期，两大平原表层积雪(0～5cm)雪颗粒形态差异较大，松嫩平原大部分地区多为圆形颗粒，偶有深霜及片状颗粒；三江平原表现为圆形颗粒、表霜、深霜穿插分布。5～10cm、10cm 以下雪层，两大平原大部分地区均呈深霜形态。

消融期，两大平原雪颗粒形态差异较大。0～5cm 雪层，松嫩平原大部分地区雪颗粒形态多为圆形颗粒，齐齐哈尔—绥化—哈尔滨一线为融态晶体；三江平原雪颗粒形态为圆形颗粒、深霜及融态晶体。5～10cm 雪层，松嫩平原大部分地区仍为圆形颗粒，但融态晶体减少，片状颗粒增多；三江平原多为片状颗粒。10cm 以下雪层，松嫩平原北部为圆形颗粒，南部为深霜；三江平原以深霜为主。

2.3　1841～2015 年东北地区积雪深度和面积时空分布及变化特征

2.3.1　东北地区积雪深度时空变化特征

1. 长时间序列积雪深度数据校正

本书研究所使用的积雪深度数据集为美国能源部(DOE)和 NOAA 提供的 20CRv3 再分析数据集，时间尺度为 1841～2015 年，空间分辨率为 0.7018°×0.7018°，时间分辨率为 3h。为验证该套数据集的可用性，并提高其精度，本书研究利用东北地区气象站点实测的积雪深度数据对其进行校正，气象数据来源于黑龙江省气候中心。

在整个区域的不同方位选取 7 个气象站点，利用气象站点实测的积雪深度与 20CRv3 数据集中对应位置的积雪深度的一致性进行比较，对两种数据重叠年份的(11月至次年2月)平均积雪深度进行相关分析，以获取 20CRv3 数据集与实测数据集的映射关系。从表 2.2 中可以看出，两种数据在重叠年份的积雪深度存在良好的线性关系，均呈极显著相关。因此，可以建立二者的关系方程。以气象观测值为因变量 y，以 20CRv3 的积雪深度为自变量 x，建立二者的关系方程，依据方程可以实现对 20CRv3 积雪深度的修订。

表 2.2　积雪深度校正信息

站台	重叠年份	相关系数	转换方程
漠河	1961～2014	0.77**	$y = 0.5335x + 1.7085$
富锦	1961～2014	0.66**	$y = 0.2945x + 0.2133$
克山	1961～2014	0.58**	$y = 0.3639x - 0.2497$
尚志	1961～2014	0.78**	$y = 0.5534x - 1.5318$
东宁	1961～2014	0.43**	$y = 0.0908x + 0.7981$
辽源	1980～2014	0.75**	$y = 0.4357x - 0.5826$
新巴尔虎左旗	1980～2014	0.72**	$y = 0.6992x - 2.0103$
克什克腾旗	1980～2014	0.69**	$y = 0.1697x - 0.3396$

**表示通过概率水平为 0.01 的显著性检验。

2. 年际积雪深度时空变化特征

1) 年际积雪深度时间变化特征

1841～2015 年东北地区年际积雪深度平均值为 3.23cm，其中最高值出现在 1941 年，为 5.02cm，最低值出现在 1951 年，为 1.85cm，两者相差 3.17cm，变异系数为 0.19，年际间变化幅度接近 20%。从年际变化来看(图 2.23)，其变化速率为 –0.046cm/10a($P<0.01$)，呈极显著减少趋势。

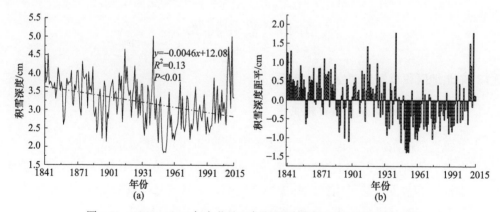

图 2.23　1841～2015 年东北地区年际积雪深度变化(a)及距平(b)图

Mann-Kendall 突变检验结果显示(图 2.24)，1841～2015 年东北地区积雪深度在 1885 年发生突变，说明在 1885 年前后，积雪深度由相对偏高期转为相对偏低期，1885 年前后平均积雪深度分别为 3.67cm、3.07cm，变化速率分别为 –0.03cm/10a($P>0.05$)、–0.01cm/10a($P>0.05$)；两个时期积雪深度的变异系数分别为 0.11 以及 0.20，可见，相比于 1841～1885 年，1886～2015 年积雪深度不但明显减小，并且年际间变化幅度显著增大，由距平图[图 2.23(b)]也可以得到相似的结果。

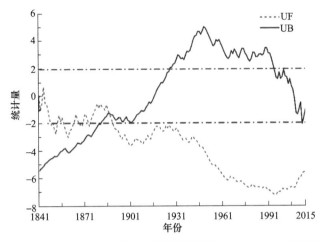

图 2.24　1841~2015 年东北地区平均积雪深度 Mann-Kendall 突变检验

2) 年际积雪深度空间分布及变化特征

图 2.25(a)为 1841~2015 年东北地区年际平均积雪深度空间分布图,可以看出,过去百年来东北地区积雪深度空间异质性较强,大致呈现出由南向北逐渐递增的空间分布特征,整体上呈现北深南浅、山地深平原浅的特点。其中,积雪深度的高值区主要位于西北部大小兴安岭地区及呼伦贝尔,年平均积雪深度在 8cm 以上,其次为研究区东部的长白山地区及三江平原东侧等地,积雪深度为 3~7cm,而在研究区 46°N 以南、124°E 以西的大部分地区积雪深度较小,尤其是辽宁西南地区以及内蒙古兴安盟等地,平均积雪深度在 2cm 以下。

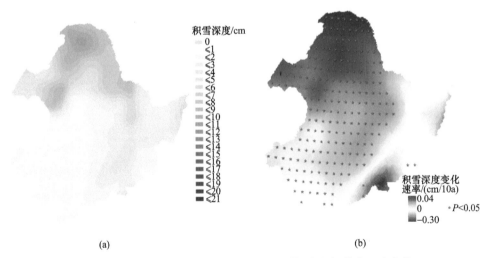

(a)　　　　　　　　　　　　　　　　　(b)

图 2.25　1841~2015 年东北地区年际平均积雪深度空间分布(a)和变化(b)

图 2.25(b)为 1841~2015 年东北地区年际平均积雪深度空间变化特征,可以看出,过去 175 年来,东北地区积雪深度以鹤岗—大连一线为界呈现出西北部减、东南部增的空间变化特征。全区约有 86.15%的区域积雪深度呈减少趋势,73.31%呈显著减少趋势,主要分布在西北部地区,尤其是大兴安岭地区西北部以及呼伦贝尔,减少速率最大,约为

−0.20cm/10a。积雪深度呈增加趋势的地区范围较小，仅分布在鹤岗—大连一线以东，其中白山、通化地区呈显著增加趋势，变化速率约为 0.04cm/10a。

3. 各季节积雪深度时空变化特征

本书研究将 1841～2015 年的数据进行四季划分，将每年的 3～5 月划分为春季、6～8 月划分为夏季、9～11 月划分为秋季、12 月至次年 2 月划分为冬季，由图 2.26 可知，夏季并不存在积雪，因此在下文不再进行分析。

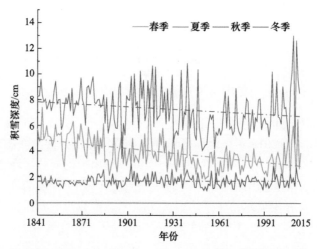

图 2.26　1841～2015 年东北地区不同季节积雪深度变化图

1) 各季节积雪深度时间变化特征

1841～2015 年东北地区秋、冬、春三个季节平均积雪深度分别为 1.70cm、7.30cm、3.89cm，方差结果显示，三个季节积雪深度均有显著差异($P<0.01$)，说明冬季积雪深度最大，其次为春季，秋季最小。三个季节的变异系数均在 0.2 以上，说明各季节积雪深度年际间浮动较大，春季尤为明显，变化幅度超过 30%(表 2.3)。从时间变化来看，三个季节的积雪深度均呈现出减少趋势(图 2.26)，其中春季和冬季呈显著减少趋势，变化速率分别为 −0.12cm/10a($P<0.01$)、−0.06cm/10a($P<0.05$)，175 年来积雪深度分别减少了 21cm、10.5cm。

表 2.3　1841～2015 年东北地区秋、冬、春各季节积雪深度统计值

	秋季	冬季	春季
平均值/cm	1.70	7.30	3.89
最大值/cm	3.04	13.01	8.88
最小值/cm	0.97	3.42	1.44
最大值年份	1903	2010	1915
最小值年份	1953	1897	1959
变异系数	0.24	0.23	0.33
倾向率/(cm/10a)	−0.001	−0.06*	−0.12**

*表示通过概率水平为 0.05 的显著性检验；**表示通过概率水平为 0.01 的显著性检验。

2) 各季节积雪深度空间分布及变化特征

1841~2015 年东北地区秋、冬、春各季节积雪深度空间分布特征见图 2.27，可以看出，秋、冬、春三个季节积雪深度的空间分布均表现出明显的纬度地带性和垂直地带性特征，呈现北深南浅、山地深平原浅的特点。在秋季，积雪自北向南开始积累，东北地区的积雪从高纬度地区开始向南扩散，积雪深度高值区主要出现在 48°N 以北地区，积雪深度为 6~8cm；而在 48°N 以南地区积雪深度在 2cm 以下。冬季，东北地区的积雪深度达到峰值，积雪深度表现出由西南向东北逐渐递增的空间分布特征，高值区主要位于大小兴安岭、长白山地区以及东部的三江平原地区，积雪深度高值中心区超过 14cm，尤其是在大兴安岭的北部及呼伦贝尔南部，积雪深度超过 20cm；而研究区西南部积雪深度较小，约在 3cm 以下。春季积雪开始由南向北消融，在大小兴安岭及三江平原的乌苏里江周围，积雪深度较大，为 9~12cm；在辽河平原，积雪深度较小，约为 2cm。

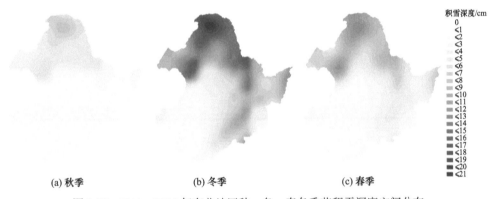

(a) 秋季　　　　(b) 冬季　　　　(c) 春季

图 2.27　1841~2015 年东北地区秋、冬、春各季节积雪深度空间分布

1841~2015 年东北地区秋、冬、春三个季节的积雪深度空间变化特征见图 2.28。其中，秋季，全区主要表现为西部减少、东部及北部地区增加的变化趋势，特别是在呼伦贝尔的东西两侧地区，呈显著减少趋势，变化速率约为 –0.03cm/10a，而在吉林东部地区积雪深度呈显著增加趋势，变化速率约为 0.03cm/10a。冬季，积雪深度整体呈现西减东增的空间变化特征，具体表现为除吉林东南部和黑龙江东北部呈增加趋势外，其他地区均

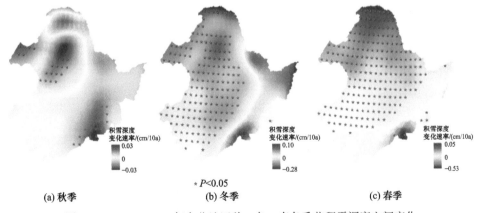

* P<0.05

(a) 秋季　　　　(b) 冬季　　　　(c) 春季

图 2.28　1841~2015 年东北地区秋、冬、春各季节积雪深度空间变化

表现为减少趋势，其中显著减少的区域约占总面积的 57.43%，在大兴安岭地区北部及呼伦贝尔东部变化速率最大，约为-0.28cm/10a，显著增加的区域主要分布在白城附近，增加速率约为 0.10cm/10a。春季，空间变化特征整体与冬季相似，除吉林东南部地区呈增加趋势外，其他大部分地区均呈减少趋势，其中显著减少的区域约占总面积约 74.32%，北部大兴安岭地区减少速率最大，约为-0.53cm/10a，吉林东南部白城地区在春季也呈显著增加趋势，增加速率约为 0.05cm/10a。

4. 各月份积雪深度时空变化特征

1) 各月份积雪深度时间变化特征

1841～2015 年东北地区各月份积雪深度统计值见表 2.4，可以看出，9 月积雪开始出现，积雪深度最小，平均约为 0.63cm，10 月之后积雪深度开始逐渐增加，到 2 月达到峰值，平均积雪深度由 1.11cm 增加到 8.28cm，从 3 月开始，积雪深度逐渐减小，一直持续到 5 月，平均积雪深度由 7.81cm 减小到 0.74cm。值得注意的是，各月份积雪深度的最大值并没有出现在 2 月，1 月、3 月积雪深度最大值均高于 2 月，分别为 15.13cm、15.06cm，分别出现在 2011 年和 1915 年。

表 2.4 1841～2015 年东北地区各月份积雪深度统计值

	9月	10月	11月	12月	1月	2月	3月	4月	5月
平均值/cm	0.63	1.11	3.35	6.03	7.64	8.28	7.81	3.13	0.74
最大值/cm	0.73	2.46	6.41	12.07	15.13	13.56	15.06	10.70	1.62
最小值/cm	0.61	0.68	1.40	2.25	3.46	4.46	2.76	0.79	0.61
极值比	0.19	2.62	3.57	4.38	3.37	2.04	4.45	12.50	1.64
最大值年份	1946	1997	1903	2012	2011	2011	1915	1915	1902
最小值年份	1901	1990	1971	1897	1898	1951	1959	2014	1943
倾向率/(cm/10a)	0.00	0.00	0.01	−0.03	−0.07*	−0.11**	−0.15**	−0.19**	−0.02**
变异系数	0.03	0.27	0.32	0.28	0.24	0.23	0.28	0.56	0.26

*表示通过概率水平为 0.05 的显著性检验；**表示通过概率水平为 0.01 的显著性检验。
注：表中数值修约存在进舍误差。

从年际变化来看，9～11 月积雪深度基本呈不变或不显著增加趋势，12 月至次年 5 月积雪深度均呈减小趋势，其中 1～5 月呈显著减小趋势，4 月变化速率最快(图 2.29)，为-0.19cm/10a($P<0.01$)，而后依次为 3 月、2 月、1 月及 5 月，变化速率分别为-0.15cm/10a($P<0.01$)、-0.11cm/10a($P<0.01$)、-0.07cm/10a($P<0.05$)、-0.02cm/10a($P<0.01$)。变异系数除 9 月较小以外，其他月份变化变异系数均超过(或等于)0.23，其中 4 月变异系数最大，为 0.56，说明各月份积雪深度变化幅度较大，4 月变化幅度超过 50%，可见，春季是积雪深度变化的主要时期。

2) 各月份积雪深度空间分布及变化特征

1841～2015 年 9 月至次年 5 月东北地区积雪深度空间分布及变化特征见图 2.30，可以看出，东北地区各月份积雪深度空间分布具有明显的纬向特征。积雪从 9 月在大兴安岭地区北部以及呼伦贝尔北部、三江平原东部等地开始出现，积雪深度在 1cm 左右。10 月东北地区积雪范围逐渐扩大至全区，大兴安岭地区积雪深度最大，可达到 4cm。11 月各

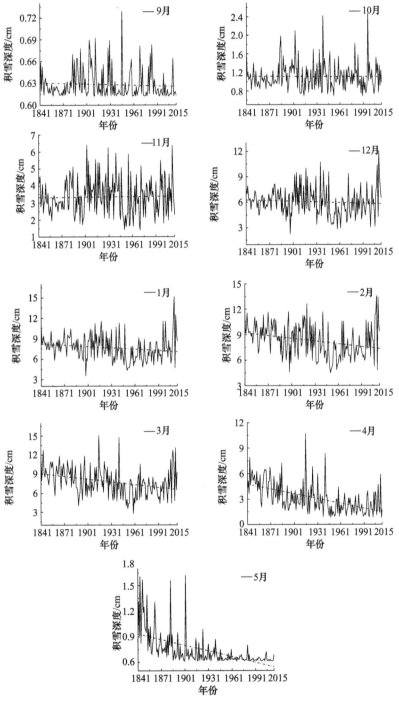

图 2.29 1841～2015 年东北地区各月份积雪深度变化

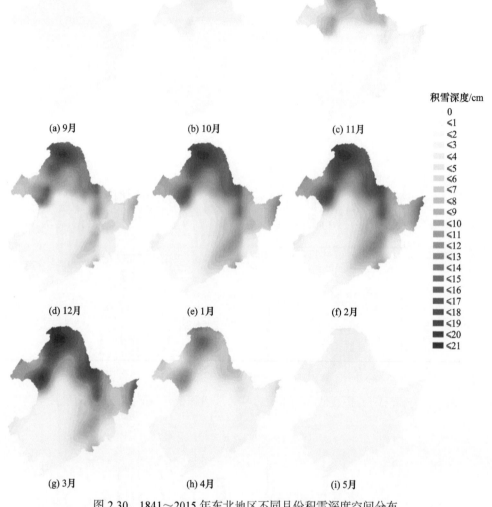

图 2.30　1841～2015 年东北地区不同月份积雪深度空间分布

地积雪深度逐渐开始增大，呈现北深南浅的空间分布特征，大兴安岭北部仍是积雪深度最大的地区，最高达到 10cm。从 12 月起积雪深度西南浅东北深的空间分布特征基本形成，这种空间分布特征一直持续到次年 3 月，在此期间，积雪深度高值区主要分布在西北部大小兴安岭地区、东南部长白山地区及东北部三江平原东侧等地，低值区位于辽宁西南地区以及内蒙古兴安盟等地。12 月大小兴安岭地区雪深已经达到 20cm 以上，而低值区积雪深度为 2～3cm。1～2 月空间上积雪深度逐渐增大，尤其是东南部的长白山地区，雪深从 12 月的 10cm 增加到 2 月的 14cm。3 月之后虽然在大兴安岭地区西北部、伊春北部及呼伦贝尔南部等地积雪深度仍然保持在 20cm 左右，但研究区其他区域积雪深度开始逐渐减小。4 月进入积雪快速消融期，大兴安岭地区北部和呼伦贝尔南部地区，积雪深度减小到 14cm 左右，在小兴安岭地区及黑龙江东部及东南部等地，积雪深度减小到 10cm 左右，而在西南部的松嫩平原、辽河平原等地，积雪深度仅为 1cm。到 5 月，全区除

45°N 以北、127°E 以东的区域积雪深度维持在 1cm 左右外，其余地区几乎不存在积雪。

1841～2015 年东北地区 9 月至次年 5 月积雪深度空间变化特征见图 2.31，可以看出，9 月积雪仅分布在研究区北部的大兴安岭地区，积雪深度主要表现为减小趋势，变化速率约为-0.01cm/10a。10 月，积雪深度整体呈现出北减东增的变化特征，其中，在伊春北部、佳木斯东部、牡丹江东南部等地呈显著增加趋势，增加速率约为 0.01cm/10a。11 月，研究区西部积雪深度呈减小趋势，北部和东南部呈增加趋势，其中在呼伦贝尔东西两侧、齐齐哈尔西部、兴安盟北部呈显著减小趋势，变化速率约为-0.07cm/10a；显著增加的区域主要位于吉林东南部的延边、白城、通化一带，变化速率约为 0.08cm/10a。12 月至次年 3 月积雪深度空间变化特征十分相似，均表现为西部减小、东部及东南部增加的变化特征，但随着月份的推移，显著减小趋势的区域由西向东逐渐扩展。具体表现为，12 月呈显著减小的区域主要分布在 125°E 以西，3 月以后在研究区的中部向东扩展到 129°E，其中 3 月大兴安岭地区北部显著减小的趋势最大，到达-0.46cm/10a。4 月和 5 月全区几乎均呈减小趋势，且在 47°N 以北大部分地区呈显著减小趋势，变化速率分别约为-0.39cm/10a、-0.05cm/10a。

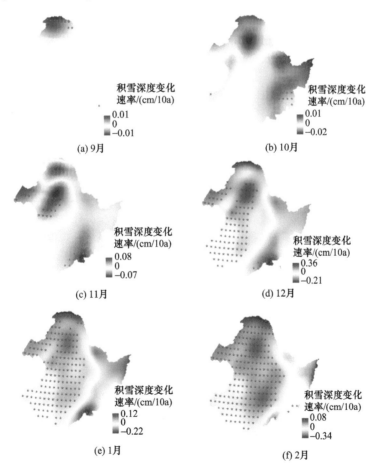

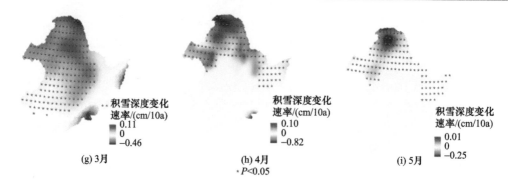

(g) 3月　　　　　　　　　　(h) 4月　　　　　　　　　　(i) 5月
· P<0.05

图 2.31　1841～2015 年东北地区不同月份积雪深度空间变化

5. 不同气候态积雪深度时空变化特征

1) 不同气候态积雪深度时间变化特征

为更好地反映 1841～2015 年东北地区的积雪变化，本书研究将 1841～2015 年以每 30 年为一个气候态划分为六个气候态，分别为 1841～1870 年、1871～1900 年、1901～1930 年、1931～1960 年、1961～1990 年以及 1991～2015 年，其中第六气候态时长为 25 年。

1841～2015 年东北地区不同气候态全年及秋、冬、春各季节积雪深度见表 2.5。可见，六个气候态积雪深度并不一致，方差分析表明(表 2.6)，1841～2015 年东北地区全年及各季节的积雪深度在气候态之间存在差异，说明不同气候态积雪深度发生了显著变化。以 1991～2015 年和百年前的 1841～1870 年第一气候态相比，年积雪平均深度显著减小了 0.43cm，秋季和冬季均无显著差异，春季积雪深度显著减小了 1.64cm。综合比较各气候态积雪深度变化可以得出，自 1931 年起，全年、冬季和春季积雪深度较之前的气候态已经发生了显著的减小趋势。

表 2.5　1841～2015 年东北地区不同气候态之间积雪深度差异

		1841～1870 年	1871～1900 年	1901～1930 年	1931～1960 年	1961～1990 年	1991～2015 年
全年	平均值/cm	3.67	3.32	3.50	2.82	2.83	3.24
	最大值/cm	4.52	4.32	4.65	5.02	3.77	5.01
	最小值/cm	2.60	2.14	2.67	1.85	2.19	2.41
	极值比	0.74	1.02	0.74	1.71	0.72	1.08
	最大值年份	1844	1875	1915	1941	1966	2013
	最小值年份	1858	1898	1913	1951	1961	1993
	倾向率 /(cm/10a)	−0.15	−0.35**	−0.05	−0.31*	0.07	0.52**
	变异系数	0.11	0.18	0.13	0.25	0.15	0.21
秋季	平均值/cm	1.61	1.68	1.85	1.67	1.64	1.74
	最大值/cm	2.12	2.59	3.04	2.56	2.38	2.86
	最小值/cm	1.14	1.05	1.18	0.97	1.02	1.16

		1841~1870 年	1871~1900 年	1901~1930 年	1931~1960 年	1961~1990 年	1991~2015 年
秋季	极值比	0.87	1.46	1.57	1.65	1.33	1.47
	最大值年份	1843	1885	1903	1940	1972	1997
	最小值年份	1858	1894	1925	1953	1990	2001
	倾向率/(cm/10a)	−0.01*	−0.01	−0.01	−0.01	0.00	0.00
	变异系数	0.16	0.23	0.25	0.29	0.21	0.28
冬季	平均值/cm	7.90	7.44	8.06	6.24	6.54	7.73
	最大值/cm	9.72	9.81	10.68	10.87	8.92	13.01
	最小值/cm	5.68	3.43	5.47	4.08	5.04	4.58
	极值比	0.71	1.86	0.95	1.66	0.77	1.84
	最大值年份	1870	1878	1917	1940	1972	2010
	最小值年份	1857	1897	1908	1950	1981	2011
	倾向率/(cm/10a)	0.01	−0.07*	−0.01	−0.05	0.01	0.14*
	变异系数	0.11	0.20	0.20	0.28	0.18	0.29
春季	平均值/cm	5.15	4.10	4.11	3.24	3.17	3.51
	最大值/cm	7.42	6.15	8.88	7.93	4.44	6.51
	最小值/cm	2.77	2.11	2.39	1.44	2.11	1.97
	极值比	1.68	1.92	2.71	4.50	1.10	2.31
	最大值年份	1844	1885	1915	1941	1966	2013
	最小值年份	1859	1889	1927	1959	1961	2003
	倾向率/(cm/10a)	−0.02	−0.05*	0.01	−0.05	0.00	0.07*
	变异系数	0.18	0.27	0.30	0.39	0.20	0.35

*表示通过概率水平为 0.05 的显著性检验；**表示通过概率水平为 0.01 的显著性检验。

注：表中数值修约存在进舍误差。

表 2.6　1841~2015 年东北地区不同气候态之间积雪深度方差分析表

	气候态	平均值/cm	显著性	
			0.05	0.01
全年	1841~1870 年	3.67	a	A
	1901~1930 年	3.50	ab	AB
	1871~1900 年	3.32	b	AB
	1991~2015 年	3.24	b	B

续表

气候态		平均值/cm	显著性	
			0.05	0.01
全年	1961～1990 年	2.83	c	C
	1931～1960 年	2.82	c	C
秋季	1901～1930 年	1.85	a	A
	1991～2015 年	1.74	ab	A
	1871～1900 年	1.68	ab	A
	1931～1960 年	1.67	ab	A
	1961～1990 年	1.64	b	A
	1841～1870 年	1.61	b	A
冬季	1901～1930 年	8.06	a	A
	1841～1870 年	7.90	a	A
	1991～2015 年	7.73	a	A
	1871～1900 年	7.44	a	AB
	1961～1990 年	6.54	b	BC
	1931～1960 年	6.24	b	C
春季	1841～1870 年	5.15	a	A
	1901～1930 年	4.11	b	B
	1871～1900 年	4.10	b	B
	1991～2015 年	3.51	c	BC
	1931～1960 年	3.24	c	C
	1961～1990 年	3.17	c	C

注：采用标示法表示显著性差异，表中相同字母表示无差异，不同字母表示有差异。

　　分析东北地区全年及秋、冬、春各季节积雪深度随气候态的变化(图 2.32)，可以看出，只有春季积雪深度呈现显著下降趋势，全年及秋季、冬季积雪深度没有发生显著变化。

　　根据表 2.5 中的要素，使用聚类分析法进一步对不同气候态的积雪深度差异进行分析，结果见图 2.33。依据表达积雪深度的参数，可以得出全年以及秋季、冬季、春季积雪深度，均是 1841～1870 年、1871～1900 年、1901～1930 年为一类，而 1931～1960 年、1961～1990 年、1991～2015 年为一类，说明从 1931 年起各气候态积雪深度已经不同于 1931 年前，积雪深度出现了新的变化，呈现减小趋势。

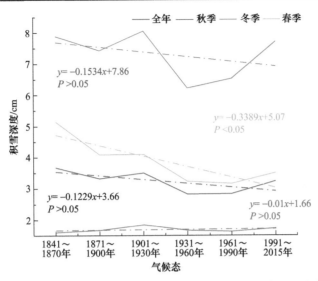

图 2.32　1841～2015 年东北地区不同气候态积雪深度随气候态的变化趋势

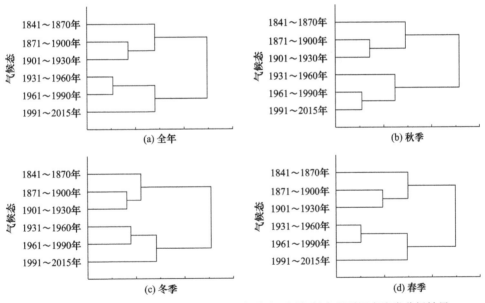

图 2.33　1841～2015 年东北地区全年及各季节不同气候态积雪深度聚类分析结果

2) 不同气候态积雪深度空间分布及变化特征

1841～1870 年、1991～2015 年东北地区全年、秋、冬、春三季不同气候态积雪深度空间分布见图 2.34，可以看出，各气候态积雪深度空间分布特征与 1841～2015 年年际积雪深度空间分布特征相似，均具有北深南浅的特点。为了进一步验证东北地区不同气候态积雪深度空间分布差异，本书研究采用 Kappa 系数将各季节相邻气候态及第一气候态和第六气候态的积雪深度进行对比分析，用来评价不同气候态积雪深度空间相似程度。由表 2.7 可以看出，全年及各季节不同气候态积雪深度空间分布特征基本为高度一致或几乎完全一致，但春季的第一气候态和第六气候态 Kappa 系数为 0.52，为中等一致，说

明在 6 个气候态中，春季的 1991~2015 年和百年前的 1841~1870 年积雪深度空间分布
存在差异，且主要差别发生在研究区西北部的大兴安岭地区(图 2.34)，积雪深度由 1841~
1870 年的 14.52m 减少到 1991~2015 年的 9.29cm。结合表 2.5，东北地区春季积雪平均
深度 1991~2015 年较 1841~1870 年显著减少了 1.64cm。

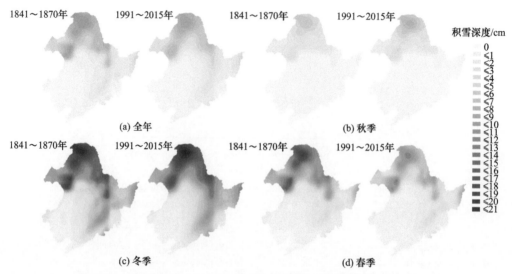

图 2.34　1841~1870 年、1991~2015 年不同气候态积雪深度空间分布

表 2.7　不同气候态积雪深度空间检验结果(Kappa 系数)

	气候态		Kappa 系数	一致性
	1841~1870 年	1871~1900 年	0.82	几乎完全一致
	1871~1900 年	1901~1930 年	0.84	几乎完全一致
全年	1901~1930 年	1931~1960 年	0.69	高度一致
	1931~1960 年	1961~1990 年	0.88	几乎完全一致
	1961~1990 年	1991~2015 年	0.76	高度一致
	1991~2015 年	1841~1870 年	0.67	高度一致
	1841~1870 年	1871~1900 年	0.88	几乎完全一致
	1871~1900 年	1901~1930 年	0.79	高度一致
秋季	1901~1930 年	1931~1960 年	0.86	几乎完全一致
	1931~1960 年	1961~1990 年	0.83	几乎完全一致
	1961~1990 年	1991~2015 年	0.78	高度一致
	1991~2015 年	1841~1870 年	0.79	高度一致
	1841~1870 年	1871~1900 年	0.86	几乎完全一致
冬季	1871~1900 年	1901~1930 年	0.84	几乎完全一致
	1901~1930 年	1931~1960 年	0.71	高度一致

续表

	气候态		Kappa 系数	一致性
冬季	1931~1960 年	1961~1990 年	0.85	几乎完全一致
	1961~1990 年	1991~2015 年	0.85	几乎完全一致
	1991~2015 年	1841~1870 年	0.76	高度一致
春季	1841~1870 年	1871~1900 年	0.63	高度一致
	1871~1900 年	1901~1930 年	0.83	几乎完全一致
	1901~1930 年	1931~1960 年	0.64	高度一致
	1931~1960 年	1961~1990 年	0.90	几乎完全一致
	1961~1990 年	1991~2015 年	0.83	几乎完全一致
	1991~2015 年	1841~1870 年	0.52	中等一致

2.3.2 东北地区积雪面积时空变化特征

本书研究首先确定栅格是否存在积雪的阈值。有些相关文献根据积雪覆盖度>0 提取稳定积雪面积，但根据这个标准，夏季会出现较大面积积雪的现象，因此，本书研究采用试错法，最终确定以每个栅格积雪覆盖度>10%作为判断有积雪的阈值。按照这个阈值，提取了东北地区 175 年来逐月平均积雪面积。

1. 积雪面积时间变化特征

1841~2015 年东北地区年(秋季、冬季、春季)平均积雪面积约为 $7.53×10^5km^2$，占东北地区总面积的 59.28%。其中，积雪面积最大为 $8.69×10^5km^2$，占东北地区总面积的 68.43%；积雪面积最小约为 $5.87×10^5km^2$，占东北地区总面积的 46.22%；两者相差 22.21%，变异系数为 0.08，年际间变化幅度接近 10%。从时序变化来看，东北地区年平均积雪面积呈极显著下降趋势(图 2.35)，变化速率约为 $-0.086×10^5km^2/10a$($P<0.01$)，最近 10 年(2006~2015 年)较百年前的 10 年(1841~1850 年)积雪面积减少了 $1.24×10^5km^2$，减少了 14.80%。

1841~2015 年东北地区各季节平均积雪面积的年际变化情况见图 2.36，结合表 2.8 可以看出，秋季、冬季、春季年平均积雪面积分别为 $4.48×10^5km^2$、$11.91×10^5km^2$、$6.19×10^5km^2$，分别占东北地区总面积的 36.1%、96.0%、49.8%，冬季积雪面积最大，其次是春季，秋季最小。秋季和春季的变异系数较大，变化幅度接近 20%，而冬季变化幅度较小，不到 1%，由此可知，春季和秋季平均积雪面积的波动性大于冬季。从时序变化来看，秋季、冬季、春季积雪面积均呈极显著减少趋势，变化速率分别为 $-0.04×10^5km^2/10a$($P<0.01$)、$-0.06×10^5km^2/10a$($P<0.01$)、$-0.16×10^5km^2/10a$($P<0.01$)，可见春季积雪面积减少速率最大，其次为冬季，秋季最小。最近 10 年(2006~2015 年)较百年前的 10 年(1841~1850 年)，秋季、冬季、春季积雪面积分别减少了 $0.98×10^5km^2/10a$、$0.62×10^5km^2/10a$、$2.11×10^5km^2/10a$，分别减少了 19.42%、5.03%、27.07%。

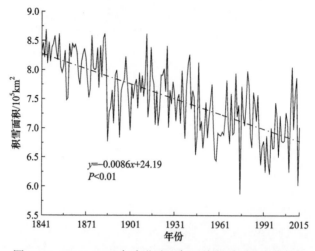

图 2.35 1841～2015 年东北地区年平均积雪面积变化趋势

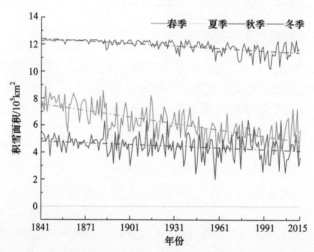

图 2.36 1841～2015 年东北地区各季节平均积雪面积变化趋势

表 2.8 1841～2015 年东北地区秋季、冬季、春季各季节积雪面积统计值

	秋季	冬季	春季
平均值/10^5km^2	4.48	11.91	6.19
最大值/10^5km^2	6.44	12.35	8.90
最小值/10^5km^2	2.00	10.19	3.12
最大值年份	1980	1978	1844
最小值年份	1958	1995	1992
变异系数	0.18	0.04	0.19
倾向率/(10^5km^2/10a)	−0.04**	−0.06**	−0.16**

**表示通过概率水平为 0.01 的显著性检验。

1841～2015 年东北地区各月份积雪面积统计值见表 2.9,可以看出,9 月积雪开始出现,积雪面积最小,约为 0.01×10⁵km²,10 月之后积雪面积开始逐渐扩大,到 1 月达到峰值,积雪面积从 3.18×10⁵km² 增加到 12.01×10⁵km²,从 2 月开始,积雪面积逐渐减小,一直持续到 5 月,平均积雪面积由 11.90×10⁵km² 减少到 0.46×10⁵km²。值得注意的是,11 月至次年 5 月积雪面积均呈极显著减少趋势(图 2.37),其中 4 月减少速率最大,约为 −0.03×10⁵km²/10a(P<0.01),其他月份变化速率均为−0.01×10⁵km²/10a(P<0.01),9 月和 10 月积雪面积几乎没有变化。从表 2.9 可以看出,4 月、5 月、9～11 月积雪面积变异系数较大,变化幅度均超过(或等于)17%,而 12 月至次年 3 月变异系数较小,变化幅度仅在 5%左右,因此可以看出,春季和秋季是积雪面积变化的主要时期。虽然 9 月积雪面积变异系数最大,但 9 月多数年份均无稳定积雪,少数年份存在积雪,积雪面积也较小,最大仅为 0.68×10⁵km²,因此,本书研究后续不再详细分析 9 月积雪面积。

表 2.9 1841～2015 年东北地区各月份积雪面积统计值

	9 月	10 月	11 月	12 月	1 月	2 月	3 月	4 月	5 月
平均值 /10⁵km²	0.01	3.18	10.25	11.82	12.01	11.90	11.37	6.74	0.46
最大值 /10⁵km²	0.68	9.06	12.30	12.35	12.35	12.35	12.35	11.39	3.25
最小值 /10⁵km²	0.00	0.12	2.97	9.55	9.77	9.59	6.47	0.61	0.00
倾向率 /(10⁵km²/10a)	0.00	0.00	−0.01**	−0.01**	−0.01**	−0.01**	−0.01**	−0.03**	−0.01**
变异系数	4.67	0.49	0.17	0.06	0.04	0.05	0.10	0.35	1.53

**表示通过概率水平为 0.01 的显著性检验。

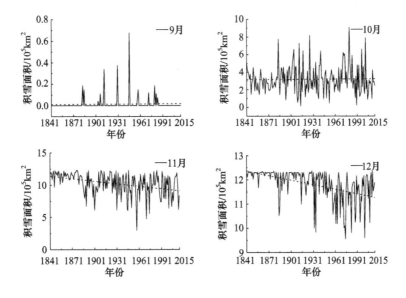

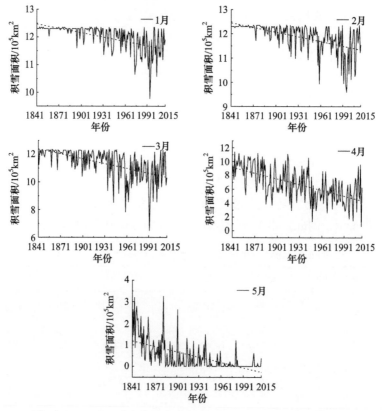

图 2.37　1841~2015 年东北地区各月份平均积雪面积变化趋势

2. 积雪面积空间变化特征

各月平均积雪面积空间变化见图 2.38，可以看出，9 月并没有稳定的积雪，高纬地区和海拔较高的山区从 10 月开始稳定的积雪，积雪面积从北向南、从高海拔到低海拔进行扩散，积雪面积逐渐增多。11 月、12 月除辽宁东南部及通辽西部等地区外，积雪覆盖了整个东北地区。1 月、2 月积雪面积达到峰值，占全区总面积的 99.24%，只有辽宁东南部地区无积雪覆盖。3 月之后积雪开始融化，由纬度较低的地区开始，具体来说，从大连与葫芦岛逐渐向北融化，另外在兴安盟与通辽交界处也有小部分区域转为无雪区。4 月是整个东北地区积雪融化的主要月份，低纬度地区的气温首先达到融雪的临界值，积雪融化表现出由南向北的特征，受地形与纬度的影响，海拔较高地区，如大小兴安岭地区、长白山及张广才岭等地区，积雪在 4 月仍然存在，直到 5 月才开始全面融化，全区仅在大兴安岭地区西部与呼伦贝尔交界处有小部分区域存在积雪。到 6 月东北地区的积雪基本融化完毕，7 月、8 月研究区处于气温最高的时段，积雪面积几乎为 0。

3. 不同气候态积雪面积时空变化特征

1) 不同气候态积雪面积时间变化特征

1841~2015 年东北地区不同气候态全年及秋季、冬季、春季各季节积雪面积见表 2.10。可见，六个气候态积雪面积并不一致，方差分析表明(表 2.11)，1841~2015 年东北地区

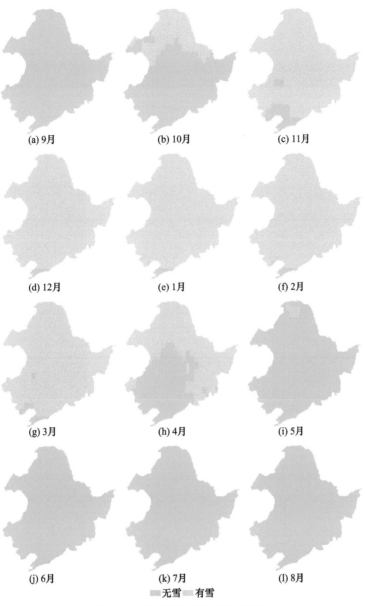

(a) 9月　　　　　　(b) 10月　　　　　　(c) 11月

(d) 12月　　　　　　(e) 1月　　　　　　(f) 2月

(g) 3月　　　　　　(h) 4月　　　　　　(i) 5月

(j) 6月　　　　　　(k) 7月　　　　　　(l) 8月

无雪　有雪

图 2.38　各月平均积雪面积范围图

全年及各季节的积雪面积在气候态之间存在差异，说明不同气候态积雪面积发生了显著的变化。以 1991～2015 年和百年前的 1841～1870 年第一气候态相比，年均积雪面积有显著差异，积雪面积显著减少了 $0.98×10^5 km^2$；秋季、冬季及春季均具有显著差异，分别显著减少了 $0.68×10^5 km^2$、$0.87×10^5 km^2$、$2.42×10^5 km^2$，其中春季积雪面积减少最多。综合比较各气候态积雪面积的变化，进一步可以得出，自 1931～1960 年起，全年、秋季、冬季及春季积雪面积较之前的气候态已经发生了显著的减少趋势。

表 2.10　1841~2015 年东北地区不同气候态之间积雪面积差异

		1841~ 1870 年	1871~ 1900 年	1901~ 1930 年	1931~ 1960 年	1961~ 1990 年	1991~ 2015 年
全年	平均值 /10^{5}km^2	6.17	5.87	5.75	5.46	5.36	5.19
	最大值 /10^{5}km^2	6.51	6.46	6.46	6.19	5.98	6.04
	最小值 /10^{5}km^2	5.61	5.08	5.22	4.83	4.40	4.51
	倾向率 /(10^{5}km^2/10a)	−0.01	−0.01	0.00	−0.02*	−0.0001	0.02
	变异系数	0.04	0.06	0.05	0.07	0.07	0.07
秋季	平均值 /10^{5}km^2	4.83	4.61	4.58	4.18	4.49	4.15
	最大值 /10^{5}km^2	5.56	6.33	6.40	5.47	6.44	6.40
	最小值 /10^{5}km^2	3.70	3.16	3.01	2.00	2.55	2.50
	倾向率 /(10^{5}km^2/10a)	−0.02	−0.01	0.01	−0.02	0.002	−0.02
	变异系数	0.09	0.14	0.17	0.21	0.20	0.22
冬季	平均值 /10^{5}km^2	12.29	12.16	12.10	11.82	11.55	11.42
	最大值 /10^{5}km^2	12.33	12.35	12.32	12.30	12.16	12.33
	最小值 /10^{5}km^2	12.00	11.58	11.64	10.79	10.51	10.19
	倾向率 /(10^{5}km^2/10a)	0.00	−0.01	−0.003	−0.01	−0.01	0.04*
	变异系数	0.00	0.02	0.02	0.03	0.04	0.05
春季	平均值 /10^{5}km^2	7.58	6.69	6.31	5.82	5.40	5.16
	最大值 /10^{5}km^2	8.90	8.61	8.23	7.34	6.89	7.25
	最小值 /10^{5}km^2	5.49	4.97	4.92	4.06	4.16	3.12
	倾向率 /(10^{5}km^2/10a)	−0.01	−0.03	−0.002	−0.05*	0.003	0.06*
	变异系数	0.09	0.14	0.13	0.15	0.12	0.22

*表示通过概率水平为 0.05 的显著性检验。

表 2.11 1841～2015 年东北地区不同气候态之间积雪面积方差分析表

气候态		平均值/10⁵km²	显著性	
			0.05	0.01
全年	1841～1870 年	3.67	a	A
	1871～1900 年	3.5	b	B
	1901～1930 年	3.32	b	B
	1931～1960 年	3.24	c	C
	1961～1990 年	2.83	cd	CD
	1991～2015 年	2.82	d	D
秋季	1841～1870 年	1.85	a	A
	1871～1900 年	1.74	a	AB
	1901～1930 年	1.68	a	AB
	1961～1990 年	1.67	ab	AB
	1931～1960 年	1.64	b	B
	1991～2015 年	1.61	b	B
冬季	1841～1870 年	8.06	a	A
	1871～1900 年	7.9	ab	A
	1901～1930 年	7.73	b	A
	1931～1960 年	7.44	c	B
	1961～1990 年	6.54	d	C
	1991～2015 年	6.24	d	C
春季	1841～1870 年	5.15	a	A
	1871～1900 年	4.11	b	B
	1901～1930 年	4.1	b	BC
	1931～1960 年	3.51	c	CD
	1961～1990 年	3.24	cd	DE
	1991～2015 年	3.17	d	E

注：采用标示法表示显著性差异，相同字母表示无差异，不同字母表示有差异。

分析东北地区全年及秋季、冬季、春季各季节平均积雪面积随气候态的变化(图 2.39)，可以看出，全年及各季节积雪面积均呈现极显著下降趋势，其中春季减少速率最大。

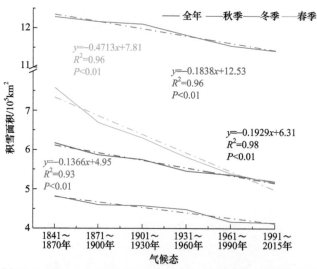

图 2.39　1841～2015 年东北地区不同气候态积雪面积变化趋势

2) 不同气候态积雪面积空间变化特征

由图 2.36 可以看出，积雪面积的大小受季节变化影响较大，且春季和秋季积雪面积的波动远大于冬季，结合东北地区各月平均积雪面积(图 2.38)可知，春季积雪面积的变动主要集中在 4 月、5 月，秋季积雪面积的变动主要集中于 10 月、11 月，冬季积雪面积变化较小，将不做分析。本书将选择 6 个气候态(1841～1870 年、1871～1900 年、1901～1930 年、1931～1960 年、1961～1990 年、1991～2015 年)的 4 月、5 月、10 月、11 月平均积雪面积进行积雪面积空间变化分析。

以 1841～1870 年、1991～2015 年两个气候态为例，根据不同气候态春季(4 月和 5 月)积雪面积图(图 2.40)可以看出，1841～1870 年属于积雪面积高值时期，积雪面积明显

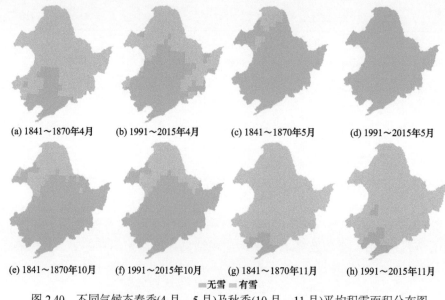

图 2.40　不同气候态春季(4 月、5 月)及秋季(10 月、11 月)平均积雪面积分布图

大于 1991～2015 年。1991～2015 年与 1841～1870 年相比，4 月积雪面积在东北地区西南部、中部以及东北部呈现明显减少趋势，尤其是西南部通辽以及中部大庆、绥化及哈尔滨等地在 1991～2015 年已经没有了积雪。5 月，1841～1870 年在西北部大兴安岭和呼伦贝尔北部仍有积雪存在，而 1991～2015 年全区已无积雪覆盖。

不同气候态的秋季(10 月和 11 月)积雪面积见图 2.40，可以看出，各气候态在 10 月、11 月积雪面积变化不大，远不如春季。1991～2015 年与 1841～1870 年相比，10 月积雪在研究区北部的黑河东北部及伊春北部略有增加；11 月平均积雪面积略有减少，减少的区域主要分布在西南部通辽中部、兴安盟东南部及赤峰中部，另外在阜新及沈阳北部也有所减少。

2.4 东北未来积雪时空演变规律

2.4.1 模拟数据验证及修正

为了验证区域气候模式模拟结果，本书研究利用统计学方法，使用 2006～2018 年同期历史实测数据对模拟结果进行验证。2006～2018 年历史实测数据与同期 RCP4.5 和 RCP8.5 排放情景下模拟数据的相关系数分别为 0.84 和 0.85，均通过 0.01 概率水平的检验，存在极显著的线性对应关系，因此可以对模型模拟的结果进行修订。具体为，首先建立 2006～2018 年历史实测数据与同期模拟数据的线性回归方程，RCP4.5、RCP8.5 排放情景下修订方程如下：

$$y = 0.334x + 11.095 \qquad R^2 = 0.7138 \tag{2.1}$$

$$y = 0.347x + 13.139 \qquad R^2 = 0.6986 \tag{2.2}$$

式中，x 为模拟值；y 为修正值。

根据以上两个方程，把所有模拟值进行修正。修正后误差显著减少(图 2.41 和表 2.12)。根据式(2.1)、式(2.2)建立新的数据序列，时间尺度为 2020～2099 年。研究结果均建立在新数据序列。

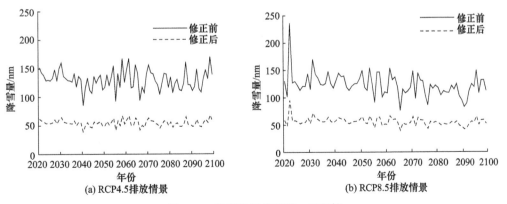

图 2.41 降雪数据修正前、后比较

表 2.12　RCP 模拟数据修正值与实测值对比

情景	实测值	修正前			修正后		
		模拟值	误差	均方根误差	模拟值	误差	均方根误差
RCP4.5 排放情景	45.96	139.23	93.27	94.52	57.60	11.64	17.25
RCP8.5 排放情景	45.96	128.38	82.42	84.86	57.66	11.70	18.68

2.4.2　东北未来降雪初日时空演变规律

　　东北地区 2020～2099 年降雪初日的年际分布特征如图 2.42 所示，RCP4.5 排放情景下降雪初日平均日期为 10 月 17 日，降雪初日最早出现在 2096 年，降雪初日为 10 月 1 日，最晚出现在 2044 年、2083 年，降雪初日为 10 月 23 日，二者相差 22d。RCP8.5 排放情景下，降雪初日平均日期为 10 月 20 日，降雪初日最早出现在 2040 年，降雪初日为 10 月 10 日，最晚出现在 2091 年，降雪初日为 11 月 1 日，二者相差 22d。方差分析结果显示，两种排放情景下降雪初日有显著性差异($P<0.01$)，RCP4.5 排放情景与 RCP8.5 排放情景相比，降雪初日较为提前，提前 3d。

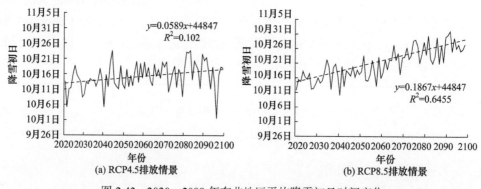

图 2.42　2020～2099 年东北地区平均降雪初日时间变化

　　从时序变化来看(图 2.42)，2020～2099 年两种排放情景下，降雪初日均表现为显著推迟的趋势($P<0.01$)。RCP4.5 和 RCP8.5 排放情景下降雪初日变化速率分别为 0.589d/10a、1.867d/10a，RCP8.5 排放情景下降雪初日变化速率更大。到 21 世纪末 RCP4.5 和 RCP8.5 排放情景下，降雪初日分别推迟 4.5d 和 14.9d。

　　RCP4.5 和 RCP8.5 排放情景下，2020～2099 年东北地区降雪初日在空间分布特征上基本相似，均表现出自北向南逐渐推迟的特征(图 2.43)。RCP4.5 和 RCP8.5 排放情景下降雪初日值域范围也较为接近，分别为 9 月 25 日～12 月 1 日、9 月 26 日～11 月 29 日。两种排放情景下，降雪初日较早的地区均分布在呼伦贝尔及大兴安岭地区，降雪初日在 9 月末 10 月初之间；辽宁及通辽降雪初日较晚，大多在 11 月末。

　　两种排放情景下，2020～2099 年东北地区降雪初日空间变化如图 2.43 所示，可见两种排放情景下，东北地区降雪初日均呈推迟趋势，但空间变化情况差异较大。RCP4.5 排放情景下，88.64%的格点呈显著推迟趋势，广泛分布在东北大部分地区，其中大庆—绥化一带、加格达奇地区变化速率最大，可达 0.2d/a；而 RCP8.5 排放情景下，降雪初日变化均不显著。这说明与 RCP8.5 排放情景相比，RCP4.5 排放情景下东北地区降雪初日推迟趋势更显著。

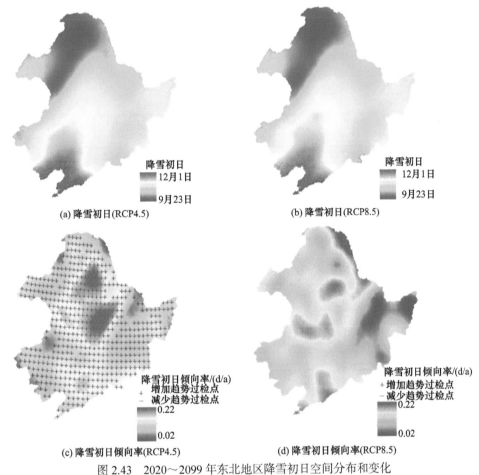

(a) 降雪初日(RCP4.5)　　　　　　　　　(b) 降雪初日(RCP8.5)

(c) 降雪初日倾向率(RCP4.5)　　　　　　(d) 降雪初日倾向率(RCP8.5)

图 2.43　2020～2099 年东北地区降雪初日空间分布和变化

对比 2020～2029 年和 2090～2099 年的降雪初日空间分布来分析降雪初日的变化(图 2.44、图 2.45)。可以看出，两种排放情景下，2020～2029 年与 2090～2099 年降雪初日的空间分布特征较为一致，均呈现北早南迟的特征；但 2090～2099 年与 2020～2029

(a) 2020～2029年　　　　　　(b) 2090～2099年　　　　　　(c) 差值

图 2.44　RCP4.5 排放情景下东北地区平均降雪初日空间分布

图 2.45 RCP8.5 排放情景下东北地区平均降雪初日空间分布

年相比,整体呈现推迟趋势。RCP4.5 排放情景下,降雪初日吉林东部、辽宁北部、兴安盟东部及通辽地区推迟时间较长,推迟了 15d 左右;赤峰西部及辽宁南部推迟时间较短,不到 1d。RCP8.5 排放情景下,降雪初日推迟时间较长的区域位于大兴安岭北部、鹤岗及辽宁南部,其中辽宁南部推迟时间最长可达 17d;推迟时间较短的区域分布在蒙东地区西部及辽宁北部,推迟时间最短的不足 3d。

2.4.3 东北未来降雪终日时空演变规律

东北地区 2020~2099 年降雪终日的年际分布特征如图 2.46 所示,RCP4.5 排放情景下,降雪终日平均日期为 4 月 14 日,降雪终日最早出现在 2066 年,降雪终日为 4 月 6 日,最晚出现在 2030 年,降雪终日为 4 月 24 日,二者相差 18d。RCP8.5 排放情景下,降雪终日平均日期为 4 月 13 日,降雪终日最早出现在 2096 年,降雪终日为 3 月 30 日,最晚出现在 2041 年,降雪终日为 4 月 26 日,二者相差 27d。方差分析结果显示,两种排放情景下降雪终日无显著性差异($P>0.05$)。

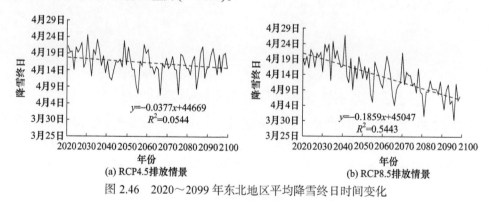

图 2.46 2020~2099 年东北地区平均降雪终日时间变化

从时序变化来看(图 2.46),2020~2099 年两种排放情景下,降雪终日均表现为显著提前的趋势($P<0.05$)。RCP4.5 和 RCP8.5 排放情景下降雪终日变化速率分别为−0.377d/10a、−1.859d/10a,RCP8.5 排放情景下降雪终日变化速率更大。RCP4.5 和 RCP8.5 排放情景下,到 21 世纪末,降雪终日分别提前 3.0d 和 14.9d。

在 RCP4.5 和 RCP8.5 排放情景下,东北地区 2020~2099 年降雪终日在空间分布特征上基本相似,均表现出自南向北逐渐推迟的特征(图 2.47)。RCP4.5 和 RCP8.5 排放情景下,降雪终日值域范围也较为接近,分别为 3 月 7 日~5 月 11 日、3 月 3 日~5 月 10 日。

两种排放情景下，降雪终日较早的地区均分布在辽宁及通辽，在 3 月上旬；呼伦贝尔及大兴安岭地区降雪终日较晚，在 5 月上旬。

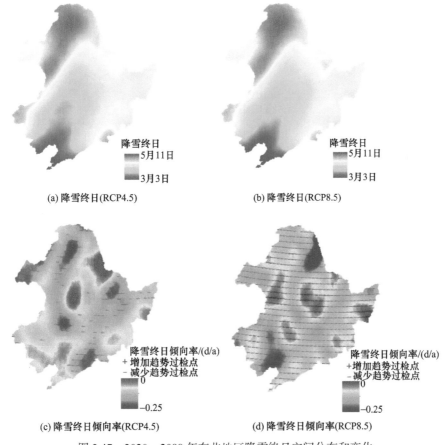

(a) 降雪终日(RCP4.5)　　　　　　(b) 降雪终日(RCP8.5)

(c) 降雪终日倾向率(RCP4.5)　　　(d) 降雪终日倾向率(RCP8.5)

图 2.47　2020~2099 年东北地区降雪终日空间分布和变化

两种排放情景下，2020~2099 年东北地区降雪终日空间变化如图 2.47 所示，可见两种排放情景下，东北地区降雪终日均呈提前趋势，但空间变化情况差异较大。RCP4.5 排放情景下，19.79%的格点呈显著提前趋势，主要分布在呼伦贝尔中部、黑龙江中部、三江平原北部、白城南部及通化—本溪一带。RCP8.5 排放情景下，99.66%的格点呈显著提前趋势。总体来看，与 RCP4.5 排放情景相比，RCP8.5 排放情景下东北地区降雪终日变化趋势更显著，且变化速率更快。

对比 2020~2029 年和 2090~2099 年的降雪终日空间分布(图 2.48、图 2.49)，可以看出，两种排放情景下，2020~2029 年与 2090~2099 年降雪终日的空间分布特征较为一致，均呈现南早北迟的特征。2090~2099 年与 2020~2029 年相比，RCP4.5 排放情景下，降雪终日大部分呈现提前趋势，三江平原中部、延边东部及长春—铁岭一带提前时间较长，提前 8d 以上；通辽西南部、赤峰东南部、大庆及呼伦贝尔西部部分地区呈推迟趋势，推迟时间最长可达 5d。RCP8.5 排放情景下，降雪终日整体呈现提前趋势，提前时间较长的区域位于辽宁西部、通辽南部、黑河北部及呼伦贝尔北部部分地区，其中辽宁东部提前时间最长可达 20d；推迟时间较短的区域分布在辽宁南部、绥化—哈尔滨交界处、鹤岗—佳木斯一带及呼伦贝尔西部，推迟时间最短在 3d 左右。

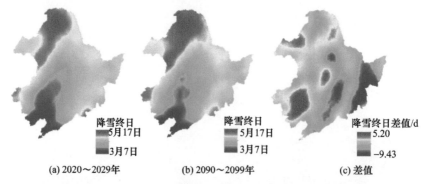

图 2.48　RCP4.5 排放情景下东北地区平均降雪终日空间分布

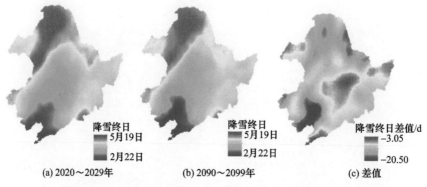

图 2.49　RCP8.5 排放情景下东北地区平均降雪终日空间分布

2.4.4　东北未来降雪量时空演变规律

2020～2099 年东北地区降雪量年际分布特征如图 2.50 所示。RCP4.5 排放情景下，降雪量平均值为 54.59mm；年均降雪量最小值为 39.73mm，出现在 2040 年；最大值为 67.87mm，出现在 2098 年；变异系数为 0.11。RCP8.5 排放情景下，降雪量平均值 55.94mm，年均降雪量最小值为 39.52mm，出现在 2065 年；最大值为 95.02mm，出现在 2022 年；变异系数为 0.14。方差分析结果显示，两种排放情景下降雪量无显著性差异($P>0.05$)，但从变异系数来看，RCP8.5 排放情景下降雪量年际变化幅度更大。

从时序变化来看，2020～2099 年东北地区两种排放情景下年均降雪量表现出随年际波动下降趋势。RCP4.5 排放情景下，年均降雪量下降趋势不显著($P>0.05$)，下降速率为 0.21mm/10a；RCP8.5 排放情景下，年均降雪量呈显著下降趋势($P<0.01$)，且下降速率较大，为 1.168mm/10a。RCP4.5 和 RCP8.5 排放情景下，到 21 世纪末，年降雪量分别减少 1.68mm、9.36mm。

RCP4.5 和 RCP8.5 排放情景下，2020～2099 年东北地区降雪量空间分布情况如图 2.51 所示。可以看出，两种排放情景下降雪量均呈东南高、中部低的特征。二者高值区主要分布在吉林东南部及呼伦贝尔—大兴安岭一带，低值区广泛分布在东北地区南部和中部。

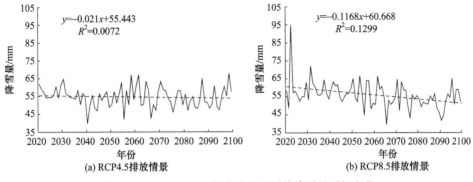

图 2.50　2020~2099 年东北地区平均降雪量时间变化

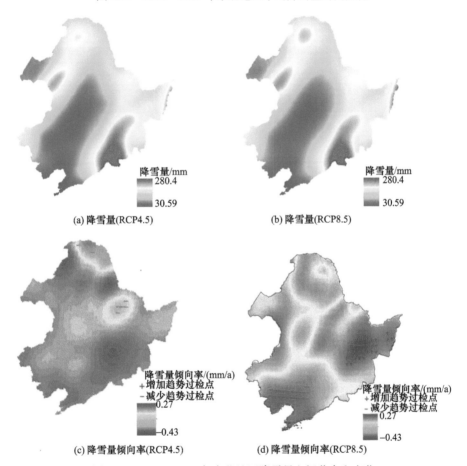

图 2.51　2020~2099 年东北地区降雪量空间分布和变化

　　两种排放情景下，2020~2099 年东北地区降雪量空间变化如图 2.51 所示，可见两种排放情景下降雪量空间变化差异较大。RCP4.5 排放情景下，降雪量呈减少的区域占总面积的 64.48%，仅 4.64%的格点呈显著减少趋势，主要分布在北部大兴安岭地区以及黑龙江中部地区；增加区域占总面积的 35.52%，仅 0.19%的格点呈显著增加趋势。RCP8.5 排放情景下，降雪量的变化趋势与 RCP4.5 排放情景相比更为显著，减少区域占总面积的

50.30%，9.65%的格点呈显著减少趋势，主要分布在南部地区；增加区域占总面积的49.70%，10.20%的格点呈显著增加趋势，主要分布在东部地区。这说明 RCP8.5 排放情景下，东北地区降雪量变化趋势更显著，东部显著增加，南部显著减少。

对比 2020～2029 年和 2090～2099 年降雪量空间分布情况来分析降雪量的变化(图 2.52、图 2.53)。可以看出，两种排放情景下，2020～2029 年与 2090～2099 年降雪量的空间分布特征较为一致，均呈现东南高、中部低的特征。2090～2099 年与 2020～2029 年相比，在 RCP4.5 排放情景下，呼伦贝尔及吉林东部地区降雪量减少较多，可达8mm 以上；兴安盟降雪量增加最多，增加量可达 11mm 以上。RCP8.5 排放情景下，降雪量减少的区域分布在东北南部、呼伦贝尔东部及大兴安岭地区，其中赤峰和吉林东南部减少量可达 10mm；增加的区域分布在东北中部，其中双鸭山东部增加最多，增加量可达 9mm。

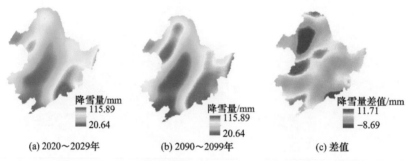

图 2.52　RCP4.5 排放情景下东北地区平均降雪量空间分布

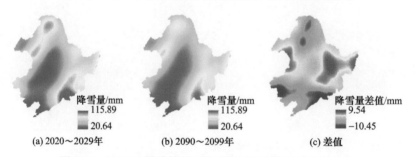

图 2.53　RCP8.5 排放情景下东北地区平均降雪量空间分布

2.4.5　东北未来降雪日数时空演变规律

2020～2099 年东北地区降雪日数的年际分布特征如图 2.54 所示。RCP4.5 排放情景下，降雪日数平均值为 10.75d；降雪日数最小值为 6.14d，出现在 2040 年；最大值为 15.60d，出现在 2061 年；变异系数为 0.585。RCP8.5 排放情景下，降雪日数平均值为 9.99d；降雪日数最小值为 4.87d，出现在 2065 年；最大值为 15.16d，出现在 2031 年；变异系数为0.629。方差分析结果显示，两种排放情景下的降雪日数有显著性差异($P<0.01$)；RCP4.5排放情景下降雪日数显著多于 RCP8.5 排放情景，约相差 1d。从变异系数来看，RCP8.5排放情景下降雪日数年际变化幅度更大。

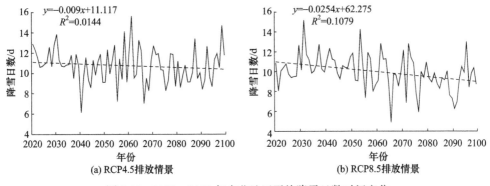

图 2.54　2020～2099 年东北地区平均降雪日数时间变化

从时序变化来看，2020～2099 年东北地区两种排放情景下降雪日数均表现为下降趋势；RCP4.5 和 RCP8.5 排放情景下，降雪日数变化速率分别为-0.09d/10a、-0.254d/10a；但仅 RCP8.5 排放情景下降雪日数下降趋势显著。RCP4.5 和 RCP8.5 排放情景下，到 21 世纪末，降雪日数分别减少 0.72d、2d。总体来说，RCP8.5 排放情景下东北降雪日数下降趋势显著，且变化速率较快。

RCP4.5 和 RCP8.5 排放情景下，2020～2099 年东北地区降雪日数空间分布情况如图 2.55 所示。可以看出，两种排放情景下降雪日数空间分布特征较为一致，均呈现东

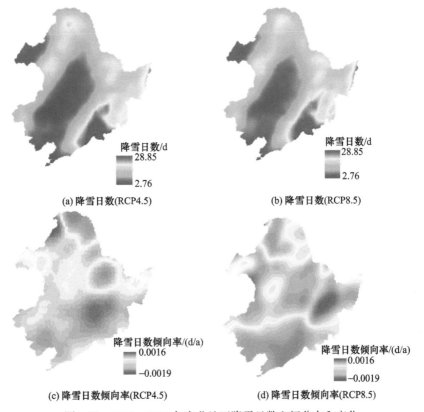

图 2.55　2020～2099 年东北地区降雪日数空间分布和变化

南、西北多，中间少的特征。二者高值区主要分布在吉林东南部及呼伦贝尔—大兴安岭一带，其中吉林东南部降雪日数最多，可达 28d；低值区主要分布在东北地区南部和中部，降雪日数仅为 3d 左右。在 RCP4.5 和 RCP8.5 排放情景下，降雪日数值域范围较为一致，分别为 2.76～28.15d、3.30～28.85d。

在 RCP4.5 和 RCP8.5 排放情景下，2020～2099 年东北地区降雪日数空间变化情况差异较大，如图 2.55 所示。但两种排放情景下，降雪日数年际变化均不显著，且变化速率较小。

对比 2020～2029 年和 2090～2099 年的降雪日数空间分布来分析降雪日数的变化(图 2.56、图 2.57)。可以看出，两种排放情景下，2020～2029 年与 2090～2099 年降雪日数的空间分布特征较为一致，均呈现东南多、中部少的特征。2090～2099 年与 2020～2029 年相比，在 RCP4.5 排放情景下，呼伦贝尔中部、哈尔滨与长春交界处降雪日数减少量较大，减少了 2d 左右；兴安盟、牡丹江东部及佳木斯北部降雪日数增加量较大，增加了 1d 以上。RCP8.5 排放情景下，降雪日数减少的区域分布在北部和南部地区，其中呼伦贝尔东部、大兴安岭南部、通化白山一带降雪日数减少量最多可达 3d；增加量较大的区域分布在呼伦贝尔西南部及三江平原东部，增加量可达 3d。

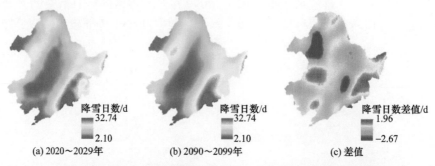

(a) 2020～2029年　　(b) 2090～2099年　　(c) 差值

图 2.56　RCP4.5 排放情景下东北地区平均降雪日数空间分布

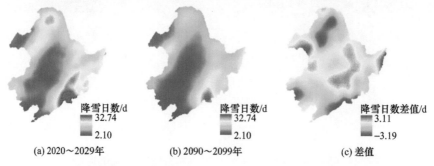

(a) 2020～2029年　　(b) 2090～2099年　　(c) 差值

图 2.57　RCP8.5 排放情景下东北地区平均降雪日数空间分布

2.4.6　东北未来降雪强度时空演变规律

2020～2099 年东北地区降雪强度的年际分布特征如图 2.58 所示。RCP4.5 排放情景下，降雪强度平均值为 5.13mm/次；降雪强度最小值为 4.30mm/次，出现在 2061 年；最大值为 6.47mm/次，出现在 2040 年。RCP8.5 排放情景下，降雪强度平均值为 5.68mm/

次；降雪强度最小值为 4.68mm/次，出现在 2053 年；最大值为 9.44mm/次，出现在 2022 年。方差分析结果显示，两种排放情景下的降雪强度有显著性差异($P<0.01$)。

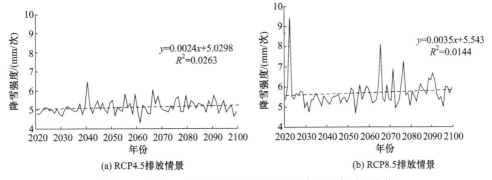

(a) RCP4.5排放情景　　　　　　　　　　　(b) RCP8.5排放情景

图 2.58　2020~2099 年东北地区年平均降雪强度时间变化

从时序变化来看，2020~2099 年东北地区两种排放情景下降雪强度均表现为增加趋势，RCP4.5 和 RCP8.5 排放情景下，降雪强度变化速率分别为 0.024mm/(次·10a)、0.035mm/(次·10a)，到 21 世纪末，降雪强度分别增加 1.92mm/次、2.8mm/次。但两种排放情景下，降雪强度增加趋势并不显著。

RCP4.5 和 RCP8.5 排放情景下，2020~2099 年东北地区降雪强度空间分布情况如图 2.59 所示。可以看出，两种排放情景下降雪强度空间分布特征较为一致，高值区主要分布在呼伦贝尔西部、通辽—白城—大庆一带及大连地区，其中呼伦贝尔西部降雪强度最大；低值区广泛分布在东南大部分地区，其中吉林南部降雪强度最小。RCP4.5 和 RCP8.5 排放情景下，降雪强度值域范围稍有不同，分别为 3.74~7.65mm/次、3.99~9.91mm/次，RCP8.5 排放情景下高值区降雪强度更大。

在 RCP4.5 和 RCP8.5 排放情景下，2020~2099 年东北地区降雪强度空间变化情况差异较大，如图 2.59 所示。RCP4.5 排放情景下，73.15%的格点均呈增加趋势，6.37%的格点呈显著增加趋势，主要分布在呼伦贝尔北部和西部、兴安盟以及通辽东部；26.85%的格点呈减少趋势，仅 0.17%的格点呈显著减少趋势。RCP8.5 排放情景下，71.94%的格点

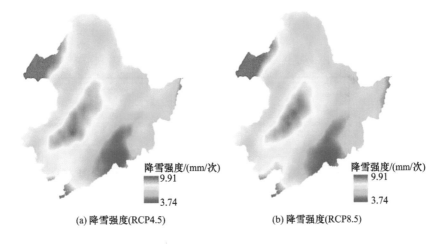

降雪强度/(mm/次)
9.91
3.74

降雪强度/(mm/次)
9.91
3.74

(a) 降雪强度(RCP4.5)　　　　　　　　　　　(b) 降雪强度(RCP8.5)

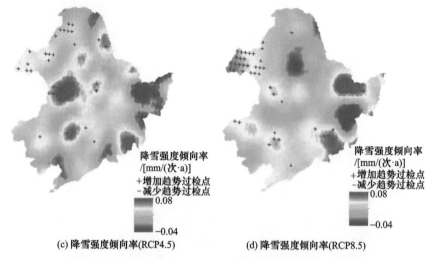

(c) 降雪强度倾向率(RCP4.5)　　　　　　(d) 降雪强度倾向率(RCP8.5)

图 2.59　2020~2099 年东北地区降雪强度空间分布和变化

呈增加趋势，8.78%的格点呈显著增加趋势，主要分布在呼伦贝尔西部、吉林东部以及鹤岗地区；28.06%的格点呈减少趋势，仅 0.69%的格点呈显著减少趋势，主要分布在嫩江地区。

　　对比 2020~2029 年和 2090~2099 年的降雪强度空间分布来分析降雪强度的变化（图 2.60、图 2.61）。可以看出，两种排放情景下，2020~2029 年与 2090~2099 年降雪强度的空间分布特征较为一致，均呈现西北高南部低的特征。RCP4.5 情景下，辽宁南部和齐齐哈尔西部降雪强度减少量较大，减少量可达 7mm/次；呼伦贝尔西部、嫩江、大庆部分地区降雪强度增加量较大，增加量可达 3mm/次。RCP8.5 情景下，降雪强度减少量较

(a) 2020~2029年　　　　(b) 2090~2099年　　　　(c) 差值

图 2.60　RCP4.5 排放情景下东北地区平均降雪强度空间分布

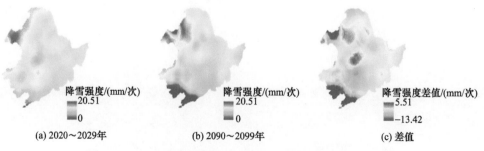

(a) 2020~2029年　　　　(b) 2090~2099年　　　　(c) 差值

图 2.61　RCP8.5 排放情景下东北地区平均降雪强度空间分布

大的区域分布在呼伦贝尔西部、辽宁南部和西部，减少量可达 13mm/次；增加量较大的
区域分布在呼伦贝尔中部及大庆—白城一带，增加量约 5mm/次。

2.4.7　东北未来不同等级降雪量时空演变规律

1. 小雪降雪量时空演变规律

2020～2099 年东北地区小雪降雪量年际分布特征如图 2.62 所示。RCP4.5 排放情景
下，小雪降雪量平均值为 25.26mm；最小值为 22.40mm，出现在 2055 年；最大值为
28.83mm，出现在 2058 年；变异系数为 0.09。RCP8.5 排放情景下，小雪降雪量平均值为
27.64mm，最小值为 24.50mm，出现在 2090 年；最大值为 30.69mm，出现在 2031 年；
变异系数为 0.09。方差分析结果显示，两种排放情景下小雪降雪量无显著性差异($P>0.05$)，
且从变异系数来看，两种排放情景下小雪降雪量年际变化幅度相近。

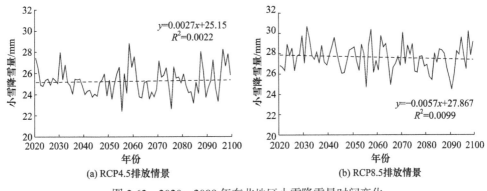

图 2.62　2020～2099 年东北地区小雪降雪量时间变化

从时序变化来看，2020～2099 年东北地区在 RCP4.5 情景下小雪降雪量均表现为上
升趋势，变化速率为 0.027mm/10a，RCP8.5 情景下小雪降雪量均表现为下降趋势，变化
速率–0.057mm/10a；但是两种情景下变化均未通过 0.05 概率水平检验($P>0.05$)。

RCP4.5 和 RCP8.5 排放情景下，2020～2099 年东北地区小雪降雪量空间分布情况如
图 2.63 所示。可以看出，两种排放情景下，小雪降雪量空间分布一致性较高，均呈现东
南、西北高，中间低的特征。二者高值区主要分布在吉林东南部及呼伦贝尔—大兴安岭
一带，其中呼伦贝尔南部小雪降雪量最大，可达 40mm；低值区广泛分布在东北地区南部
和中部，小雪降雪量在 10mm 以下。RCP4.5 和 RCP8.5 排放情景下，小雪降雪量值域范
围不同，分别为 8.46～38.34mm、6.88～42.81mm。

两种排放情景下，2020～2099 年东北地区小雪降雪量空间变化如图 2.63 所示，可见
两种排放情景下小雪降雪量空间变化差异较大。RCP4.5 排放情景下，1.03%的格点呈显
著增加趋势，分散在大兴安岭东北部、黑河东北部、牡丹江北部、丹东南部；3.79%的格
点呈显著减少趋势，集中在东北地区中西部牡丹江—延边一带，以及呼伦贝尔西部。
RCP8.5 排放情景下，6.20%的格点呈显著增加趋势，主要分布在东北地区西部、呼伦贝
尔东部；9.29%的格点呈显著减少趋势，广泛分布在东北地区中部，以及呼伦贝尔西部、
大兴安岭西南部、辽宁西部部分地区。

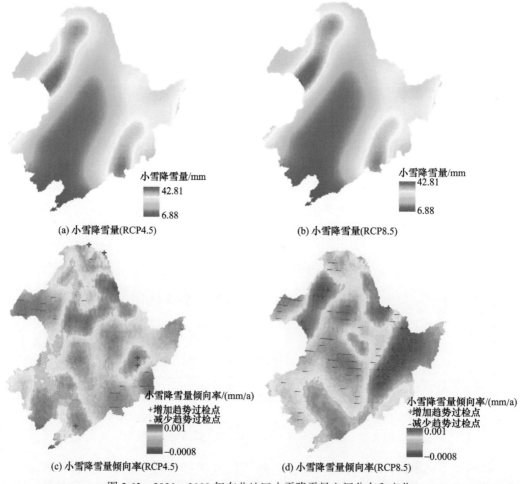

(a) 小雪降雪量(RCP4.5)　　　　　　　　　　(b) 小雪降雪量(RCP8.5)

(c) 小雪降雪量倾向率(RCP4.5)　　　　　　(d) 小雪降雪量倾向率(RCP8.5)

图 2.63　2020～2099 年东北地区小雪降雪量空间分布和变化

　　对比 2020～2029 年和 2090～2099 年小雪降雪量空间分布情况来分析小雪降雪量的变化(图 2.64、图 2.65)。2090～2099 年与 2020～2029 年相比,在 RCP4.5 情景下,东北地区西南部、呼伦贝尔西部、兴安盟—齐齐哈尔一带、长春—哈尔滨一带小雪降雪量减少量较大,可达 3mm;呼伦贝尔北部、大兴安岭及佳木斯东部小雪降雪量增加量较大,可达 9mm 以上。RCP8.5 情景下,小雪降雪量减少的区域广泛分布在东北地

(a) 2020～2029年　　　　　　　(b) 2090～2099年　　　　　　　(c) 差值

图 2.64　RCP4.5 排放情景下东北地区小雪降雪量空间分布

区南部和中部、大兴安岭东部，其中辽宁南部减少量最大，可达 3mm；增加量较大的区域分布在呼伦贝尔中部、黑龙江东南部，可达 10mm 以上。

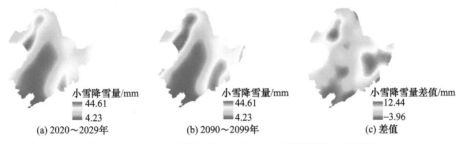

(a) 2020～2029年   (b) 2090～2099年   (c) 差值

图 2.65 RCP8.5 排放情景下东北地区小雪降雪量空间分布

2. 中雪降雪量时空演变规律

2020～2099 年东北地区中雪降雪量年际分布特征如图 2.66 所示。RCP4.5 排放情景下，中雪降雪量平均值为 19.75mm；最小值为 17.12mm，出现在 2055 年；最大值为 22.67mm，出现在 2098 年；变异系数为 0.06。RCP8.5 排放情景下，中雪降雪量平均值为 21.75mm，最小值为 17.76mm，出现在 2065 年；最大值为 24.69mm，出现在 2053 年；变异系数为 0.06。方差分析结果显示，两种排放情景下中雪降雪量无显著性差异($P>0.05$)，且从变异系数来看，年际变化幅度相近。

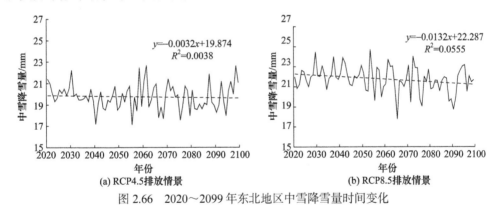

(a) RCP4.5排放情景   (b) RCP8.5排放情景

图 2.66 2020～2099 年东北地区中雪降雪量时间变化

从时序变化来看，2020～2099 年东北地区两种排放情景下中雪降雪量均表现出波动下降趋势。RCP4.5 情景下，中雪降雪量下降趋势不显著($P>0.05$)，下降速率为 0.032mm/10a；RCP8.5 情景下，中雪降雪量呈显著下降趋势($P<0.05$)，且下降速率较大，为 0.132mm/10a。RCP4.5 和 RCP8.5 情景下，到 21 世纪末，中雪降雪量分别减少 0.24mm、1.04mm。

RCP4.5 和 RCP8.5 排放情景下，2020～2099 年东北地区中雪降雪量空间分布情况如图 2.67 所示。可以看出，两种排放情景下，中雪降雪量空间分布一致性较高，均呈现东南、西北高，中间低的特征。二者高值区主要分布在吉林东南部及呼伦贝尔—大兴安岭一带，其中吉林东南部中雪降雪量最大，可达 40mm；低值区广泛分布在东北地区南部和中部、呼伦贝尔西部，中雪降雪量在 10mm 以下。RCP4.5 和 RCP8.5 排放情景下，中雪降雪量值域范围相近，分别为 5.71～34.75mm、6.99～33.57mm。

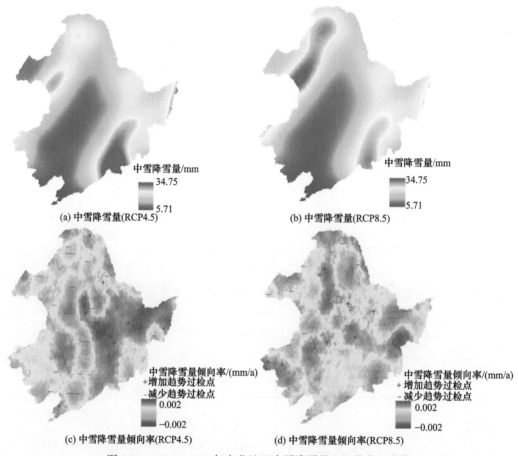

(a) 中雪降雪量(RCP4.5)　　　　　　　　　(b) 中雪降雪量(RCP8.5)

(c) 中雪降雪量倾向率(RCP4.5)　　　　　(d) 中雪降雪量倾向率(RCP8.5)

图 2.67　2020~2099 年东北地区中雪降雪量空间分布和变化

　　两种排放情景下，2020~2099 年东北地区中雪降雪量空间变化如图 2.67 所示，可见两种排放情景下中雪降雪量空间变化差异较大。RCP4.5 排放情景下，1.38%的格点呈显著增加趋势，主要分布在哈尔滨—吉林一带；3.79%的格点呈显著减少趋势，主要分布在东北地区中部，齐齐哈尔—大庆—铁岭—营口一线。RCP8.5 排放情景下，1.89%的格点呈显著增加趋势，零散分布在呼伦贝尔东部、中部伊春—哈尔滨松原一带、赤峰西部及三江平原南部；3.27%的格点呈显著减少趋势，零散分布在东北地区西部及东南部、黑河—齐齐哈尔一带、三江平原西北部。

　　对比 2020~2029 年和 2090~2099 年降雪量空间分布情况来分析中雪降雪量的变化(图 2.68、图 2.69)。2090~2099 年与 2020~2029 年相比，在 RCP4.5 排放情景下，呼伦贝尔北部、牡丹江—延吉一带中雪降雪量减少量较大，可达 8mm；呼伦贝尔与兴安盟交界处、黑河—绥化一带、长春地区中雪降雪量增加量较大，可达 5mm 以上。RCP8.5 排放情景下，中雪降雪量减少的区域广泛分布在东北地区东南部和东北部，其中吉林东南部减少量最大，可达 9mm；增加量较大的区域分布在三江平原东部、呼伦贝尔西南部及大兴安岭西部，可达 9mm 以上。

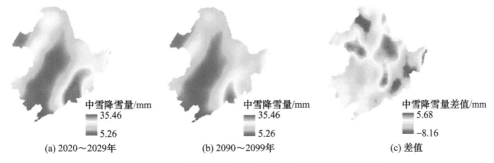

图 2.68　RCP4.5 排放情景下东北地区中雪降雪量空间分布

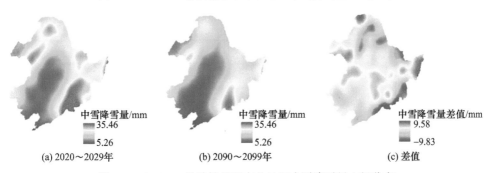

图 2.69　RCP8.5 排放情景下东北地区中雪降雪量空间分布

3. 大雪降雪量时空演变规律

2020～2099 年东北地区大雪降雪量年际分布特征如图 2.70 所示。RCP4.5 排放情景下，大雪降雪量平均值为 19.73mm；最小值为 15.37mm，出现在 2040 年；最大值为 23.99mm，出现在 2061 年；变异系数为 0.08。RCP8.5 排放情景下，大雪降雪量平均值 21.35mm，最小值为 16.95mm，出现在 2065 年；最大值为 26.50mm，出现在 2031 年；变异系数为 0.08。方差分析结果显示，两种排放情景下大雪降雪量无显著性差异($P>0.05$)，且从变异系数来看，年际变化幅度相近。

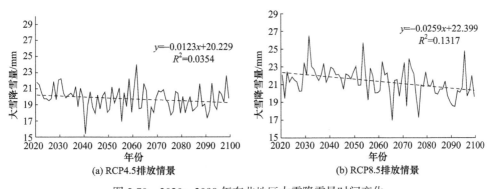

图 2.70　2020～2099 年东北地区大雪降雪量时间变化

从时序变化来看，2020～2099 年东北地区两种排放情景下大雪降雪量均表现出波动下降趋势。RCP4.5 排放情景下，大雪降雪量下降趋势不显著($P>0.05$)，下降速率为

0.123mm/10a；RCP8.5 排放情景下，大雪降雪量呈显著下降趋势（$P<0.01$），且下降速率较大，为 0.259mm/10a。RCP4.5 排放情景和 RCP8.5 排放情景下，到 21 世纪末，大雪降雪量分别减少 0.96mm、2.08mm。

　　RCP4.5 和 RCP8.5 排放情景下，2020～2099 年东北地区大雪降雪量空间分布情况如图 2.71 所示。可以看出，两种排放情景下大雪降雪量空间分布一致性较高，均呈现东南、西北高，中间低的特征。二者高值区主要分布在吉林东南部及呼伦贝尔—大兴安岭一带，其中吉林东南部最大，可达 35mm 以上；低值区广泛分布在东北地区南部和中部、呼伦贝尔西部，大雪降雪量在 10mm 以下。RCP4.5 和 RCP8.5 排放情景下，大雪降雪量值域范围相近，分别为 7.98～35.50mm、5.44～37.44mm。

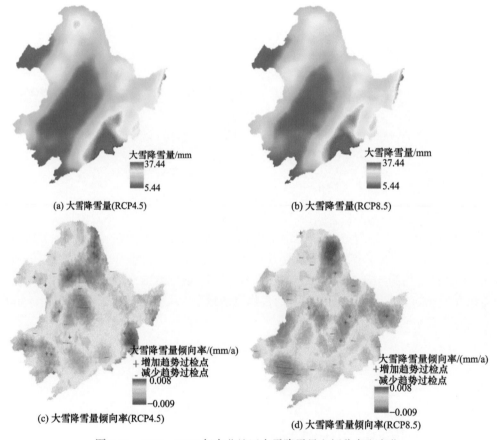

图 2.71　2020～2099 年东北地区大雪降雪量空间分布和变化

　　两种排放情景下，2020～2099 年东北地区大雪降雪量空间变化如图 2.71 所示，可见两种排放情景下大雪降雪量空间变化差异较大。RCP4.5 排放情景下，2.93%的格点呈显著增加趋势，主要分布在黑河北部、呼伦贝尔西南部、辽宁西南部、吉林东部；2.58%的格点呈显著减少趋势，主要分布在东北地区西部，集中在齐齐哈尔—大庆—白城—通辽一线。RCP8.5 排放情景下，1.20%的格点呈显著增加趋势，主要分布在黑河、哈尔滨—吉林一带；3.79%的格点呈显著减少趋势，主要分布在呼伦贝尔、黑河东部、辽宁西南部朝阳—锦州一带。

对比 2020～2029 年和 2090～2099 年大雪降雪量空间分布情况来分析大雪降雪量的变化(图 2.72、图 2.73)。2090～2099 年与 2020～2029 年相比，在 RCP4.5 排放情景下，三江平原东部、牡丹江、黑河北部大雪降雪量减少量较大，可达 5mm；呼伦贝尔北部和中部大雪降雪量增加量较大，可达 2mm 以上。RCP8.5 排放情景下，大雪降雪量减少的区域广泛分布在呼伦贝尔—大兴安岭一带、丹东—白山一带及赤峰南部，减少量最大将近 4mm；增加量较大的区域分布在呼伦贝尔西南部、黑河—齐齐哈尔—绥化一带，增加量最大可达 4mm。

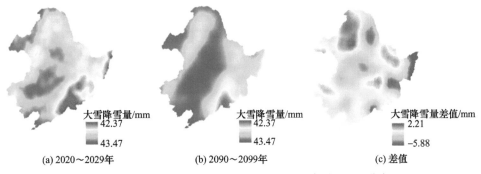

图 2.72　RCP4.5 排放情景下东北地区大雪降雪量空间分布

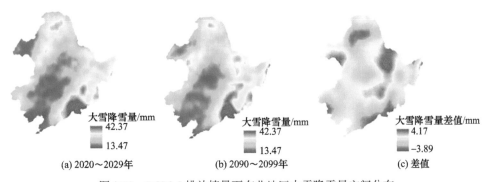

图 2.73　RCP8.5 排放情景下东北地区大雪降雪量空间分布

总体来看，RCP4.5 和 RCP8.5 排放情景下，小雪降雪量、中雪降雪量、大雪降雪量基本表现为下降趋势；对比各等级降雪量，大雪降雪量变化最快，其次为中雪降雪量、小雪降雪量。从空间上看，小雪降雪量高值区集中在西北部阿尔山地区，中雪降雪量和大雪降雪量的高值区主要分布在东南部长白山脉地区；各等级降雪量倾向率均较小，空间变化不显著。

2.5　本章结论

(1) 东北地区平均积雪深度为 13.97cm，整体呈东北高西南低的特征，不同时期积雪深度空间分布较为一致，但随着时间推移，积雪深度逐渐增大。东北地区平均雪压为

2.20g/cm^2，呈东北高西南低的特征，不同时期雪压空间分布特征高值区较为一致，低值区在消融期由东北地区西南部转移到北部。东北地区平均雪密度为 0.17g/cm^3，呈东北高西南低的特征，但不同时期空间分布特征差异较大，甚至相反。东北地区平均积雪反照率为 71.70%，呈北高南低的特征，不同时期空间分布特征较为一致，但消融期积雪反照率显著增大。东北地区积雪平均液态含水量为 0.64%，呈西南高东北低的特征，但不同时期空间分布特征差异较大。就雪颗粒形态来说，不同时期表层积雪雪颗粒形态空间差异性较大，但底层积雪雪颗粒形态多为深霜。

(2) 与三江平原相比，松嫩平原雪深、雪压显著偏低；但两大平原雪密度、积雪反照率、积雪液态含水量差异并不显著。在不同时期，两大平原相同的特征为，雪深变化较大，雪深在稳定期增大，到消融期空间差异缩小；雪压整体呈现增大的特征；雪密度先减小后增大；积雪液态含水量呈现先增后减的特征。不同在于，与三江平原相比，松嫩平原积雪反照率变化更为明显，到消融期显著增大。两大平原表层雪颗粒形态差异较大，深层均表现为深霜。

(3) 对过去 175 年来的平均积雪深度和面积进行了分析，结果显示，年平均积雪深度和面积均呈现显著减少趋势，其中春季(4 月、5 月)积雪深度和面积减少速率最大，其次为冬季，秋季最小，且春季的积雪深度和面积要大于秋季。聚类分析结果表明，1931 年起各气候态积雪深度已经不同于 1931 年前，积雪深度出现了新的变化，呈现出减少趋势。方差分析结果表明，不同气候态间的年均及春季积雪深度存在差异；全年及秋季、冬季和春季积雪面积存在显著差异，1991～2015 年相比 1841～1870 年年均积雪深度和面积分别减少了 0.43cm、0.98×10^{5}km^2，春季的减少幅度最大，分别减少了 1.64cm、2.42×10^{5}km^2。

(4) 通过分析东北地区积雪深度的空间分布特征，发现东北地区积雪深度存在明显的纬度地带性和垂直地带性，具有北深南浅、山地深平原浅的特点，且东北地区积雪深度具有西部减东南增的变化特征；值得注意的是，大兴安岭地区不仅是积雪深度最大的地区，也是变化最显著的地区。分析不同气候态春季(4 月、5 月)和秋季(10 月、11 月)积雪面积的空间分布发现，春季积雪面积的变化远大于秋季，1990～2015 年与 1841～1870 年相比，4 月积雪面积在东北地区西南部、中部以及东北部明显减少，而 5 月在 1991～2015年整个东北地区已经没有积雪；1990～2015 年相对于 1841～1870 年，秋季积雪面积变化在 10 月主要表现为黑河东北部及伊春北部地区略有增加，11 月积雪面积则表现为在通辽中部、兴安盟东南部及赤峰中部等地略有减少。

(5) 分析东北地区 2020～2099 年降雪特征变化，得到两种排放情景下，降雪特征差异较大。具体表现为，与 RCP8.5 排放情景相比，RCP4.5 排放情景下降雪初日显著提前，降雪日数显著偏多，降雪强度显著偏小；两种排放情景下，降雪终日、降雪量及各等级降雪量均无显著差异。从降雪特征变化来看，两种排放情景下均表现出，降雪初日显著推迟，降雪终日显著提前，且 RCP8.5 排放情景下变化速率均较大；降雪强度呈不显著增加趋势。不同的是，RCP8.5 排放情景下，降雪日数、降雪量、中雪降雪量、大雪降雪量均显著减少；而 RCP4.5 排放情境下变化均不显著。可以看出，RCP8.5 排放情景下，降雪特征变化较为显著，降雪日数、降雪期(降雪初日到降雪终日的时间)、降雪量均呈下降趋势。

第 3 章 黑龙江省降雪时空变化特征及机制

本章研究主要采用的是黑龙江省气象局实测数据、美国国家环境预报中心/美国国家大气研究中心(NCEP/NCAR)逐日再分析数据、美国 NOAA 的海温资料。

(1) 气温和降水资料：主要应用于本章 3.1～3.3 节内容。由黑龙江省气象信息中心提供，共选取黑龙江省 1961～2015 年 63 个站点实测数据进行分析。

本章研究选取可以表征降雪的指标进行分析，具体指标有降雪年、降雪初日、降雪终日、降雪期、降雪日数、降雪强度、总降雪量、最大降雪量、不同等级(暴雪、大雪、中雪、小雪)降雪量和日数(表 3.1)，分析了 1961～2015 年黑龙江省降雪指标时空分布特征及其变化规律。

表 3.1　降雪指标分类及定义标准

分类	指标	定义	单位
降雪指标	降雪年	从上一年 8 月 1 日至当年 7 月 31 日	a
	降雪初日	降雪年第一场雪日期	d
	降雪终日	降雪年最后一场雪日期	d
	降雪期	降雪年内第一天和最后一天出现纯雪日期之间的天数	d
	年总降雪量	降雪年内纯雪的雪量合计	mm
	降雪日数	降雪期内出现降雪的日数	d
	降雪强度	降雪量与降雪日数的比值	mm/d
	最大降雪量	降雪期内降雪量最大值	mm
不同等级降雪指标	暴雪日数	降雪期内日降雪量≥10mm 的降雪天数	d
	暴雪降雪量	降雪期内日降雪量≥10mm 的降雪总量	mm
	大雪日数	降雪期内降雪量≥5mm 且小于 10mm 的降雪天数	d
	大雪降雪量	降雪期内降雪量≥5mm 且小于 10mm 的降雪总量	mm
	中雪日数	降雪期内降雪量≥2.5mm 且小于 5mm 的降雪天数	d
	中雪降雪量	降雪期内降雪量≥2.5mm 且小于 5mm 的降雪总量	mm
	小雪日数	降雪期内降雪量<2.5mm 的降雪天数	d
	小雪降雪量	降雪期内降雪量<2.5mm 的降雪总量	mm

(2) 再分析数据和海温数据：主要应用于本章 3.4 节内容。为了分析极端降水变化成因，选择 NCEP/NCAR 逐日再分析数据，时间为 1961 年 1 月～2018 年 2 月，分辨率为 2.5°×2.5°，主要包括位势高度、风场、比湿等。在 https://psl.noaa.gov/data/gridded/tables/

temperature. html 网站注册，下载了各层位势高度、气压、风速及比湿等，用于分析大气环流及水汽变化。海温数据来自美国 NOAA 的海温资料，时间为 1961 年 1 月～2018 年 2 月，空间分辨率为 1°×1°。通过 http://www.noaa.gov/网站注册下载。

3.1　黑龙江省降雪时空变化特征

3.1.1　降雪初日时空变化特征分析

1961～2015 年黑龙江省降雪初日平均日期为 10 月 15 日，降雪初日最早出现在 1969 年，为 9 月 29 日；最晚出现在 2005 年，为 11 月 2 日，二者相差 34d。1961～2015 年黑龙江省降雪初日呈显著推迟趋势(P<0.01)，降雪初日推迟速率为 2.307d/10a，55a 降雪初日共推迟了 12.71d[图 3.1(a)]。

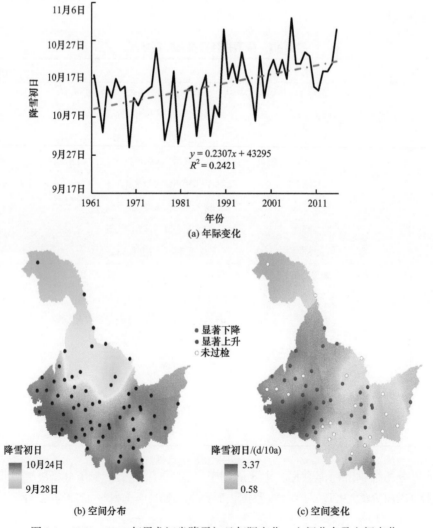

图 3.1　1961～2015 年黑龙江省降雪初日年际变化、空间分布及空间变化

从年代变化来看(表 3.2)，20 世纪 60 年代平均降雪初日为 10 月 12 日；70 年代与 60 年代相比降雪初日变化不大，降雪初日仅推迟 1d，为 10 月 13 日；80 年代降雪初日提前为 10 月 9 日；90 年代以后降雪初日明显推迟，日期为 10 月 18 日；21 世纪 00 年代降雪初日继续推迟到 10 月 22 日；到 21 世纪 10 年代降雪初日为 10 月 20 日。可以看出，降雪初日从 20 世纪 90 年代开始发生变化，与全球气候变暖大背景相符合，90 年代前后降雪初日相差日数最多为 13d。

表 3.2　1961～2015 年黑龙江省各年代平均降雪初日

年代	降雪初日	年代	降雪初日
20 世纪 60 年代	10 月 12 日	20 世纪 90 年代	10 月 18 日
20 世纪 70 年代	10 月 13 日	21 世纪 00 年代	10 月 22 日
20 世纪 80 年代	10 月 9 日	21 世纪 10 年代	10 月 20 日

1961～2015 年黑龙江省的平均降雪初日空间分布如图 3.1(b)所示，可以看出，黑龙江省降雪初日存在明显的空间差异，主要表现为北部降雪初日早，南部降雪初日晚。其中，最北端的大兴安岭地区降雪初日最早，平均为 10 月 2 日，黑河市、伊春市降雪初日也相对较早，为 10 月 8 日，西南部大庆市降雪初日最晚，平均为 10 月 20 日，南北最多相差 26d。

1961～2015 年黑龙江省降雪初日均呈显著推迟趋势[图 3.1(c)]，空间变化大体呈现西南部推迟快、北部和东部推迟慢的趋势，变化速率处于 0.58～3.37d/10a。西南部地区的大庆市、绥化市南部为降雪初日推迟高值区，速率为 3.21d/10a；北部的大兴安岭地区和东南部的鸡西市、双鸭山市为低值区，最低为 0.70d/10a。其中，佳木斯市、伊春市、富裕县、双鸭山市、哈尔滨市、绥芬河市、鹤岗市等 45 个市(县)降雪初日呈显著推迟趋势($P<0.05$)，占比为 71.43%，主要分布在黑龙江省中部地区；18 个市(县)降雪初日呈推迟趋势，但未呈现显著推迟趋势($P>0.05$)。

3.1.2　降雪终日时空变化特征分析

1961～2015 年黑龙江省降雪终日平均日期为 4 月 23 日，终日最早出现在 1998 年，为 3 月 31 日；最晚出现在 1969 年、1981 年、1987 年，均为 5 月 6 日，二者相差 36d。1961～2015 年黑龙江省降雪终日呈极显著提前趋势($P<0.01$)，降雪终日提前速率为 3.387d/10a，55a 降雪终日提前 18.63d[图 3.2(a)]。

从年代变化来看(表 3.3)，20 世纪 60 年代平均降雪终日为 4 月 25 日；70 年代降雪终日稍有推迟，推迟 5d，为 4 月 30 日；80 年代降雪终日提前为 4 月 27 日，90 年代以后降雪终日明显提前，日期为 4 月 21 日；21 世纪 00 年代降雪终日继续提前到 4 月 19 日；到 21 世纪 10 年代降雪终日提前为 4 月 10 日。可以看出，20 世纪 90 年代前后降雪终日相差日数最多为 20d。

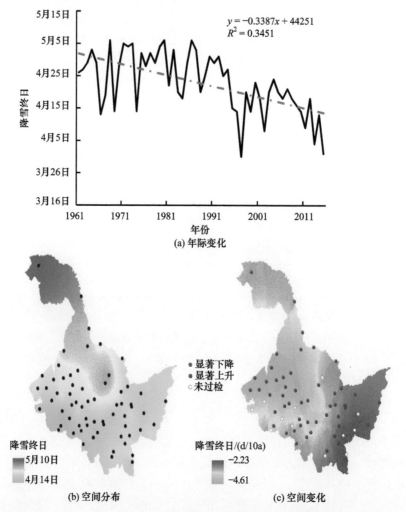

图 3.2　1961～2015 年黑龙江省降雪终日年际变化、空间分布及空间变化

表 3.3　1961～2015 年黑龙江省各年代平均降雪终日

年代	降雪终日	年代	降雪终日
20 世纪 60 年代	4 月 25 日	20 世纪 90 年代	4 月 21 日
20 世纪 70 年代	4 月 30 日	21 世纪 00 年代	4 月 19 日
20 世纪 80 年代	4 月 27 日	21 世纪 10 年代	4 月 10 日

　　1961～2015 年黑龙江省的平均降雪终日空间分布如图 3.2(b)所示，可以看出，黑龙江省降雪终日存在明显的空间差异，表现为黑龙江省北部降雪终日晚，南部降雪终日早。其中，北部的大兴安岭地区降雪终日最晚，平均为 5 月 10 日，西南部齐齐哈尔市降雪终日最早，平均为 4 月 18 日，南北降雪终日相差 22d。

　　1961～2015 年黑龙江省降雪终日均呈提前趋势[图 3.2(c)]，空间表现为黑龙江省西部和中部降雪终日提前快，北部和东南部提前慢，变化速率处于-4.61～-2.23d/10a。西部地

区的齐齐哈尔市、黑河市西南部为降雪终日提前高值区，平均速率为-4.42d/10a；东部的
鸡西市、佳木斯市、双鸭山市和七台河市为低值区，平均速率为-2.65d/10a。其中，嫩江
县、北安市、克山县、齐齐哈尔市、兰西县、方正县、五常市等 54 个市(县)降雪终日呈
显著提前趋势($P<0.05$)，占比为 85.71%；9 个市(县)降雪终日呈提前趋势，但未呈现显著
提前趋势($P>0.05$)。

3.1.3　降雪期时空变化特征分析

　　1961～2015 年黑龙江省降雪期平均为 191d，降雪期在 1980 年持续时间最长，为
219d；降雪期在 2015 年持续时间最短，为 156d，二者相差 63d。1961～2015 黑龙江省降
雪期呈极显著减少趋势($P<0.01$)，降雪期减少速率为 5.62d/10a，55 年降雪期共减少
30.91d[图 3.3(a)]。

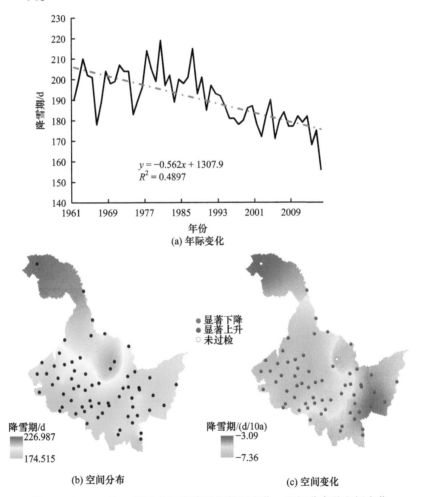

图 3.3　1961～2015 年黑龙江省降雪期年际变化、空间分布及空间变化

　　从年代变化来看(表 3.4)，20 世纪 60 年代平均降雪期为 197d；70 年代降雪期稍有增
加，降雪期增加了 3d，为 200d；80 年代降雪期继续增加为 202d；90 年代以后降雪期明

显减少，减少为 186d；21 世纪 00 年代降雪期继续减少到 180d；到 21 世纪 10 年代降雪期减少为 174d。可以看出，降雪期和降雪初日、终日年代变化趋势相吻合，均从 20 世纪 90 年代发生显著变化，90 年代前后降雪期最多减少了 28d。

表 3.4　1961～2015 年黑龙江省各年代平均降雪期

年代	降雪期/d	年代	降雪期/d
20 世纪 60 年代	197	20 世纪 90 年代	186
20 世纪 70 年代	200	21 世纪 00 年代	180
20 世纪 80 年代	202	21 世纪 10 年代	174

1961～2015 年黑龙江省的平均降雪期空间分布如图 3.3(b)所示，可以看出，黑龙江省降雪期空间分布差异明显，表现为黑龙江省北部降雪期长，南部降雪期短，原因是黑龙江省北部地区降雪初日早、降雪终日晚，南部降雪初日晚、降雪终日早。其中，北部的大兴安岭地区降雪期持续时间最长，平均为 222d。黑龙江省南部的大庆市、齐齐哈尔市西南部、哈尔滨市和牡丹江市东部降雪期最短，平均为 180d，南北降雪期相差 42d。

1961～2015 年黑龙江省降雪期均呈减少趋势[图 3.3(c)]，总体表现为西南部降雪期减少快，北部和东部降雪期减少慢，变化速率处于-7.36～-3.09d/10a。西部地区的齐齐哈尔市、黑河市西南部、大庆市为降雪期减少高值区，平均速率为-7d/10a；东部的鹤岗市、佳木斯市东部、双鸭山市、七台河市、鸡西市以及北部的大兴安岭为降雪期减少低值区，平均速率为-4d/10a。全省除漠河市和五营区外，其余 61 个站点降雪期均呈显著减少趋势($P<0.05$)，占比为 96.83%。

3.1.4　最大降雪量时空变化特征分析

1961～2015 年黑龙江省平均最大降雪量为 7.13mm，最大降雪量在 1991 年最小，降雪量为 3.83mm；最大降雪量在 2013 年最大，降雪量为 12.66mm，二者相差 8.83mm。黑龙江省最大降雪量呈上升趋势($P<0.01$)，增加速率为 0.443mm/10a，55 年最大降雪量增加了 2.4mm[图 3.4(a)]。

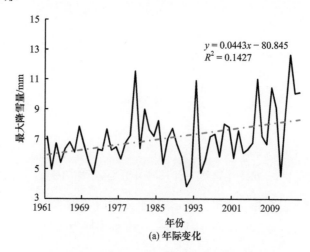

(a) 年际变化

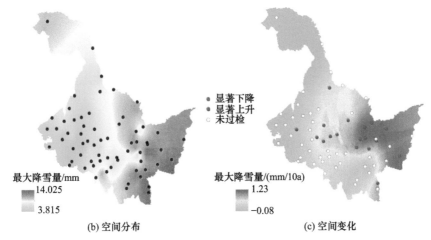

最大降雪量/mm
14.025
3.815

(b) 空间分布

最大降雪量/(mm/10a)
1.23
-0.08

(c) 空间变化

显著下降
显著上升
未过检

图 3.4　1961～2015 年黑龙江省最大降雪量年际变化、空间分布及空间变化

从年代变化来看(表 3.5)，20 世纪 60 年代平均最大降雪量为 6.45mm；70 年代最大降雪量稍有减少，减少了 0.18mm，为 6.27mm；80 年代最大降雪量增加至 7.67mm；90 年代以后最大降雪量明显减少，减少为 6.37mm；21 世纪 00 年代最大降雪量显著增加，增加到 7.56mm；到 21 世纪 10 年代最大降雪量增加为 9.20mm。可以看出，20 世纪 70 年代最大降雪量最小，21 世纪 10 年代最大降雪量最大，二者相差 2.93mm。

表 3.5　1961～2015 年黑龙江省各年代平均最大降雪量

年代	最大降雪量/mm	年代	最大降雪量/mm
20 世纪 60 年代	6.45	20 世纪 90 年代	6.37
20 世纪 70 年代	6.27	21 世纪 00 年代	7.56
20 世纪 80 年代	7.67	21 世纪 10 年代	9.20

1961～2015 年黑龙江省的最大降雪量空间分布如图 3.4(b)所示，可以看出，黑龙江省最大降雪量总体表现为西南少、东部和北部多。其中，黑龙江省东南部牡丹江市最大降雪量最多，最大降雪量为 12mm，其次是鸡西市、七台河市、伊春市等地区，最大降雪量为 8mm 左右，齐齐哈尔市西南部和大庆市最大降雪量最少，为 4mm，全省最多相差 8mm。

1961～2015 年黑龙江省最大降雪量呈增加趋势[图 3.4(c)]，总体表现为最大降雪量自西向东增加速率逐渐递增，变化速率处于-0.08～1.23mm/10a。黑龙江省东部的佳木斯市、双鸭山市、鹤岗市、鸡西市为最大降雪量增加的高值区，速率为 1.20mm/10a。大庆市南部、齐齐哈尔市西南部和大兴安岭地区为最大降雪量增加的低值区，速率为 0.5mm/10a。其中，鹤岗市、绥化市、双鸭山市、虎林市、绥芬河市、伊春市等 18 个市(县)最大降雪量呈显著增加趋势($P<0.05$)，占比为 28.57%，主要分布在黑龙江省中部和东部地区。其余 45 个站点最大降雪量呈增加趋势，但未呈显著增加趋势($P>0.05$)。

3.1.5　年总降雪量时空变化特征分析

1961～2015 年黑龙江省年总降雪量平均值为 31.30mm，年总降雪量在 2009 年最多，为 60.20mm；在 2011 年最少，仅为 17.40mm，二者相差 42.80mm。1961～2015 年黑龙江省年总降雪呈极显著增加趋势($P<0.01$)，增加速率为 2.393mm/10a，55 年总降雪量增加了 13.16mm[图 3.5(a)]。

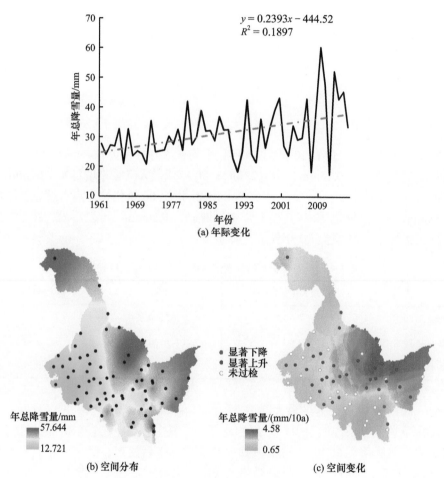

图 3.5　1961～2015 年黑龙江省年总降雪量年际变化、空间分布及空间变化

从年代变化来看(表 3.6)，20 世纪 60 年代年总降雪量为 26.79mm；70 年代年总降雪量稍有增加，增加到 27.23mm；80 年代年总降雪量持续增加，增至 33.28mm；90 年代年总降雪量明显减少，减少为 28.93mm；21 世纪 00 年代年总降雪量显著增加，增加到 34.74mm；到 21 世纪 10 年代年总降雪量增加为 39.76mm。可以看出，20 世纪 60 年代年总降雪量最少，21 世纪 10 年代年总降雪量最大，二者相差 12.97mm。

表 3.6　1961～2015 年黑龙江省各年代年总降雪量

年代	年总降雪量/mm	年代	年总降雪量/mm
20 世纪 60 年代	26.79	20 世纪 90 年代	28.93
20 世纪 70 年代	27.23	21 世纪 00 年代	34.74
20 世纪 80 年代	33.28	21 世纪 10 年代	39.76

1961～2015 年黑龙江省年总降雪量分布情况如图 3.5(b)所示，可以看出，黑龙江省年总降雪量总体表现为西南少、东部和北部多。伊春市年总降雪量最大，年总降雪量为 53mm，其次是大兴安岭地区和黑龙江省东部地区，年总降雪量为 45mm，西南部大庆市、齐齐哈尔市等地区年总降雪量最小，仅为 15mm，全省最多相差 30mm。

1961～2015 年黑龙江省年总降雪量均呈增加趋势[图 3.5(c)]，自西向东年总降雪量增加速率逐渐递增，变化速率处于 0.65～4.58mm/10a。其中，伊春市、鹤岗市、佳木斯市和双鸭山市为年总降雪量增加的高值区，速率为 4.20mm/10a，牡丹江市为年总降雪量增加的低值区，速率为 0.70mm/10a。其中，龙江县、齐齐哈尔市、鹤岗市、肇东市、双鸭山市、绥芬河市、鸡西市、虎林市、绥化市等 36 个市(县)年总降雪量呈显著增加趋势(P<0.05)，占比 57.14%，主要分布在黑龙江省中部地区。27 个市(县)年总降雪量呈增加趋势，但未呈现显著增加趋势(P>0.05)。

3.1.6　降雪日数时空变化特征分析

1961～2015 年黑龙江省平均降雪日数为 27d，降雪日数在 2007 年最少，仅为 13d，在 2009 年最多，为 40d，二者相差 27d。1961～2015 年黑龙江省降雪日数呈减少趋势(P>0.05)，减少速率为 0.271d/10a，55a 降雪日数共减少 1.49d[图 3.6(a)]。

从年代变化来看(表 3.7)，20 世纪 60 年代降雪日数为 27.78d；70 年代降雪日数几乎不变；80 年代降雪日数增加至 29.20d；90 年代降雪日数开始减少，减少为 25.70d；21 世纪 00 年代降雪日数稍有增加，增加为 26.50d；到 21 世纪 10 年代降雪日数增加为 27.00d。可以看出，20 世纪 90 年代降雪日数最少，20 世纪 80 年代降雪日数最多，二者相差 3.50d。

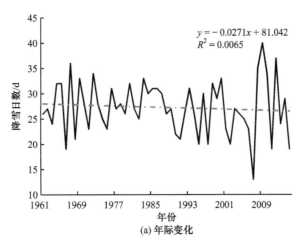

(a) 年际变化

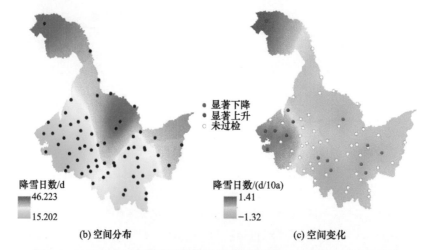

图 3.6　1961～2015 年黑龙江省降雪日数年际变化、空间分布及空间变化

表 3.7　1961～2015 年黑龙江省各年代降雪日数

年代	降雪日数/d	年代	降雪日数/d
20 世纪 60 年代	27.78	20 世纪 90 年代	25.70
20 世纪 70 年代	27.30	21 世纪 00 年代	26.50
20 世纪 80 年代	29.20	21 世纪 10 年代	27.00

1961～2015 年黑龙江省降雪日数空间分布情况如图 3.6(b)所示，可以看出，降雪日数存在明显的空间差异，表现为黑龙江省北部降雪日数多于南部、东部多于西部。北部的大兴安岭地区，中北部的伊春市小兴安岭地区降雪日数最多，为 44d。西南部的齐齐哈尔市、大庆市、绥化市等地区降雪日数最少，为 16d，降雪日数南北相差 28d。

1961～2015 年黑龙江省降雪日数空间变化差异明显[图 3.6(c)]，西部和北部降雪日数呈增加趋势，中部、东部和东南部呈减少趋势，变化速率处于–1.32～1.41d/10a。降雪日数呈增加趋势的站点中，北部大兴安岭的漠河市降雪日数增加最多，速率为 1.35d/10a；降雪日数呈减少趋势的站点中，伊春市、双鸭山市和哈尔滨市南部地区降雪日数减少最多，速率为–0.90d/10a。全省共有 15 个站点降雪日数变化显著，占比为 23.81%，其中漠河、讷河、龙江、齐齐哈尔等 7 个站点降雪日数显著增加，五营、巴彦、集贤、延寿、鸡西等 8 个站点降雪日数显著减少。

3.1.7　降雪强度时空变化特征分析

本章定义降雪强度为降雪量与降雪日数的比值。1961～2015 年黑龙江省平均降雪强度为 1.14mm/次，降雪强度在 2006 年最大，为 1.89mm/次；在 1969 年最小，为 0.75mm/次，二者相差 1.14mm/次。1961～2015 年黑龙江省降雪强度总体呈极显著上升趋势（$P<0.01$），增加速率为 0.103mm/(次·10a)，55 年降雪强度增加了 0.57mm/次[图 3.7(a)]。

从年代变化来看（表 3.8），20 世纪 60 年代降雪强度为 0.96 mm/次；70 年代降雪强度稍有增加，增加至 0.99mm/次；80 年代降雪强度增加至 1.13 mm/次；90 年代降雪强度稍有减少，减少为 1.10mm/次；21 世纪 00 年代降雪强度增加到 1.30mm/次；到 21 世纪 10 年代降雪强度增加为 1.50mm/次。可以看出，20 世纪 60 年代降雪强度最小，21 世纪 10 年代降雪强度最大，二者相差 0.54mm/次。

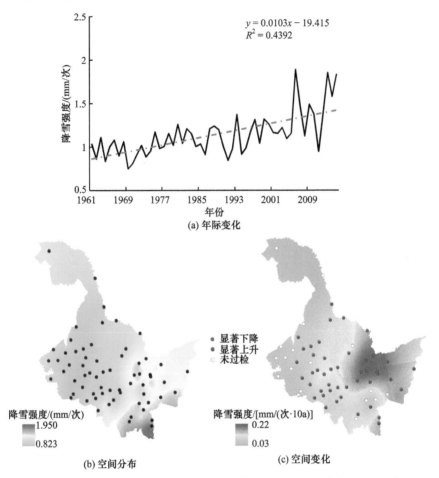

图 3.7　1961～2015 年黑龙江省降雪强度年际变化、空间分布及空间变化

表 3.8　1961～2015 年黑龙江省各年代降雪强度

年代	降雪强度/(mm/次)	年代	降雪强度/(mm/次)
20 世纪 60 年代	0.96	20 世纪 90 年代	1.10
20 世纪 70 年代	0.99	21 世纪 00 年代	1.30
20 世纪 80 年代	1.13	21 世纪 10 年代	1.50

　　1961～2015 年黑龙江省降雪强度空间分布如图 3.7(b)所示，全省降雪强度总体表现为东高西低，牡丹江市东南部存在异常高值区。西南部的齐齐哈尔市、大庆市、绥化市，中部的黑河市，北部的大兴安岭地区降雪强度偏小，平均为 1mm/次左右；东部的佳木斯市、双鸭山市、鸡西市、七台河市、鹤岗市等地区降雪强度相对较高，平均在 1.40mm/次；

牡丹江市东南部的东宁市、绥芬河市、宁安市、穆棱市降雪强度出现高值区，最大降雪强度为 1.95mm/次，全省最多相差 0.95mm/次。

1961～2015 年黑龙江省降雪强度变化存在明显的空间差异[图 3.7(c)]，全省降雪强度均呈增加趋势，自西向东增加速率逐渐增大，变化速率处于 0.03～0.22mm/(次·10a)。其中，东部三江平原地区为降雪强度增加的高值区，速率为 0.2mm/(次·10a)。北部大兴安岭和西南部齐齐哈尔市地区为降雪强度增加的低值区，速率为 0.06mm/(次·10a)。其中，东宁市、牡丹江市、依安县、讷河市、克山县、富锦市、双鸭山市、虎林市、五常市、绥芬河市等 45 个市(县)呈显著增加趋势(P<0.05)，占比为 71.43%，主要分布在黑龙江省中部和东部地区。18 个市(县)降雪强度呈增加趋势，但未呈显著增加趋势(P>0.05)。

1961～2015 年黑龙江省各降雪指标时间变化特征如表 3.9 所示，统计结果表明，20 世纪60 年代以来，黑龙江省降雪指标中，除了降雪日数以外，其他的降雪指标均呈极显著变化趋势，所有统计指标中降雪期的变化速率最大，为–0.56d/a。与 20 世纪 60 年代相比，黑龙江省降雪初日推迟了13d，降雪终日提前了19d，降雪期明显缩短了 30.91d，降雪量增加了 13.15mm，最大降雪量增加了 2.42mm。

表 3.9　1961～2015 年黑龙江省降雪指标时间变化特征

指标	平均值	变化范围	倾向率	变化值
降雪初日	10 月 15 日	9 月 22 日～11 月 2 日	0.23d/a**	13d
降雪终日	4 月 23 日	3 月 31 日～5 月 6 日	–0.34d/a**	–19d
降雪期	222d	156～219d	–0.56d/a**	–30.91d
总降雪量	31.30mm	17.4～60.2mm	0.24mm/a**	13.15 mm
最大降雪量	7.13mm	3.83～12.65mm	0.04mm/a**	2.42 mm
降雪日数	27d	13～40d	–0.03d/a	–2d
降雪强度	1.14mm/次	0.75～1.89mm/次	0.01mm/(次·a)**	0.55mm/次

**表示通过概率水平为 0.01 的显著性检验。

3.2　黑龙江省降雪结构变化特征分析

本书根据中国气象局行业标准[①],以 24h 降雪量为划分标准,将降雪分为小雪(0.1mm≤24h 降雪量<2.5mm)、中雪(2.5mm≤24h 降雪量<5mm)、大雪(5mm≤24h 降雪量<10mm)、暴雪(24h 降雪量≥10mm)四个等级,分析降雪内部结构的时空分布和变化特征。

3.2.1　黑龙江省降雪量结构时空变化特征

1. 降雪量数量结构变化特征

1961～2015 年黑龙江省暴雪量、大雪量、中雪量、小雪量的平均值分别是 13.270mm、

---

① http://www.cma.gov.cn/2011xzt/kpbd/SnowStorm/2018050902/201811/t20181106_482641.html.

12.68mm、11.69mm、17.32mm，小雪量最大，其次为暴雪量、大雪量，中雪量最小；暴雪量、大雪量、中雪量、小雪量的最大值分别是 35.79mm、20.34mm、18.36mm、26.40mm，分别发生在 2013 年、2004 年、1987 年、2012 年；暴雪量、大雪量、中雪量、小雪量的最小值分别是 4.50mm、5.82mm、6.98mm、10.50mm，分别发生在 2011 年、1962 年、2011年、2007 年。1961～2015 年黑龙江省暴雪量、大雪量、中雪量、小雪量的变化速率分别是 0.657mm/10a、0.974mm/10a($P<0.01$)、0.548mm/10a($P<0.05$)、0.289mm/10a，其中大雪量、中雪量呈显著上升趋势，暴雪量、小雪量没有显著变化(图 3.8)。这表明，1961～2015年黑龙江省在各等级降雪量中，大雪量、中雪量升高，暴雪量、小雪量没有显著变化。

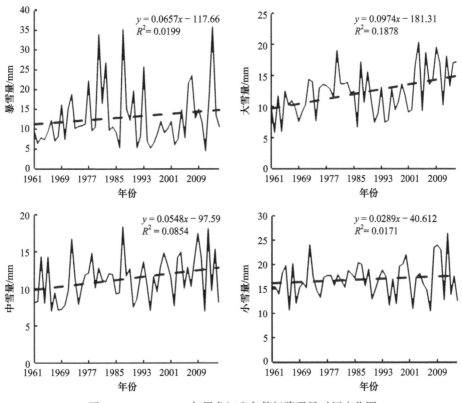

图 3.8　1961～2015 年黑龙江省各等级降雪量时间变化图

空间上，1961～2015 年黑龙江省各等级降雪量空间差异明显[图 3.9(a)～(d)]。黑龙江省境内暴雪量、大雪量、中雪量、小雪量各等级降雪量的变化范围分别是 3.140～36.706mm、4.945～22.497mm、4.631～21.338mm、8.114～32.079mm。各等级降雪量空间分布特征有所差异，其中暴雪量、大雪量和中雪量空间分布基本一致，表现出东南部、西北部和北部为高值区，西南部和中部为低值区，而小雪则主要以西北部和中部为高值区。具体为暴雪量高值区主要在大兴安岭、鸡西市和牡丹江市东部，绥化市、齐齐哈尔市、大庆市、哈尔滨市、绥化市等地均为低值区；大雪量和中雪量高值区均分布在大兴安岭北部、伊春市等部分地区，牡丹江市和哈尔滨市地区较高。大兴安岭北部、三江平原地区以及松嫩平原东北部小雪量相对较少。

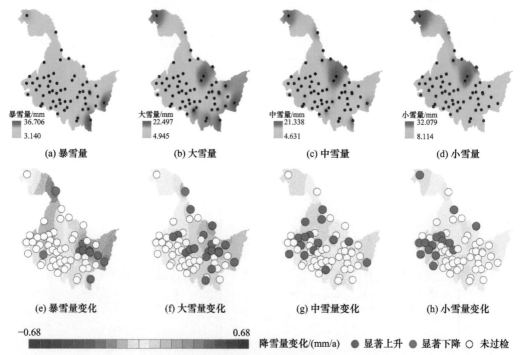

图 3.9　1961~2015 年黑龙江省各等级降雪量空间分布和变化

(a)~(d)中的点为观测站点，下同

1961~2015 年黑龙江省境内暴雪量、大雪量、中雪量、小雪量各等级降雪量变化速率分别为–3.03~6.89mm/10a、–1.56~3.85mm/10a、–0.83~1.63mm/10a、–0.59~1.354mm/10a。暴雪量和大雪量显著增加的站点分别有 5 个、13 个，集中在东部，倾向率分别为2.66~7.13mm/10a、1.43~3.87mm/10a，主要分布在鹤岗市、佳木斯市、双鸭山市地区；小雪量显著增加的站点有 6 个，集中在西部的齐齐哈尔市、大庆市的部分地区及漠河市，倾向率为 0.83~1.35mm/10a[图 3.9(e)~(h)]；中雪量有 7 个站点呈显著增加趋势，分布较为分散。总的来说，1961~2015 年黑龙江省各等级降雪量升高，其中暴雪量、大雪量东北部变化明显，小雪量西部变化明显。

2. 降雪量比例结构变化特征

1961~2015 年黑龙江省暴雪量、大雪量、中雪量、小雪量分别在总降雪量中所占比例为 24%、23%、21%、32%，以小雪量所占比例最大，其他占比基本在 20%左右；暴雪量、大雪量、中雪量、小雪量在总降雪量中所占比例最大值分别是 49.28%、35.44%、29.89%、48.73%，分别发生在 2013 年、2015 年、1963 年、1986 年；暴雪量、大雪量、中雪量、小雪量在总降雪量中所占比例最小值分别是 12.62%、15.01%、13.36%、18.16%，分别发生在 1986 年、1964 年、2013 年、2007 年。各等级降雪量占比变化速率分别是–0.136%/10a、0.877%/10a(P<0.01)、0.178%/10a、–0.918%/10a(P<0.10)，其中大雪量占比表现出显著上升的趋势，小雪量占比表现出显著下降的趋势，暴雪量和中雪量占比没有显著变化(图 3.10)。近 10 年，各等级降雪量占比由 20 世纪 60 年代的 21.17%、21.63%、

21.15%、36.05%，变为 24.97%、25.06%、20.67%、29.30%，其中暴雪量、大雪量增加，小雪量减少，分别变化了 3.80%、3.43%、−6.75%。

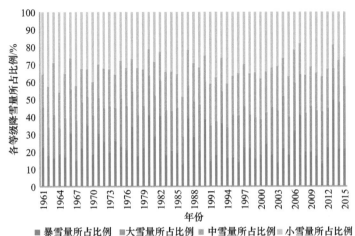

图 3.10　1961～2015 年黑龙江省各等级降雪量所占比例时间变化图

1961～2015 年黑龙江省境内暴雪量、大雪量、中雪量、小雪量各等级降雪量所占比例空间分布范围为 12.779%～39.280%、16.344%～27.462%、16.931%～25.820%、21.630%～39.541%。各等级降雪量所占比例在空间分布上东部与西部存在明显的差异。暴雪量占比高值区位于东南部的牡丹江市、鸡西市等地；大雪量占比高值区在中东部大部分地区，包括哈尔滨市、牡丹江市、佳木斯市等地；中雪量占比高值区主要在中部地区的哈尔滨市、伊春市等地；小雪量占比高值区位于中西部大部分地区，主要包括大庆市、绥化市、大兴安岭等地。暴雪量占比低值区主要位于中部和西南部，包括大庆市、绥化市、哈尔滨市等地；大雪量占比低值区位于西北部的齐齐哈尔市、黑河市等地；中雪量占比在东南、西北部均出现低值；小雪量占比低值区集中在东南部的牡丹江市、鸡西市、七台河市、双鸭山市等地[图 3.11(a)～(d)]。

1961～2015 年黑龙江省暴雪量、大雪量、中雪量、小雪量各等级降雪量所占比例空间变化范围是−8.66%～4.45%/10a、−2.20%～2.94%/10a、−2.54%～3.37%/10a、−3.47%～2.42%/10a。各等级降雪量占比空间变化趋势各不相同，从整体上看，暴雪量、大雪量西部减少、东北增加，中雪量表现出相反的变化趋势，小雪量绝大部分地区减少。各等级降雪量所占比例显著变化的站点较少，且空间上较为分散，但小雪量占比在

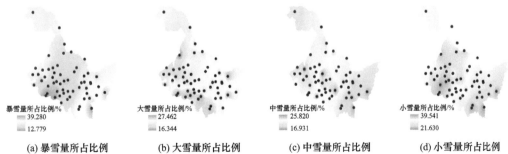

(a) 暴雪量所占比例　　(b) 大雪量所占比例　　(c) 中雪量所占比例　　(d) 小雪量所占比例

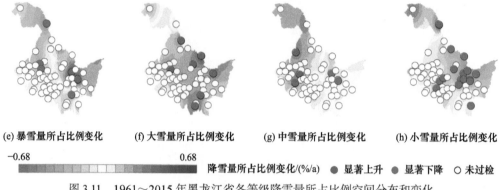

(e) 暴雪量所占比例变化　　　(f) 大雪量所占比例变化　　　(g) 中雪量所占比例变化　　　(h) 小雪量所占比例变化

−0.68　　　　　　　　　　　　　0.68

降雪量所占比例变化/(%/a)　　● 显著上升　● 显著下降　○ 未过检

图 3.11　1961～2015 年黑龙江省各等级降雪量所占比例空间分布和变化

东部有 12 个站点呈显著减少趋势，倾向率是−3.47%～−2.19%/10a，暴雪量占比在西部有 6 个站点显著减少，倾向率为−8.67%～−3.73%/10a，即东部小雪量贡献越来越小，西部暴雪量贡献越来越小[图 3.11(e)～(h)]。

3.2.2　黑龙江省降雪次数结构时空变化特征

1. 降雪次数数量结构变化特征

1961～2015 年黑龙江省暴雪次数、大雪次数、中雪次数、小雪次数平均值分别是 0.83 次、1.85 次、3.38 次、27.71 次，小雪次数远远大于其他三个等级降雪次数；暴雪次数、大雪次数、中雪次数、小雪次数最大值分别是 1.90 次、2.86 次、5.28 次、36.36 次，分别发生在 1987 年、2004 年、2012 年、2012 年；暴雪次数、大雪次数、中雪次数、小雪次数最小值分别是 0.31 次、0.88 次、2.02 次、15.43 次，分别发生在 1991 年、1964 年、1966 年、2007 年。1961～2015 年黑龙江省暴雪次数、大雪次数、中雪次数、小雪次数变化速率分别为 0.047 次/10a、0.141 次/10a($P<0.01$)、0.161 次/10a($P<0.05$)、−0.552 次/10a，其中大雪次数、中雪次数表现出显著上升的趋势，暴雪次数、小雪次数没有显著变化(图 3.12)。这说明，黑龙江省在 1961～2015 年各等级降雪次数中，大雪次数、中雪次数增多，暴雪次数、小雪次数没有显著变化。

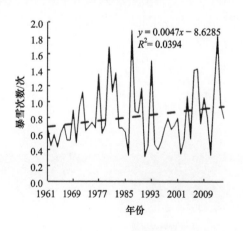

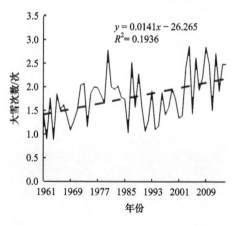

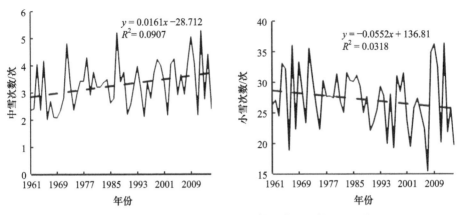

图 3.12 1961～2015 年黑龙江省各等级降雪次数时间变化图

1961～2015 年黑龙江省境内暴雪次数、大雪次数、中雪次数、小雪次数各等级变化范围分别是 0.215～2.196 次、0.697～3.267 次、1.397～6.177 次、14.357～51.774 次,空间分布情况与各等级降雪量空间分布相似[图 3.13(a)～(d)],可以看出,暴雪次数、大雪次数、中雪次数空间分布基本一致,表现出东南部、西北部和北部为高值区,西南部和中部为低值区,而小雪次数则主要以西北部和中部为高值区;各等级降雪次数在空间上的低值区一致,均是西部和中部地区。具体表现为暴雪次数高值区在大兴安岭、牡丹江市、鸡西市等地,大雪次数高值区在大兴安岭、伊春市、鸡西市、牡丹江市等地,中雪次数、小雪次数高值区均在大兴安岭、伊春市、鹤岗市等地;四个等级降雪次数低值区均位于西部的大庆市、齐齐哈尔市、绥化市等部分地区以及中部小部分区域。

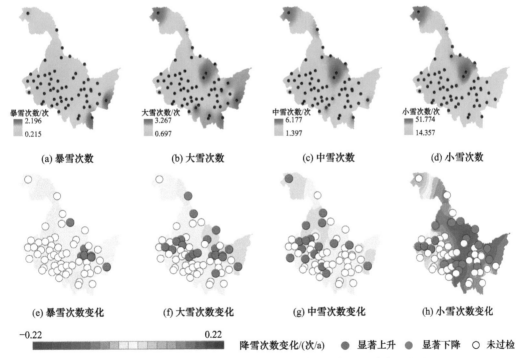

图 3.13 1961～2015 年黑龙江省各等级降雪次数空间分布和变化

1961~2015 年黑龙江省暴雪次数、大雪次数、中雪次数、小雪次数各等级倾向率范围为–0.15~0.32 次/10a、–0.24~0.62 次/10a、–0.23~0.51 次/10a、–2.19~1.47 次/10a。黑龙江省东部表现为暴雪次数和大雪次数的分别有 5 个和 11 个站点呈显著增加趋势，主要集中在佳木斯市、双鸭山市的东北部，变化趋势为 0.15~0.32 次/10a、0.22~0.62 次/10a；中雪次数全省境内有 9 个站点呈显著增加趋势，其中西部增加更明显，主要在齐齐哈尔市的部分地区，变化趋势为 0.20~0.51 次/10a；除西部外，中东部有 13 个站点小雪次数显著减少，分布范围广，变化趋势为–2.19~–0.92 次/10a[图 3.13(e)~(h)]。整体上看，近年来黑龙江省东部各等级降雪次数变化显著，其中暴雪次数、大雪次数增加，小雪次数减少。

2. 降雪次数比例结构变化特征

1961~2015 年黑龙江省暴雪次数、大雪次数、中雪次数、小雪次数占总降雪次数的比例分别是 2%、6%、10%、82%，小雪次数所占比例远远大于其他等级比例，黑龙江省降雪 80%以小雪形式出现；暴雪次数、大雪次数、中雪次数、小雪次数在总降雪次数中所占比例最大值分别是 6.51%、9.76%、13.50%、90.01%，分别发生在 2007 年、2015 年、2007 年、1964 年；暴雪次数、大雪次数、中雪次数、小雪次数在总降雪次数中所占比例最小值分别是 0.93%、2.39%、5.58%、71.09%，分别发生在 1986 年、1964 年、1969 年、2007 年。1961~2015 年黑龙江省暴雪次数、大雪次数、中雪次数、小雪次数各等级降雪次数占比变化速率是 0.16%/10a、0.47%/10a($P<0.01$)、0.54%/10a($P<0.01$)、–1.17%/10a($P<0.01$)，大雪次数、中雪次数所占比例呈极显著递增的趋势，而小雪次数所占比例呈极显著递减的趋势(图 3.14)。近 10 年，各等级降雪次数占比由 20 世纪 60 年代的 1.81%、4.23%、8.12%、85.84%变为 2.86%、6.71%、10.97%、79.46%，其中大雪次数、中雪次数增加，小雪次数减少，分别变化了 2.48%、2.85%、–6.38%。

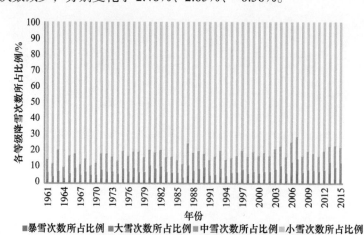

图 3.14　1961~2015 年黑龙江省各等级降雪次数所占比例时间变化图

1961~2015 年黑龙江省境内降雪次数内部结构中暴雪次数、大雪次数、中雪次数、小雪次数所占比例浮动范围分别为 1.191%~5.074%、3.407%~8.140%、7.048%~

12.755%、75.002%～86.550%。黑龙江省各等级降雪次数占比表现出明显的空间特征。暴雪次数、大雪次数、中雪次数所占比例在空间分布上一致，均表现出由西北向东南递增的趋势，而小雪次数占比表现出明显相反的分布规律，即东南低、西北高。具体表现为暴雪次数、大雪次数、中雪次数高值区位于东南部的牡丹江市、鸡西市等地，低值区位于中西部的大庆市、齐齐哈尔市、大兴安岭等地，小雪次数占比分布与之相反[图 3.15(a)～(d)]。

1961～2015 年黑龙江省暴雪次数、大雪次数、中雪次数、小雪次数所占比例的变化率分别为-5.22%～1.07%/10a、-0.40%～1.34%/10a、-0.35%～1.32%/10a、-2.59%～0.40%/10a。暴雪次数有 6 个站点呈显著增加趋势，集中在东北部的虎林市、汤原县、鹤岗市等地，倾向率是 0.38%～1.10%/10a；大雪次数、中雪次数绝大多数地区都表现出上升趋势，大雪次数显著上升站点有 18 个，主要分布在中东部地区，倾向率是 0.56%～1.34%/10a，中雪次数占比显著增加的站点有 11 个，集中在中西部，倾向率是 0.80%～1.32%/10a；小雪次数在大部分地区呈现递减趋势，显著递减站点有 28 个，主要分布在中东部大部分地区，倾向率是-2.59%～-1.09%/10a，西部也有少数分布。总的来说，西部中雪次数越来越多，中东部暴雪次数、大雪次数越来越多，小雪次数越来越少[图 3.15(e)～(f)]。

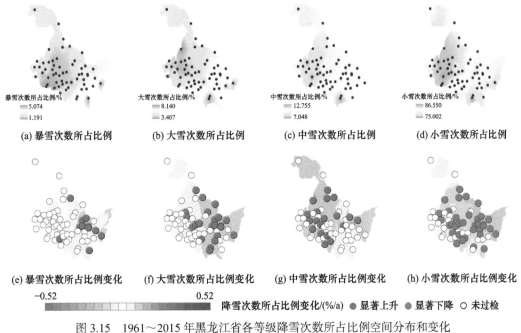

图 3.15　1961～2015 年黑龙江省各等级降雪次数所占比例空间分布和变化

3.3　气候变暖对黑龙江省降雪指标影响

3.3.1　1961～2015 年黑龙江省气温变化特征

1. 1961～2015 年黑龙江省年平均气温变化特征分析

1961～2015 年黑龙江省全年平均气温为 2.86℃，最高气温出现在 2007 年，气温为

4.67℃；最低气温出现在 1969 年，气温为 0.58℃，二者相差 4.09℃。1961～2015 年黑龙江省年平均气温整体呈极显著上升趋势(*P*<0.01)，年平均气温增加速率为 0.353℃/10a，55a气温共升高 1.93℃。20 世纪 90 年代前黑龙江省处于低气温水平，平均气温为 2.31℃；90 年代后处于高气温水平，平均气温为 3.47℃，与全球变暖的时间相吻合[图 3.16(a)]。

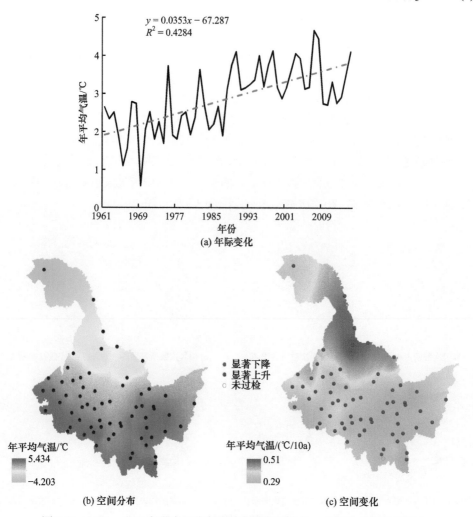

图 3.16　1961～2015 年黑龙江省年平均气温年际变化、空间分布及空间变化

1961～2015 年黑龙江省年平均气温空间分布如图 3.16(b)所示，黑龙江省年平均气温空间分布表现为南部高于北部地区。其中，南部的齐齐哈尔市、大庆市、哈尔滨市、牡丹江市、双鸭山市、鸡西市、佳木斯市等地区为气温高值区，最高值为 5.43℃。北部的大兴安岭地区为气温低值区，最低值为–4.20℃，南北气温相差 9.63℃。

1961～2015 年黑龙江省年平均气温呈上升趋势[图 3.16(c)]，变化速率处于 0.29～0.51℃/10a。黑龙江省年平均气温变化存在明显的空间差异，北部的黑河市是气温增加的高值区，平均速率为 0.48℃/10a。南部的哈尔滨市、牡丹江市、鸡西市、七台河市、双鸭山市、佳木斯市等地区是气温增加的低值区，平均速率为 0.32℃/10a。全省 63 个站点年平均气温均呈极显著增加趋势($P<0.01$)。

2. 1961～2015 年黑龙江省四季平均气温变化特征分析

1961～2015 年黑龙江省四季平均气温变化趋势如图 3.17 所示，春季、夏季、秋季和冬季平均气温分别为 4.65℃、20.55℃、3.73℃和-17.46℃。黑龙江省四季平均气温均呈极显著增加趋势($P<0.01$)，增加速率分别为 0.321℃/10a、0.278℃/10a、0.362℃/10a 和 0.427℃/ 10a，即 1961～2015 年春季、夏季、秋季和冬季气温升高了 1.76℃、1.54℃、1.98℃和 2.37℃。对比黑龙江省四季平均温度时间变化趋势，可以看出，黑龙江省冬季气温升温速率最快，其次为秋季、春季、夏季，且冬季的增加趋势大于全年的增加趋势(表 3.10)。

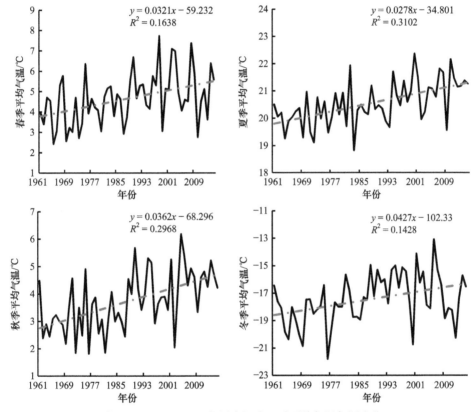

图 3.17　1961～2015 年黑龙江省四季平均气温年际变化

表 3.10　1961～2015 年黑龙江省全年及四季气温变化值

	全年	春季	夏季	秋季	冬季
平均值/℃	2.86	4.65	20.55	3.73	-17.46
倾向率/(℃/10a)	0.35**	0.321**	0.278**	0.362**	0.427**

**表示通过概率水平为 0.01 的显著性检验。

1961～2015 年黑龙江省四季平均气温空间分布如图 3.18 所示。可以看出，黑龙江省四季气温空间分布存在良好的一致性，总体表现为南部气温高、北部气温低。南部的齐齐哈尔市、大庆市、哈尔滨市、牡丹江市为气温高值区，四季最高气温分别为 6.524℃、22.280℃、6.660℃和−11.876℃。北部大兴安岭为气温低值区，四季最低气温分别为−1.584℃、16.601℃、−4.475℃和−27.304℃，全省四季南北温差分别为 8.11℃、5.68℃、11.14℃和 15.43℃。这说明黑龙江省四季南北温差大，温差最高可达 15℃左右。

(a) 春季平均气温　　　(b) 夏季平均气温　　　(c) 秋季平均气温　　　(d) 冬季平均气温

(e) 春季平均气温变化　(f) 夏季平均气温变化　(g) 秋季平均气温变化　(h) 冬季平均气温变化

· 显著下降　· 显著上升　○ 未过检

图 3.18　1961～2015 年黑龙江省四季平均气温空间分布及变化

1961～2015 年黑龙江省四季平均气温均呈增加趋势(图 3.18)，其中春季和冬季气温空间变化一致，表现为北部增温速率快，中部和南部增温速率慢。夏季和秋季气温变化表现为中部偏北地区增温速率快，南部、中部和北部增温速率慢。四季增温速率分别为 0.17～0.57℃/10a、0.13～0.49℃/10a、0.30～0.44℃/10a、0.33～0.60℃/10a。具体表现为，春季漠河、呼玛、甘南、明水、泰来等 59 个站点呈显著增加趋势($P<0.05$)，占比为 93.65%，仅鹤岗、鸡西、绥芬河和宁安气温呈增加趋势，但未呈显著增加趋势($P>0.05$)；夏季除漠河外，均呈显著增加趋势($P<0.05$)；秋季全省均呈显著增加趋势($P<0.05$)；冬季漠河、甘南、佳木斯、双鸭山、哈尔滨等 49 个站点气温呈显著增加趋势，占比为 77.78%，14 个站点气温呈增加趋势，但未呈显著增加趋势($P>0.05$)。

3.3.2　黑龙江省降雪指标与气温变化相关关系

1. 降雪指标与气温时间变化相关关系

分别用黑龙江省近 55 年降雪初日、降雪终日、降雪期、降雪日数、年总降雪量、最大降雪量、降雪强度 7 个降雪指标年平均值与黑龙江省年平均气温、四季平均气温做相关系数分析，数据结果见表 3.11。

表 3.11　黑龙江省各降雪指标与气温相关系数

降雪指标	年平均	春季	夏季	秋季	冬季
降雪初日	0.60**	0.50**	0.28*	0.51**	0.34*
降雪终日	−0.30*	−0.15	−0.29*	−0.22	−0.23
降雪期	−0.55**	−0.40**	−0.37**	−0.45**	−0.37**
降雪日数	−0.38**	−0.01	−0.24	−0.32*	−0.50**
年总降雪量	0	0.14	0.11	0.02	−0.17
最大降雪量	0.04	0.01	0.21	0.04	−0.02
降雪强度	0.40**	0.20	0.39**	0.32*	0.30*

*表示通过概率水平为 0.05 的显著性检验；**表示通过概率水平为 0.01 的显著性检验。

　　黑龙江省降雪初日与年平均气温和四季平均气温均呈显著的正相关关系，降雪初日与年平均气温相关性最大，相关系数为 0.60($P<0.01$)；降雪终日与年平均气温和夏季平均气温呈显著负相关关系，降雪终日与年平均气温相关性最大，相关系数为−0.30($P<0.05$)；降雪期与年平均气温、四季平均气温均呈极显著负相关关系，降雪期与年平均气温相关性最大，相关系数为−0.55($P<0.01$)；降雪日数与年平均气温、秋季和冬季平均气温呈显著负相关关系，降雪日数与冬季平均气温相关性最大，相关系数为−0.50($P<0.01$)；降雪强度与年平均气温及夏季、秋季、冬季平均气温存在显著正相关关系，其中降雪强度与年平均气温相关性最大，相关系数为 0.40($P<0.01$)；年总降雪量和最大降雪量与气温总体相关性较低，并且均未呈显著相关关系($P>0.05$)。

　　通过对表 3.11 分析得出，在气候变暖背景下，降雪指标也随之变化。从相关性上看，降雪初日、降雪终日、降雪期、降雪日数、降雪强度与年平均气温和存在较好的相关性。因此，针对以上 5 个降雪指标与气温的相关关系进行分析，分析随气温升高，降雪指标与气温相关性在时间和空间上的变化情况。

　　对降雪初日、降雪终日、降雪期、降雪日数、降雪强度与年平均气温变化关系进行分析，在气候变暖的大背景下，降雪初日、降雪强度与气温呈显著正相关，降雪终日、降雪期、降雪日数与气温呈显著负相关，其中降雪初日与气温相关系数最大(0.60)。可以看出，降雪初日和降雪强度对气温的升高表现为推迟和增强的趋势。降雪终日、降雪期、降雪日数对气温的升高呈提前和减少的趋势。除降雪终日以外，其他降雪指标随气温升高呈极显著变化趋势($P<0.01$)，具体表现为气温每升高 1℃，降雪初日推迟 5.146d，降雪终日提前 3.160d，降雪日数减少 2.374d，降雪强度增强 0.114mm/d(表 3.12)。

表 3.12　黑龙江省降雪指标与气温变化情况

指标	方程	a	R^2	相关系数
降雪初日	$y=5.146x+0.597$	5.146**	0.35	0.60
降雪终日	$y=−3.160x+31.771$	−3.160*	0.09	−0.30

继表

指标	方程	a	R^2	相关系数
降雪期	$y=-8.188x+214.11$	-8.188^{**}	0.30	-0.55
降雪日数	$y=-2.374x+34.049$	-2.374^{**}	0.15	-0.38
降雪强度	$y=0.114x+0.814$	0.114^{**}	0.16	0.40

*表示通过概率水平为 0.05 的显著性检验；**表示通过概率水平为 0.01 的显著性检验。

2. 降雪指标与气温空间变化相关关系

为了进一步明确降雪指标对年平均气温变化的响应，本书以单个站点为统计单位，统计了各站点年平均气温和降雪指标的相关关系(表 3.13)。可以看出，黑龙江省降雪初日和降雪强度与年平均气温呈正相关关系，降雪终日、降雪期和降雪日数与气温呈负相关关系。

表 3.13　黑龙江省降雪指标与年平均气温显著相关站点数

指标	显著正相关	显著负相关	指标	显著正相关	显著负相关
降雪初日	52	0	降雪日数	0	35
降雪终日	0	10	降雪强度	20	0
降雪期	0	49			

全省除漠河外，降雪初日与年平均气温均呈正相关关系，相关系数为 0～0.6，共 52 个站点呈显著正相关关系($P<0.05$)，占比为 82.54%。其中，南部哈尔滨、牡丹江和东部双鸭山、鸡西等相关系数较高(0.4～0.6)，西南部齐齐哈尔、大庆、绥化相关系数较低(0～0.4)。

除鸡西、林口、宁安降雪强度与年平均气温呈负相关关系外($P>0.05$)，其余站点降雪强度与年平均气温均呈正相关关系，相关系数为 0～0.4，全省共有 20 个站点降雪强度与年平均气温呈显著正相关关系($P<0.05$)，占比为 31.75%。其中，漠河、黑河、讷河、富锦、东宁、肇东等站点降雪强度与年平均气温相关系数较高(0.2～0.4)。

全省降雪终日与年平均气温呈负相关关系，相关系数为-0.6～0，全省仅 10 个站点呈显著负相关关系($P<0.05$)，占比为 15.87%。其中，孙吴、讷河、林甸、庆安、哈尔滨、通河、牡丹江等站点降雪终日与年平均气温相关系数较高(-0.6～-0.2)。

全省降雪期与年平均气温存在负相关关系，相关系数为-0.6～0，全省共 49 个站点呈显著负相关关系($P<0.05$)，占比为 77.78%。其中，呼玛、黑河、伊春、绥化、哈尔滨、肇源、牡丹江、绥芬河等站点降雪期与年平均气温相关性较高(-0.6～-0.2)。

全省除讷河、齐齐哈尔、林甸、望奎降雪日数与年平均气温存在正相关关系外($P>0.05$)，其他站点均与年平均气温呈负相关关系，相关系数为-0.8～0。全省共 35 个站点降雪日数与年平均气温呈显著负相关关系($P<0.05$)，占比为 55.56%。其中，东南部的牡丹江、鸡西、七台河、哈尔滨等站点降雪日数与年平均气温相关性较高(-0.6～-0.4)。

3.3.3　黑龙江省降雪内部结构指标与气温的相关关系

1. 降雪内部结构指标与气温时间变化相关关系

本章研究分别用黑龙江省近 55 年暴雪量、大雪量、中雪量、小雪量和暴雪次数、大雪次数、中雪次数、小雪次数及其对应占总降雪量或总降雪次数的比例 16 个降雪结构指标年平均值与黑龙江省年平均气温、四季平均气温做相关分析，数据结果见表 3.14。

表 3.14　1961~2015 年黑龙江省降雪内部结构指标与平均气温相关系数

指标	要素值					占比				
	春季	夏季	秋季	冬季	全年	春季	夏季	秋季	冬季	全年
暴雪量	-0.18	0.05	0.05	0.02	-0.03	-0.20	0.02	0.08	0.08	0
大雪量	0.13	0.15	0.14	-0.01	0.12	0.28**	0.18	0.18	0.11	0.26
中雪量	0.09	0.04	-0.03	-0.08	-0.01	0.18	0	-0.08	0.08	0.08
小雪量	0.03	-0.05	-0.13	-0.35***	-0.22*	0	-0.13	-0.18	-0.21	-0.20
暴雪次数	-0.13	0.06	0.11	0.05	0.02	-0.10	0.17	0.24*	0.23*	0.20
大雪次数	0.13	0.16	0.13	-0.03	0.11	0.19	0.31**	0.32**	0.29**	0.39***
中雪次数	0.09	0.06	-0.02	-0.09	-0.01	0.17	0.29**	0.23*	0.34***	0.38**
小雪次数	-0.08	-0.26*	-0.34**	-0.54***	-0.47***	-0.13	-0.32**	-0.32**	-0.36***	-0.41***

*、**、***表示通过概率水平分别为 0.1、0.05、0.01 的显著性检验。

由表 3.14 可以看出，黑龙江省小雪量与冬季和年平均气温呈显著的负相关关系，与冬季平均气温相关系数最大，相关系数为-0.35($P<0.01$)；小雪次数与夏季、秋季、冬季及年平均气温呈显著的负相关关系，与冬季平均气温相关性最大，相关系数为-0.54($P<0.01$)；降雪内部结构指标中，大雪量所占比例与春季平均气温呈显著正相关关系，相关系数为 0.28($P<0.05$)；暴雪次数所占比例与秋季、冬季平均气温呈显著正相关关系，相关系数分别为 0.24、0.23($P<0.1$)；大雪次数所占比例与夏季、秋季、冬季及全年平均气温呈显著正相关关系，与年均气温相关性最强，相关系数是 0.39($P<0.01$)；中雪次数所占比例与夏季、秋季、冬季及年平均气温呈显著正相关关系，与年均气温相关性最强，相关系数是 0.38($P<0.05$)；小雪次数所占比例与夏季、秋季、冬季及年平均气温呈显著负相关关系，与年均气温相关性最强，相关系数是-0.41($P<0.01$)；暴雪量、大雪量、中雪量、暴雪次数、大雪次数、中雪次数及暴雪量所占比例、中雪量所占比例、小雪量所占比例均与四季及年均气温没有显著的相关关系。

对小雪量、小雪次数、大雪次数所占比例、中雪次数所占比例、小雪次数所占比例 5 个降雪结构指标与年平均气温的相关关系进行分析(表 3.15)，在气候变暖背景下，发现随着气温的升高，小雪量、小雪次数、小雪次数所占比例都呈下降的趋势，大雪次数所占比例、中雪次数所占比例呈上升的趋势。具体表现为，黑龙江省年平均气温每升高 1℃，小雪量减少 0.913mm，小雪次数减少 2.690 次，小雪次数在降雪次数结构中所占比例减小 1.7%，而大雪次数所占比例、中雪次数所占比例分别增加 0.7%、0.8%。从时间变化相关关系上可以看出，在气候变暖的大背景下，大雪次数所占比例、中雪次数所占比例与年平均气温呈显著正相关，小雪量、小雪次数、小雪次数所占比例与年平均气温呈显著负相关，其中小雪次数与年平均气温的相关系数最大。

表 3.15　黑龙江省降雪内部结构指标与年平均气温变化情况

指标	方程	a	R^2	相关系数
小雪量	$y=-0.913x+19.533$	-0.913^*	0.05	-0.22
小雪次数	$y=-2.690x+34.786$	-2.690^{***}	0.22	-0.47
大雪次数所占比例	$y=0.007x+0.036$	0.007^{***}	0.15	0.39
中雪次数所占比例	$y=0.008x+0.077$	0.008^{***}	0.15	0.38
小雪次数所占比例	$y=-0.017x+0.869$	-0.017^{***}	0.17	-0.41

*、***表示通过概率水平分别为 0.1、0.01 的显著性检验。

2. 降雪内部结构指标与气温空间变化相关关系

根据黑龙江省各站点降雪内部结构指标与气温相关关系(表 3.16)可以看出，1961～2015 年黑龙江省各站点小雪量、小雪次数、小雪次数所占比例与年平均气温存在较好的相关关系。

表 3.16　黑龙江省降雪内部结构指标与年平均气温显著相关站点数

指标	显著正相关	显著负相关	指标	显著正相关	显著负相关
小雪量	1	13	大雪次数所占比例	4	0
小雪次数	0	43	中雪次数所占比例	6	0
小雪次数所占比例	0	15			

由表 3.16 可知，小雪量与年平均气温存在较高的相关关系，全省范围内共有 1 个站点与年平均气温呈正相关关系，其中仅有漠河站呈显著正相关关系，相关系数在 0.2～0.4($P<0.05$)，其他站点相关系数主要在 0～0.2，分布在西部地区($P>0.05$)；其他站点与年平均气温表现出显著的负相关关系，主要分布在中东部地区，具有显著负相关关系的站点有 13 个，主要集中在中南部地区，相关系数在 0.2～0.6，包括五营、佳木斯、牡丹江、绥芬河等站点($P<0.05$)。

小雪次数与年平均气温存在较好的相关关系，全省内所有站点均表现出负相关关系，表现出显著负相关关系的站点有 43 个，主要分布在中东部地区，相关系数在 0.2～0.6($P<0.05$)，包括五营、伊春、佳木斯、鸡西、绥芬河、牡丹江等地，与年平均气温相关性小的站点主要在西部地区，包括泰来、杜蒙、安达等地，其他地区也有部分站点分布，

但是较分散,不集中分布。

大雪次数所占比例与年平均气温的相关性在空间站点的分布上较弱。全省仅 4 个站点表现出显著的相关关系($P<0.05$),呈显著正相关关系,即气温升高,大雪次数所占比例越来越大,其分布在东北部的黑河、嘉荫、汤原、集贤,其余大部分站点表现为较弱的正相关关系,主要分布在中东部地区,相关系数在 0~0.4,仅有 5 个站点表现出不显著的负相关关系,包括呼玛、嫩江、安达、肇源、通河地区,这些站点分布不集中,较分散,相对而言,东北部相关性最强。

中雪次数所占比例与年平均气温的相关系数在空间站点的相关性比较弱,黑龙江省内共有 6 个站点与年平均气温呈显著正相关关系,这些站点分布比较分散,主要包括呼玛、嫩江、依兰、桦南、双鸭山、宾县,相关系数在 0~0.6($P<0.05$),其余大部分站点与年平均气温表现出较弱的相关性,相关系数主要在 0~0.2,主要分布在中西部地区。

小雪次数所占比例与年平均气温的相关性在空间站点上较强。全省仅有林甸地区呈正相关性,相关系数在 0~0.2($P>0.05$);全省绝大多数站点表现出负相关关系,即气温越高,小雪次数所占比例越小,具有显著负相关性的站点共有 15 个,主要分布在北部及东部地区,如北部的漠河、孙吴及东部的桦南、佳木斯等地区,相关系数在 0.2~0.6($P<0.05$),所以说,黑龙江省东部及北部地区小雪次数所占比例与年平均气温相关性较强,主要呈负相关关系。

3.4 黑龙江省冬季极端降水成因诊断

3.4.1 500hPa 大尺度环流形势变化

1. 北极涡旋中心强度的变化

极地是地球的冷极,也是大气的冷源,因而在极地低空形成冷性高压,在极地上空(500hPa)则形成冷性低压,这个冷性低压称为极地涡旋,简称极涡(北极 500hPa 上空的极涡,称为北极极地涡旋,本书简称北涡)。1961~2018 年北涡中心气压值呈现显著增加趋势,增加速率为 5.618hPa/10a($F=4.649$,Sig=0.035),即北涡强度以 5.618hPa/10a 显著减弱(北涡为低压系统,气压值升高,强度减弱)[图 3.19(a)]。以 1986 年为界,1961~1985 年北

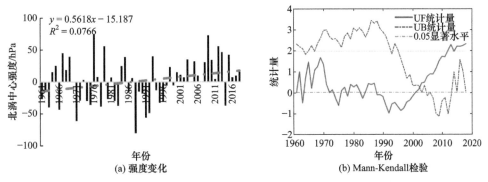

图 3.19 1961~2018 年北涡中心强度变化及 Mann-Kendall 检验

涡中心气压值为 500.1hPa，1986～2018 年北涡中心气压值为 500.9hPa，可见气温偏暖期北涡强度减弱，但方差分析结果显示前后两时段北涡强度无显著差异(T=–0.843，Sig=0.403)。Mann-Kendall 检验结果显示，北涡强度在 2002 年，即气温变暖期发生突变，强度显著减弱[图 3.19(b)]。同时，1961～1985 年北涡中心气压值标准误差为 0.72，1986～2018 年为 0.59，可见，在气温偏暖期北涡强度较为稳定。

北涡中心气压值与冬季气温、降水的相关系数分别为–0.40(P<0.01)、0.31(P<0.05)，说明气温偏暖期(气温为负值，负值数量级低)，北涡气压值越高，强度越弱，冬季降水越多。

2. 东亚大槽的变化

东亚大槽是中高纬度对流层西风带形成的低压槽，常年位于亚洲大陆的东岸及其附近的北太平洋上，是东亚地区对流层主要的环流系统。在冬季，东亚大槽的变化与东亚冬季风联系密切，东亚大槽使得极地和高纬度地区的冷空气向中纬度地区扩充，中国处于东亚大槽后部，因此东亚大槽的强度和位置影响了中国冬季气候。1961～2018 年东亚大槽中心气压值呈不显著增加趋势，增加速率为 1.497hPa/10a(F=2.85，Sig=0.10)，即东亚大槽强度呈不显著减弱趋势[图 3.20(a)]。以 1986 年为界，1961～1985 年东亚大槽中心气压值为 583.2hPa，1986～2018 年东亚大槽中心气压值为 590.0hPa，方差分析结果显示前后两时段有显著差异(T=–2.29，Sig=0.03)，说明气温偏暖期，东亚大槽强度减弱。同时，东亚大槽强度变化幅度增加，1961～1985 年，东亚大槽中心气压值标准误差为 1.92，1986～2018 年为 2.10。Mann-Kendall 检验结果显示，东亚大槽强度在 1993 年发生突变，位于气温偏暖期[图 3.20(b)]。

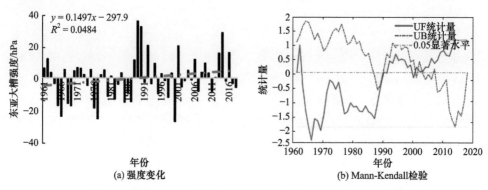

图 3.20   1961～2018 年东亚大槽强度变化及 Maan-Kendall 检验

以 1986 年为界，对 500hPa 东亚大槽的平均环流形势进行进一步分析(图 3.21)，可得：

图 3.21(a)展示，气温偏冷期，北半球 500hPa 高度场靠近亚洲区极涡中心是负距平控制，冷空气易在极地堆积，北太平洋上空是负的异常中心，使东亚大槽强度偏强，而贝加尔湖及蒙古国地区是正距平控制，对应一个脊区，使得环流经向度加大，进一步加强了东亚大槽的强度，并使东亚大槽位置偏东，槽线位置在 170°E 附近。东亚大槽偏强，冷

平流强,导致低纬度地面气温降低,有利于下沉气流增强、上升气流减弱,强劲的冷空气南下,不利于西南暖湿气流向黑龙江省地区输送,这种配置使冷暖空气难于在黑龙江省交汇,降雪的动力条件减弱,造成雨雪偏少。

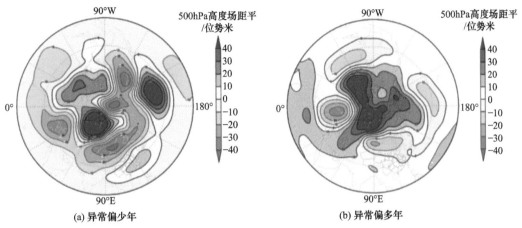

图 3.21　冬季雨雪异常偏少年与异常偏多年 500hPa 高度场距平合成图

如图 3.21(b)展示,气温偏暖期,北半球 500hPa 高度场北极及其附近地区较大区域为正距平场,使得东亚大槽强度较常年偏弱,而负的异常中心位于贝加尔湖及蒙古国地区,使东亚大槽位置偏西,槽线位置在 130°E 附近。东亚大槽强度偏弱有利于黑龙江地区上升气流增强、下沉气流减弱,更有利于西南气流向东北地区输送。同时,东亚大槽位置偏西也增加了负异常中心的强度和范围,使得低槽活动频繁,次数多于常年,有利于暖空气向黑龙江省输送。这样的环流配置不仅有利于冷暖空气在黑龙江省交汇,而且有足够的动力条件和水汽条件,因此容易造成黑龙江省雨雪偏多。

综上,气温偏冷期和偏暖期,东亚大槽的强度、位置和变化均发生了明显的变化,计算可得,东亚大槽与冬季气温和冬季降水量的相关系数分别为 0.51($P<0.01$)、0.47($P<0.01$),均呈极显著相关。这说明,气温偏暖期,东亚大槽强度减弱,位置偏西,中心气压值年际变化增大,降水偏多,极端降水年份增加,降水量年际变化增大。

3. 欧亚纬向环流的变化

当欧亚纬向环流指数距平为负时,纬向环流弱,以经向环流为主,黑龙江省高空冷空气强,地面气温低,下沉气流强,降水减少。相反,当欧亚纬向环流指数距平为正时,纬向环流强,以纬向环流为主,黑龙江省高空冷空气弱,地面气温较常年偏高,上升气流强,降水增加。1961～2018 年欧亚纬向环流指数呈现不显著增加趋势,倾向率为 0.106/10a($F=0.48$,Sig=0.50)[图 3.22(a)]。以 1986 年为界,1961～1985 年纬向环流指数平均为 11.2,1986～2018 年纬向环流指数平均为 12.3,方差分析结果显示前后两时段有显著差异($T=-2.21$,Sig=0.03),说明气温偏暖期,纬向环流变强。同时,纬向环流指数变化幅度增加,1961～1985 年纬向环流指数标准误差为 0.13,1986～2018 年为 0.17。Mann-Kendall 检验结果显示,欧亚纬向环流在 1985 年发生突变,与气温突变点吻合[图 3-22(b)]。

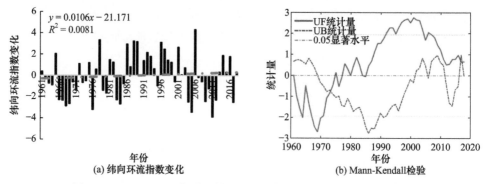

图 3.22　1961～2018 年欧亚纬向环流指数变化及 Mann-Kendall 检验

欧亚纬向环流指数与冬季气温、降水的相关系数分别为0.61($P<0.01$)、0.15($P>0.05$)，与冬季气温呈极显著正相关关系，与冬季降水无显著相关关系。这说明，欧亚纬向环流指数越弱，黑龙江省冬季气温越低；欧亚纬向环流指数越强，黑龙江省冬季气温越高，而与冬季降水无显著相关关系。

3.4.2　地面大气环流形势的变化

1. 北极涛动的变化

北极涛动(Arctic Oscillation, AO)也称为北半球环状模(northern hemisphere annular model,NAM)，是北半球中高纬大气环流的主要活动形式，是北极地区和中纬度地区气压的反相位变化。当北极涛动为负位相时，北极地面气压为高值，中纬度的低气压和高纬度的高气压都加强，从而使中纬度地区西风减弱，即盛行经向环流，在对流层低层产生强的北风异常，将冷空气从较高的纬度输送到较低的纬度，导致中纬度地面气温降低；而当北极涛动为正位相时，北极地面气压为低值，纬向环流强，经向环流弱，导致中纬度地面气温升高。1961～2018 年北极涛动指数呈不显著增加趋势，增加速率为 0.163/10a($F=3.55$，Sig=0.07)[图 3.23(a)]。以 1986 年为界，1961～1985 年北极涛动指数平均为 −0.68，1986～2018 年北极涛动指数平均为 0.03，方差分析结果显示前后两时段有显著差异($T=-2.63$，Sig=0.01)，说明气温偏暖期，北极涛动指数显著变大。北极涛动指数年际间

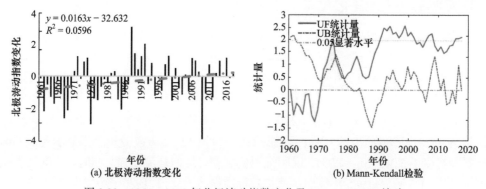

图 3.23　1961～2018 年北极涛动指数变化及 Mann-Kendall 检验

变化幅度不明显,1961~1985 年,北极涛动指数标准误差为 0.20,1986~2018 年为 0.19。Mannd-Kendall 检验结果显示,北极涛动在 1987 年发生突变,位于气温偏暖期[图 3.23(b)]。

北极涛动指数与冬季气温、降水分布的相关关系分别为 0.60($P<0.01$)、−0.01($P>0.05$),与气温呈极显著相关关系,与冬季降水无显著相关关系。这说明北极涛动与冬季降水量无显著相关关系,主要影响的是冬季气温。

2. 近地面(850hPa)环流形势的变化

以 1986 年为界,黑龙江省气温偏暖期与气温偏冷期 850hPa 平均风场差值在贝加尔湖地区存在一个气旋,即在对流层中下层存在低压系统。温度场差值在贝加尔湖地区存在一个负温度中心,并且与低压系统中心几乎相重合,而在蒙古国地区和西北太平洋上均存在一个反气旋,且与正温度中心重合,此环流形势下,来自西部的异常冷空气与来自南侧的异常暖湿空气在黑龙江省交汇,造成黑龙江省冬季雨雪异常偏多。

3.4.3　冬季黑龙江省雨雪异常水汽通量特征分析

水汽条件是降水的必要条件之一。黑龙江省冬季降水的水汽路径主要有三条,分别为西路、东路和南路。西路的水汽主要是中高纬度西风带的水汽输送,东路主要来自鄂霍次克海和日本海,南路为太平洋水汽输送,有时也会有印度洋水汽输送。如图 3.24 所示,在黑龙江省冬季雨雪偏多或偏少的异常年份,水汽量及来源路径相差很大。冬季雨雪异常偏多年,水汽主要来自西南和东南路径,而冬季雨雪异常偏少年则来自于东部路径;从水汽量比较,来自西南方向的冬季雨雪异常偏多年的水汽量显著多于雨雪异常偏少年($P<0.05$)[图 3.24(a)];而来自东部的冬季雨雪异常偏少年的水汽量显著多于雨雪异常偏多年($P<0.05$)[图 3.24(b)]。

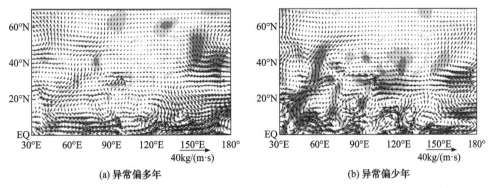

(a) 异常偏多年　　　　　　　　　　　　(b) 异常偏少年

图 3.24　冬季雨雪异常偏多年与异常偏少年整层积分的水汽输送通量的距平合成场
阴影区通过 0.05 的显著性检验

分别计算黑龙江省(42.5°N~52.5°N,122.5°E~135°E)区域内冬季的水汽通量和区域净收支,其中西边界和东边界的水汽通量为正值,南边界和北边界的水汽通量为负值。从表 3.17 区域水汽净收支可见,在典型多雨年,6 年中有 4 年水汽净收入是正值,2 年是负值;而在典型少雨年,6 年的水汽净收入均为负值。

表 3.17　冬季降水异常年黑龙江省区域各边界和区域水汽收支　(单位：10^6kg/s)

年份	西边界	东边界	南边界	北边界	净收入
2004(多)	49.38	51.03	−21.46	−20.4	−2.7
2009(多)	39.37	40.74	−9.08	−8.85	−1.6
2010(多)	36.77	31.53	−11.24	−14.41	8.41
2012(多)	36.76	30.00	−13.98	−11.41	4.19
2014(多)	39.55	34.11	−23.83	−22.77	4.38
2015(多)	47.06	58.15	−7.77	−22.76	3.89
1966(少)	42.99	46.61	−24.58	−24.03	−4.18
1968(少)	65.13	77.61	−1.11	−12.27	−1.31
1974(少)	45.32	38.94	−24.44	−17.19	−0.87
1995(少)	44.65	39.14	−35.09	−25.49	−4.1
2011(少)	35.99	33.04	−21.66	−16.08	−2.63
2018(少)	52.2	61.89	−13.73	−18.28	−5.15

3.4.4　海温外强迫信号的影响

通常情况下，大气环流异常造成降水异常，而大气环流异常除了受自身的变率影响之外，还受海洋、太阳黑子、积雪、海冰等外强迫信号的影响。北太平洋、印度洋和赤道中东太平洋是影响中国降水的关键海区，其中印度洋海温通过太平洋–日本(PJ)波列影响中国降水。

利用黑龙江省冬季 1961～2018 年 58 年降水量序列与同期海温求相关，发现黑龙江省冬季降水量与西北太平洋、印度洋和赤道西太平洋海温呈极显著正相关(P<0.01)(图 3.25)。

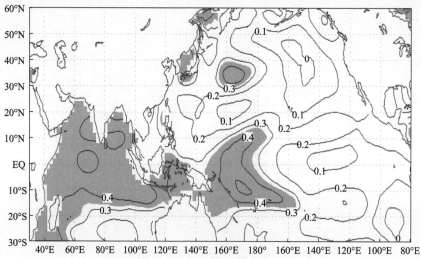

图 3.25　黑龙江省冬季降水量与同期海温相关系数场
阴影区通过 0.01 的显著性检验；图中数据表示相关系数

由于黑龙江省冬季降水在 1989 年发生突变，因此利用黑龙江省冬季 1961～1989 年和 1990～2018 年两个时段的降水量序列与同期海温相关，进一步分析黑龙江省冬季降水量与海温的关系(图 3.26、图 3.27)。1961～1989 年黑龙江省冬季降水相对少的时期，冬季

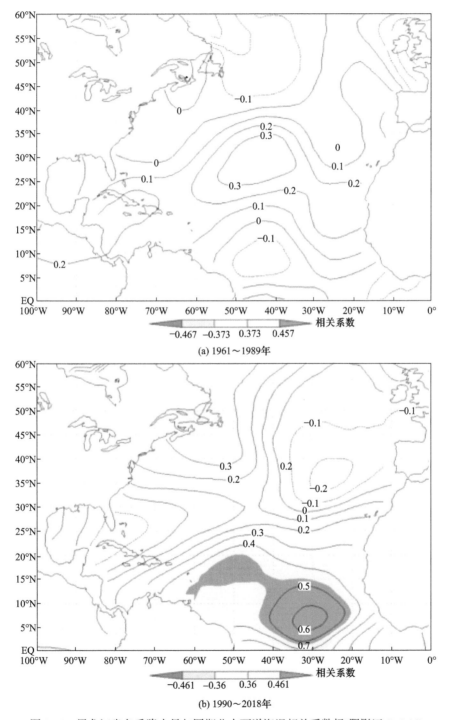

(a) 1961～1989年

(b) 1990～2018年

图 3.26　黑龙江省冬季降水量与同期北大西洋海温相关系数场(阴影区 $P<0.05$)

降水与北大西洋中部海温呈正相关关系，与高纬度海域温度和副热带海域温度呈负相关关系；在 1990~2018 年黑龙江省冬季降水相对多的时期，冬季降水与大西洋中部海温呈负相关关系，与高纬度海域温度和副热带海域温度呈正相关关系。

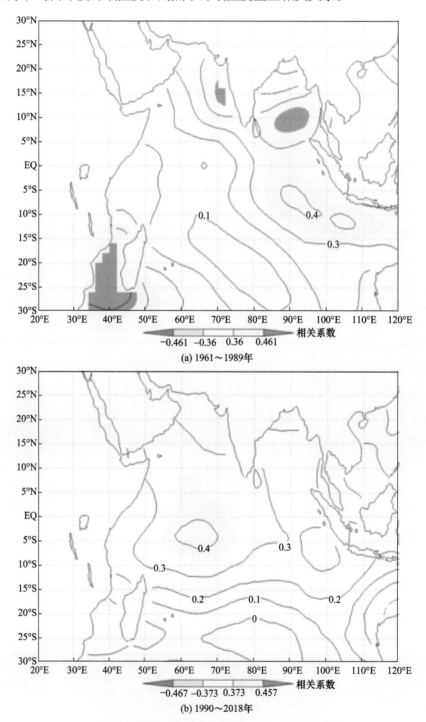

图 3.27　黑龙江省冬季降水量与同期印度洋海温相关系数场(阴影区 $P<0.05$)

3.4.5　冬季极端降水机制分析

计算相关系数可知，北涡与北极气温、赤道气温、北极和赤道气温之差具有极显著相关关系，相关系数分别为 0.41($P<0.01$)、0.38($P<0.01$)、−0.35($P<0.01$)；欧亚纬向环流指数与北极和赤道气温之差呈显著相关性，相关系数为 0.31($P<0.05$)，东亚大槽和北极涛动与极地气温无显著相关关系。

多位学者研究认为北极及高纬度地区是全球升温最高的区域。例如，Xu 等(2017)利用全球陆地表面气温均一化数据(CMA-LAST)分析了 1979~2014 年全球气温空间变化特征，指出在高纬度地区气温升高最快；Kim 等(2013)利用 ERA 再分析数据分析了 1979 年以来全球气温的空间变化，认为大量地表变暖在北极地区发生；Screen 等(2012)也发现，1979~2013 年北半球高纬度地区(70°N~80°N)升温速率明显高于中纬度地区(30°N~40°N)，升温速率为 0.86℃/10a。本书研究利用 CRU 数据，计算了 1961~2016 年赤道(10°S~10°N)、北极(60°N~90°N)地区冬季气温及二者之差。结果显示，1961 年以来，赤道冬季气温、北极冬季气温、北极与赤道冬季气温之差均呈极显著上升趋势，上升速率分别为 0.15℃/10a($P<0.01$)、0.53℃/10a($P<0.01$)和 0.38℃/10a($P<0.01$)，相比 20 世纪 60 年代，分别上升了 0.83℃、2.92℃、2.09℃。北极冬季气温上升速率是赤道冬季气温的 3.5 倍，赤道与北极冬季气温之差越来越小(图 3.28)。

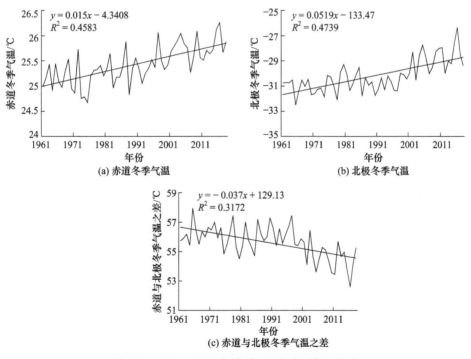

图 3.28　1961~2018 年赤道、北极冬季气温变化

从理论上可以推出，冬季北极近地面为冷性高压，在冷高温压场配置下，北极 500hPa 高空形成冷性低压，即北涡。北极地表温度升高，会使 500hPa 高空的北涡强度减弱，而

北涡强度减弱有利于暖湿气流向高纬度输送,使气温偏高、降水偏多。通过计算可知,北极冬季气温在2001年发生突变,北涡强度变化幅度在2001年后增强(1961~2000年标准误差为0.1,2001~2016年为0.3),因此中国高纬度冬季降水在2001年后发生极端降水偏多年增加,而变异增大。北极与赤道之间的温差减小,导致经向环流强度减弱,纬向环流强度增强,冬季风减弱。因此,中国东北部高纬度地区气温偏高。

对中国东北部高纬度地区冬季降水影响密切的另一个大气环流形势为东亚大槽。黑龙江省位于东亚大槽槽后,其强度和位置更能直接影响黑龙江省冬季风路径和强度,以及西南气流的路径,东亚大槽强度变弱,位置偏西,使到达黑龙江省的冷空气变弱,位置偏西,下沉气流变弱,上升气流加强,从而有利于西南气流北上,冬季降水偏多,气温偏高。从理论上看,亚欧大陆冬季温度场和气压场不对称配置是形成东亚大槽的主要原因。位于亚欧大陆东侧的西伯利亚高压中心与温度场并不重合,亚欧大陆的温度场为东高西低,因此西伯利亚高压随高度增加逐渐演变成低压槽,在500hPa图上称为东亚大槽。高纬度大陆冬季地表温度升高,使欧亚大陆与北太平洋之间的温差变小,东亚大槽强度变弱,位置偏西。

本书对黑龙江省冬季降水与厄尔尼诺(El Niño)和拉尼娜(La Niña)的关系也做了简要分析。统计发现,在黑龙江省冬季降水发生异常的12年中,有10年发生了El Niño或La Niña事件。说明,El Niño 、La Niña事件也是影响黑龙江省冬季降水异常的重要因素。但本书试图进一步分析El Niño事件或La Niña事件如何改变大尺度大气环流,结果发现,El Niño年或La Niña年,影响中国东北部高纬度地区冬季降水的500hPa大尺度环流形势并没有出现异常,所以推测El Niño年或La Niña年引起黑龙江省冬季降雪异常可能通过某种海气遥相关作用,或影响水汽通量等实现,这个还有待于利用气候模式模拟进行验证。

本书还分析认为,在气温相对变暖期,北涡强度年际变率小于气温相对偏冷期,而东亚大槽强度在气温偏暖期年际变率增大;另外,黑龙江省冬季降水量与北涡强度和东亚大槽的强度相关系数分别为0.31和0.47,其与东亚大槽的相关性更为显著,因此,本书认为在气温偏暖期黑龙江省冬季极端降水增加和东亚大槽的关系更为密切。

此外,需要指出的是,影响一个地区降水的因子很多,除了大尺度大气环流外,还有小尺度环流形势,以及El Niño 、La Niña事件,可能还包括人类活动的影响等因素。

3.5　本章结论

(1) 通过分析1961~2015年黑龙江省降雪初日、降雪终日、降雪期、降雪日数、年总降雪量、最大降雪量、降雪强度的时空变化特征,得出以下结论:

黑龙江省降雪初日显著推迟,降雪终日显著提前,降雪期显著减少,降雪初日南晚北早,降雪终日南早北晚,降雪期南短北长,并且空间变化最明显的地区均在黑河、齐齐哈尔、绥化、大庆等地区,北部大兴安岭地区和东部三江平原地区变化趋势相对较小。

黑龙江省近 55 年年总降雪量和最大降雪量呈极显著增加趋势，空间分布呈东部、北部多，西南部少。降雪量空间变化上呈增加趋势，降雪量高值区主要在黑龙江省伊春市。

黑龙江省降雪日数、降雪强度变化差异明显，降雪日数减少趋势不明显，但是降雪强度显著增加，说明降雪强度主要受年总降雪量影响，并且变化趋势与年总降雪量时间和空间变化相统一。

(2) 通过分析 1961～2015 年黑龙江省降雪内部结构指标及所占比例的时空变化特征，得出：

黑龙江省大雪量、中雪量呈上升的趋势，大雪次数、中雪次数也表现出上升的趋势。空间上，东北部暴雪量、大雪量、大雪次数显著增加，中东部小雪次数显著减少；西部中雪量、小雪量显著增加。

黑龙江省暴雪量、大雪量、中雪量、小雪量占比为 24%、23%、21%、32%，其中大雪量占比显著增加，小雪量占比显著减少；各等级降雪次数占比为 2%、6%、10%、82%，大雪次数占比、中雪次数占比显著增加。空间上，降雪结构变化为东南部暴雪次数占比、大雪次数占比显著增加，小雪量占比、小雪次数占比显著减少；中雪次数占比显著增加，集中在西部地区，暴雪量占比显著减少。

(3) 黑龙江省实测年平均气温和四季平均气温年际变化均呈极显著上升趋势，其中冬季平均气温倾向率最大。空间分布总体呈南部气温高于北部，气温倾向率空间变化呈北部变化较大，南部变化较小。

黑龙江省降雪指标中与气温年际变化存在较好相关关系的有降雪初日、降雪终日、降雪期、降雪强度、降雪日数。其中，降雪初日与降雪强度随气温升高而推迟(增加)，降雪终日、降雪期、降雪日数随气温升高而提前(减少)，其中降雪初日与气温相关性最高。黑龙江省降雪指标与气温相关关系空间分布存在差异，降雪初日、降雪期、降雪日数、降雪强度存在较好的空间一致性，相关性较高的地区在黑龙江省东南部地区，北部和西部相关性较低。

黑龙江省降雪内部结构指标中与气温年际变化存在较好相关关系的有小雪量、小雪次数、大雪量所占比例、暴雪次数所占比例、大雪次数所占比例、中雪次数所占比例、小雪次数所占比例。其中，大雪量所占比例、暴雪次数所占比例、大雪次数所占比例、中雪次数所占比例随气温升高而增加，小雪量、小雪次数、小雪次数所占比例随气温升高而减少。黑龙江省降雪内部结构指标与气温相关关系空间分布存在差异，小雪量、小雪次数、小雪次数所占比例存在较好的空间一致性，相关性较高的地区在黑龙江省东部地区，北部和西部相关性较低。

(4) 纬向环流、冬季风指数、东亚大槽、北极涡旋、北极涛动变化与黑龙江省冬季气温变化具有极显著关系；东亚大槽、北极涡旋变化与黑龙江省冬季降水变化具有显著关系。北极涛动由负相位变为正相位；东亚大槽强度变弱，位置较常年偏西；冬季风指数偏弱；北涡强度减弱；纬向环流增强；850hPa 环流形势在贝加尔湖及其附近地区存在一个低值系统，这些均有利于黑龙江省冬季气温升高，暖湿空气向黑龙江省输送，有利于黑龙江省冬季降水增多，极端降水年增多。

冬季雨雪异常多的年份，水汽主要来自西南和东南路径，而异常偏少年则来自于东部路径。

黑龙江省冬季降水相对少的时期，冬季降水与北大西洋中部海温呈正相关关系，与高纬度海域温度和副热带海域温度呈负相关关系；在黑龙江省冬季降水相对多的时期，冬季降水与大西洋中部海温呈负相关关系，与高纬度海域温度和副热带海域温度呈正相关关系。

第4章　东北积雪污染特性及其对融化的影响

本章节主要通过东北地区积雪野外观测、室内试验和模型模拟等方法开展研究，其数据来源主要有野外观测资料、气象台站资料、遥感数据及统计年鉴或资料调研。本章中涉及的可见光波段地面反射率、近红外波段地面反射率、太阳天顶角、观测天顶角、相对方位角数据用于驱动渐进辐射传输(asymptotic radiative transfer, ART)模型的数据来源于 NASA 网站；积雪野外观测获取的数据和实验室分析获取的数据主要是为了分析积雪中重金属和吸光性物质空间分布。

4.1　东北积雪中黑碳含量时空分布及变化特征

4.1.1　ART 模型模拟积雪中黑碳含量

本章研究根据 MODIS 地面反照率数据计算归一化积雪指数(normalized difference snow index, NDSI)，利用 SNOWMAP 方法提取积雪像元，然后采用 ART 模型，模拟积雪像元中黑碳含量。

1. 积雪识别方法

积雪像元判断是模拟积雪中黑碳含量的基础数据。本章研究首先根据 SNOWMAP 算法进行积雪像元识别。SNOWMAP 算法由 Hall 等(1995)研究提出，之后该算法被用于 MODIS 雪盖产品的制作(Hall et al.，2002)，并在世界范围内得到应用与验证(Hall and Riggs，2007；李云等，2015；邵东航等，2017)。

SNOWMAP 算法的核心内容是 NDSI，NDSI 是利用积雪在可见光波段的高反射率和近红外波段的低反射率的波谱特性来突出积雪的特性，并能够进行云雪的区分。其计算方法如式(4.1)所示：

$$\text{NDSI} = \frac{R(b4) - R(b6)}{R(b4) + R(b6)} \tag{4.1}$$

式中，$R(b4)$、$R(b6)$ 分别为 MOD09GA 数据中第 4 波段(545～565nm)和第 6 波段(1628～1652nm)地面反照率。

郝晓华等(2008)对 NDSI 的阈值进行了分析，发现积雪面积越大，NDSI 阈值越接近 0.4，积雪的识别率越高。本章研究选择的研究区为中国东北区域，是较稳定的积雪覆盖区，所以在这里选择 NDSI 的阈值为 0.4。本章研究在 SNOWMAP 算法中用 MOD09GA 数据中的第 2 波段(841～876nm)去除水体影响，原因在于水体的 NDSI 大于 0.4，但它只反射可见光波段的辐射能，对其他波段的辐射能却有很强的吸收能力。积雪在第 2 波段的反射率大于等于 0.11，由于水体在此波段的强吸收性，因此其在此波段的反射率不会大于 0.11。

因此，本章研究的积雪像元判别公式如下：

$$\begin{cases} NDVI \geqslant 0.4 \\ b_2 > 0.1 \end{cases} \tag{4.2}$$

用 SNOWMAP 算法识别的积雪像元标记为 1、其他的非积雪像元标记为 0，生成空间分辨率为 500m×500m 的积雪二值图。

2. ART 模型

ART 模型是由 Kokhanovsky 和 Zege 发展的简化辐射传输模型，其基本原理是将雪粒子认为是不规则粒子，考虑污化物对雪表层吸收特性的影响，利用几何光学方程计算单个粒子的光学特征，然后采用渐进分析法得到辐射传输模型的渐进分析解。模型驱动参数主要有可见光波段地面反射率、近红外波段地面反射率、太阳天顶角、观测天顶角、相对方位角。该模型可以实现区域和全球尺度上积雪有效粒径(简称雪粒径)(α_{ef})和黑碳含量(c)等积雪特性的估算，具有简洁、高效、灵活的特点(Kokhanovsky and Zege，2004；Zege et al.，2008)。

利用 ART 模型模拟积雪中每个网格黑碳含量的计算过程如下：基于 ART 模型，利用双通道(通道 1，0.460μm；通道 2，0.865μm)算法计算积雪黑碳含量的公式为

$$R_1 = R_0 \exp\left[-\frac{4f(\mu, \mu_0, \varphi)}{\sqrt{3}(1-g)} \sqrt{\frac{2}{3} B\alpha_{s,1} c\alpha_{ef}} \right] \tag{4.3}$$

$$R_2 = R_0 \exp\left[-\frac{4f(\mu, \mu_0, \varphi)}{\sqrt{3}(1-g)} \sqrt{\alpha_{i,2}\beta K\alpha_{ef} + \frac{2}{3} B\alpha_{s,2} c\alpha_{ef}} \right] \tag{4.4}$$

公式中共涉及 R_1、R_2、$R_0(\mu, \mu_0, \varphi)$、$f(\mu, \mu_0, \varphi)$ 等 15 个参数，各参数物理意义和计量单位如表 4.1 所示。

表 4.1　ART 模型中各参数的描述

参数	意义	单位/取值	参数	意义	单位/取值
R_1	MODIS 第 3 波段地面反射率		α_{ef}	雪粒径	mm
R_2	MODIS 第 2 波段地面反射率		$\alpha_{i,2}$	冰的光吸收系数	
$R_0(\mu, \mu_0, \varphi)$	半无限空间雪层反射率函数		β	冰晶的光子吸收概率	0.47
$f(\mu, \mu_0, \varphi)$	逃逸函数和半无限空间雪层反射率函数		K	常数	2.63
g	不对称因子	0.76	ϑ_0	太阳天顶角	(°)
B	常数	0.84	ϑ	观测天顶角	(°)

参数	意义	单位/取值	参数	意义	单位/取值
$\alpha_{s,i}$	黑碳的光吸收系数		φ	相对方位角	(°)
c	黑碳含量	ng/g			

表 4.1 中需要进一步计算的参数如下：

(1) 参数 $R_0(\mu, \mu_0, \varphi)$。Kokhanovsky 等通过分析给出了近似解析公式：

$$R_0(\mu, \mu_0, \varphi) = \frac{A + B(\mu + \mu_0) + C\mu\mu_0 + P(\theta)}{4(\mu + \mu_0)} \tag{4.5}$$

式(4.5)中参数见表 4.2。

表 4.2　计算 R_0 所需要的参数

参数	意义	取值	参数	意义	取值
A	常数	1.247	μ	观测天顶角余弦	[–]
B	常数	1.186	μ_0	太阳天顶角余弦	[–]
C	常数	5.157	$P(\theta)$	相位函数	[–]

注：[–]表示需要计算的。

其中，相位函数 $P(\theta)$ 的计算公式如下：

$$P(\theta) = 11.1\exp(-0.087\theta) + 1.1\exp(-0.014\theta) \tag{4.6}$$

式中，θ 被定义为 $\theta = a\cos(-\mu\mu_0 + ss_0\cos\varphi)$，$s = \sin(\vartheta)$，$s_0 = \sin(\vartheta_0)$，$\mu_0 = \cos(\vartheta_0)$，$\mu = \cos(\vartheta)$。

(2) 参数 $f(\mu, \mu_0, \varphi)$。其计算公式如下：

$$f(\mu, \mu_0, \varphi) = \frac{u(\mu_0)u(\mu)}{R_0(\mu, \mu_0, \varphi)} \tag{4.7}$$

式中，$u(\mu_0)$ 在辐射传输模型中被称作逃逸函数，按照如下经验公式进行求解：

$$u(\mu_0) = \frac{3}{7}(1 + 2\mu_0)，\quad u(\mu) = \frac{3}{7}(1 + 2\mu) \tag{4.8}$$

(3) 参数 $\alpha_{s,i}$、$\alpha_{i,2}$。Kokhanovsky 和 Zege(2004)认为，在可见光波段(即通道 1)雪层对光的吸收主要是污染物(主要是黑碳)引起的光吸收；在近红外波段(即通道 2)雪层对光的吸收主要是冰晶雪粒和黑碳引起的光吸收。

黑碳对光的吸收系数表达式为

$$\alpha_{s,i} = 4\prod\chi_s(\lambda)/\lambda \tag{4.9}$$

式中，$i = 1,2$ 表示第 1、第 2 通道。由于黑碳的折射率与波长无关，因此 $\chi_s(\lambda) = 0.46$，λ 为波长，即 $\lambda_1 = 460\text{nm}$，$\lambda_2 = 865\text{nm}$。

冰晶的光吸收系数 $\alpha_{i,2}$ 的表达式为

$$\alpha_{i,2} = 4 \prod \chi_i(\lambda) / \lambda \tag{4.10}$$

式中，$\chi_i(\lambda)$为冰的复折射指数的虚部，它是波长的函数，这里我们采用$\chi_i(\lambda) = 2.5\mathrm{e} - 9$。

(4) 相对方位角φ。其计算公式如下：

$$\phi = saa - vaa \tag{4.11}$$

式中，saa 为太阳方位角；vaa 为观测方位角。

将以上所有参数输入 ART 模型中，可以模拟出每个积雪像元的黑碳含量。

公式中 R_1、R_2、ϑ_0、ϑ 可以从 MODIS 数据下载，其他的参数依据以下过程获取。所有参数获取后，利用式(4.3)、式(4.4)两个方程，计算雪粒径(α_{ef})和黑碳含量(c)，单位分别为 mm 和 ng/g。

3. 驱动 ART 模型的参数数据处理

驱动 ART 模型的参数数据，包括可见光波段地面反射率、近红外波段地面反射率、太阳天顶角、观测天顶角以及相对方位角。以上参数均从 MOD09GA(V6)数据集获取。数据从 NASA 数据网站(https://modis. gsfc.nasa. gov/)注册下载，轨道号为 h25v03、h26v03、h26v04、h27v04、h27v05，时间尺度为 2001～2016 年 12～2 月，数据格式为 HDF 格式。该数据集已经经过了大气双向反射和太阳高度角校正。可见光波段地面反射率采用的是 MOD09GA(V6)数据集中第 2 波段地面反射率，近红外波段地面反射率采用的是 MOD09GA(V6)数据集中第 3 波段地面反射率，2 个波段地面反射率数据空间分辨率均为 500m；太阳天顶角、观测天顶角均采用 MOD09GA(V6)数据集中相应的太阳天顶角、观测天顶角，相对方位角采用数据集中太阳方位角、观测方位角计算得到，4 个角度数据空间分辨率均为 1000m。为了将反射率数据与角度数据进行空间尺度的匹配，需将 1km 的角度数据重采样为 500m。MOD09GA(V6)数据集的预处理过程包括以下 3 个步骤：

(1) 图像投影坐标转换、重采样。使用重投影工具(MODIS reprojection tools, MRT)软件，将下载的 MOD09GA 产品波段 2、波段 3、波段 4、波段 6 地面反射率、太阳天顶角、观测天顶角、太阳方位角、观测方位角数据 5 幅影像拼接为一幅，地图投影 SIN 转换为 WGS84/Albers 地图投影系统，把 HDF 格式转化为 TIFF 格式，将所有的数据采用最邻近法，重采样为 500m。

(2) 图像数据格式转换。利用 ArcGIS 软件，将波段 2、波段 3、波段 4、波段 6 地面反射率、太阳天顶角和太阳方位角、观测天顶角和观测方位角数据的 TIFF 格式转换为 ArcGIS 的 GRID 格式。

(3) 图像剪裁。根据东北边界矢量图裁剪已经拼接好的波段 2、波段 3、波段 4、波段 6 地面反射率、太阳天顶角和太阳方位角、观测天顶角和观测方位角数据，最终得到东北区域范围内的地面反射率影像和角度数据图层。

4. 其他相关数据

1) 海拔(DEM)空间分布数据

本章研究所用的中国海拔空间分布数据下载于资源环境数据云官网。数据采用

WGS84 椭球投影。该数据来源于美国奋进号航天飞机的雷达地形测绘(shuttle radar topography mission, SRTM)数据。其优点为现实性强、可免费获取，因此全球开展的环境分析等应用研究均采用此数据。该数据集为基于最新的 SRTM V4.1 数据经整理拼接生成的 90m 的分省数据，本章研究从中下载了黑龙江省、吉林省、辽宁省三省的高程图。

2) 平均风速数据

本章研究所用到的平均风速数据来源于寒区旱区科学数据中心的中国区域地面气象要素数据集，该数据集是一套结合近地面气象要素和近地面环境要素的再分析数据集，由中国科学院青藏高原研究所开发。它是以国际上已有的 Princeton 再分析资料、GLDAS 资料、GEWEX-SRB 辐射资料，以及 TRMM 降水资料为背景场，融合了中国气象局常规气象观测数据制作而成的。其时间分辨率为 3h，水平空间分辨率为 0.1°，包含近地面气温、近地面气压、近地面空气比湿、近地面风速、地面向下短波辐射、地面向下长波辐射、地面降水率共 7 个要素(变量)。本章研究选取了 2001～2016 年 12 月至次年 2 月平均风速数据。

3) 夜间灯光指数数据

本章研究所用到的夜间灯光指数数据是美国军事气象卫星计划/线性扫描业务系统(DMSP/OLS)的 1992～2013 年全球遥感影像，包括三种非辐射定标的夜间灯光影像。三种全年平均影像分别是：无云观测频数影像、平均灯光影像和稳定灯光影像。本章研究选用的是全国稳定灯光影像。稳定灯光影像是标定夜间平均灯光强度的年度栅格影像，该影像包括城市、乡镇的灯光及其他场所的持久光源，且去除了月光云、火光及油气燃烧等偶然噪声的影响。影像的像元亮度(DN)值代表平均灯光强度，其范围为 0～63。本章研究所用 2001～2013 年夜间灯光指数数据来自于地理国情监测云平台。

4.1.2　模型验证

为了进行模型验证，分别在 2010 年 1～2 月、2014 年 1 月进行了 2 次野外采样，总计 28 个点，其中 2010 年 19 个、2014 年 9 个。具体取样过程：用清洁的不锈钢器皿挖出雪坑，在一个方位上做垂直剖面。取样时，按从"左"至"右"的顺序，分别在垂直剖面收集 0～5cm 两个雪样，并分别将其放入 Whirl Pak 采样袋中并封口，将其放入保温箱中，保证其保持固体状态，直到临时实验室进行下一步处理。到临时实验室，将雪样样品用干净的不锈钢器皿舀入干净的玻璃烧杯中，在微波炉中快速融化；测量完融化样品的体积之后，立即使用手动泵将融雪水通过 0.4mm Nuclepore 过滤器过滤，以便从可溶性分析物中分离出黑碳和其他水不溶性物质(Ogren et al.,1983)；然后使用 ISSW 分光光度计分析过滤器样品的黑碳和其他光吸收物质的含量(Grenfell et al.,2011; Doherty et al.,2010)。黑碳含量通过滤波器上样品的 Ångström 吸收指数估算，因此，给出的样本黑碳含量是一个范围，而不是一个确定的值，如 2010 年 2 月初长春市的一个雪样的黑碳含量不确定范围是 250～650ng/g。

模拟值的验证方法采取与实测值对比和文献对比两种方法。由于本章研究模拟的是月平均值，而实测的是日观测值，因此只要模拟值分布在观测值变化范围内，就可以认为模拟结果可信，同时，为了进一步对模拟值进行验证，也与文献的研究结果进行了对比。分别采用 2010 年 1～2 月、2014 年 1 月 2 次共 28 个点的野外采样实测数据对模型进行检验(图 4.1)。从图 4.1 中可以看出，49°N 以南地区的模拟结果均位于实测结果的合理范围内，同时，Zhao 等曾在 2014 年对东北积雪中黑碳含量进行了模拟，模拟值在 1000ng/g 以上，本章研究模拟的积雪中黑碳平均值为 1197.47ng/g，与之相比处于同一量级，因此，综合认为，49°N 以南地区的模拟结果可信。图 4.1 显示，49°N 以北地区的模拟值较实测值偏高，但 Flanner 等在 2007 年曾经模拟过高纬度地区积雪中的黑碳含量，模拟结果在 1000ng/g 以上，与本章研究模拟结果接近，说明模型具有较强的模拟能力，模拟结果可信。

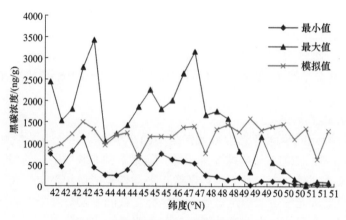

图 4.1　模拟值(红线)与实测值(黑线)对比

4.1.3　东北积雪中黑碳含量的时间变化特征

将 MODIS 第 2、第 3 波段地面反射率、太阳天顶角等数据输入 ART 模型，计算得到 2001～2016 年中国东北表层积雪黑碳含量(图 4.2)。2001～2016 年东北年均黑碳含量分布在 1098.93～1257.30ng/g，平均值为 1197.47ng/g，最大值出现在 2016 年，最小值出现在 2002 年。2001～2016 年黑碳含量年增长量为 5.132ng/g，呈不显著增加趋势($P>0.05$)，

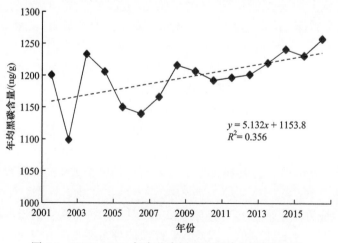

$$y = 5.132x + 1153.8$$
$$R^2 = 0.356$$

图 4.2　2001～2016 年东北表层积雪黑碳含量年际变化

年均黑碳含量变异系数为 0.034，说明东北积雪年均黑碳含量没有显著变化，东北积雪黑碳含量总体较稳定。

4.1.4　东北积雪中黑碳含量的空间分布特征

2001～2016 年东北积雪年均黑碳含量分布表现出明显的空间差异性(图 4.3)，总体呈现出北部高、南部低的空间分布特性，值域分布在 310～1700ng/g。辽宁省、吉林省和黑龙江省积雪黑碳含量平均值分别为 788.96ng/g、962.44ng/g 和 1103.62ng/g。东北积雪黑碳含量总体上存在两个高值区域，一个是松嫩平原，另一个是东部的三江平原。其中，由哈尔滨

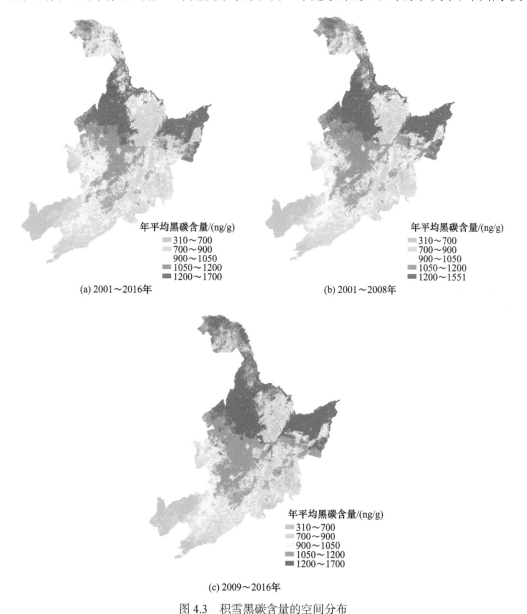

图 4.3　积雪黑碳含量的空间分布

市、大庆市、齐齐哈尔市、黑河市组成的工业走廊及由鹤岗市、佳木斯市、双鸭山市等组成的煤炭—森林工业产区是东北积雪黑碳含量最高的地区,积雪黑碳含量均在 1200ng/g 以上。小兴安岭、长白山地区是积雪黑碳含量相对低值区,平均为 900ng/g 以下。

东北地区积雪黑碳含量在 2008 年有个明显转折,因此分别将东北地区 2001～2008 年、2009～2016 年的积雪黑碳含量年平均值做 8 年平均,将所得到的空间分布结果绘制成图 4.3。结果显示,高值出现于黑龙江省东部和西部。相比较而言,近 8 年的积雪黑碳含量空间分布特征表明,黑龙江省东部和西部积雪黑碳高含量区含量增加,吉林省中部(长春市—吉林市)城市群污染面积扩大,逐渐成为东北地区积雪黑碳含量的次高值中心,吉林省东部和辽宁省中部积雪黑碳含量小的地区黑碳含量减小。2001～2016 年模拟数据显示,东北积雪黑碳含量整体表现为高含量区含量增加、中含量区面积扩大、低含量区含量减小的趋势。

4.1.5　东北积雪黑碳含量变化空间分布特征

2001～2016 年中国东北积雪黑碳含量年际变化空间分布如图 4.4(a)所示。东北积雪黑碳含量变化存在空间差异,其中,81.80%的面积为增加趋势,主要集中在 0～10ng/ (g·a)、10～20ng/(g·a)两个区间,占全东北百分比分别为 42.03%、29.12%,主要分布在黑河市南部、齐齐哈尔市、绥化市北部、哈尔滨市、七台河市、鸡西市、松原市、长春市、吉林市、四平市、辽源市、通化市、铁岭市。其中,在大兴安岭地区、黑河市东部、伊春市、鸡西市西部、双鸭山市南部和西部边界、牡丹江市、白城市南部、松原市、延边朝鲜族自治州、通化市东南部、阜新市、朝阳市、葫芦岛市等地增加幅度最大,增速在 20～94.31ng/(g·a)。而东北积雪黑碳含量减少区域面积较小,占总面积的 18.20%,均呈不显著减少趋势,变化速率为–7～0ng/(g·a)。其主要分布在黑龙江省东部和西南部、吉林省西部以及辽宁省中西部和南部,其中鹤岗市东部、齐齐哈尔市南部、白城市西部、朝阳市、锦州市和大连市积雪黑碳含量减少幅度最大,减少幅度为–6～43.96ng/(g·a)。

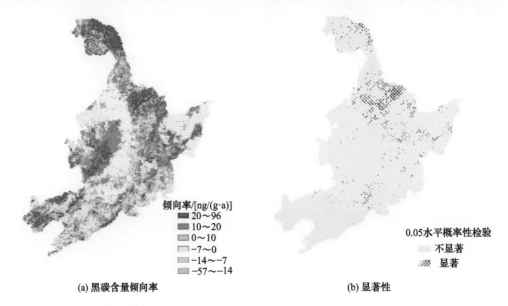

倾向率/[ng/(g·a)]
■ 20～96
■ 10～20
　 0～10
　 –7～0
　 –14～–7
■ –57～–14

0.05水平概率性检验
　 不显著
▨ 显著

(a) 黑碳含量倾向率　　　　　　　　　　　　　(b) 显著性

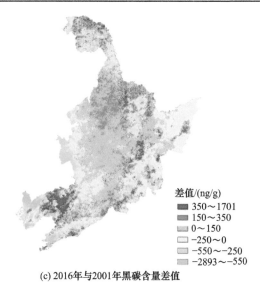

(c) 2016年与2001年黑碳含量差值

差值/(ng/g)
- 350~1701
- 150~350
- 0~150
- −250~0
- −550~−250
- −2893~−550

图 4.4 2001~2016 年积雪黑碳含量空间变化

2001~2016 年东北积雪黑碳含量的显著性空间分布如图 4.4(b)所示，全东北面积的 6.98%通过了 0.05 水平概率性检验，即增加显著，东北 93.02%的地区呈不显著变化趋势，显著增加区域主要分布在大兴安岭地区东北部、黑河市东部、伊春市北部边缘、双鸭山市东南部，减少区域均为不显著。

将 2016 年东北积雪黑碳含量空间分布减去 2001 年东北积雪黑碳含量空间分布，即得到 2001~2016 年东北积雪黑碳含量变化量的空间分布图[图 4.4(c)]。2001~2016 年东北积雪黑碳含量变化量空间分布差异较明显，积雪黑碳含量年变化量减少区域与增加区域全东北均有分布，增加区域、减少区域面积占全东北面积的百分比分别为 57.36%、42.64%。增加区域分布在大兴安岭地区北部、黑河市、齐齐哈尔市北部、大庆市、绥化市、哈尔滨市、七台河市、鹤岗市东部、牡丹江市西部、松原市北部、长春市、吉林市、白山市、通化市、沈阳市、阜新市、锦州市、抚顺市和辽阳市；而大兴安岭地区中南部、齐齐哈尔市南部、伊春市、佳木斯市东部、双鸭山市、牡丹江市、延边朝鲜族自治州、白城市、朝阳市、大连市为年积雪黑碳含量减少区域。2001~2016 年东北积雪黑碳含量变化量主要集中在−250~0ng/g、0~150ng/g 两个区间，分别占全东北面积的 32.68%、39.97%，共计 72.65%；而增加 350ng/g 以上和减少 550ng/g 以下的黑碳含量变化面积仅占全东北面积的 5.77%，说明 2001~2016 年东北整体积雪黑碳含量变化幅度不大。

4.1.6 东北积雪黑碳含量月变化特征

1. 时间变化特征

将 2001~2016 年东北冬季各月(12 月至次年 2 月)积雪黑碳含量加和后求平均，得到东北 16 年 12 月、1 月和 2 月积雪黑碳含量的月均值。可以发现，东北月积雪黑碳含量差异较大。12 月积雪黑碳含量最大，为 1344.59ng/g，1 月、2 月黑碳含量依次递减，黑碳含量分别为 1248.62ng/g 和 983.64ng/g。2001~2016 年东北各月积雪黑碳含量年际变化如

图 4.5 所示,从图 4.5 中可以看出,2001～2016 年东北 12 月、1 月积雪黑碳含量呈增加趋势,年增长量分别为 7.0868ng/g、6.5557ng/g,2 月黑碳含量呈减少趋势,年减少量为 0.0787ng/g,3 个月的黑碳含量增加或减少趋势均不显著,说明东北各月黑碳含量没有明显变化。各月变异系数分别为 5.60(12 月)、8.39(1 月)和 8.59(2 月),12 月变异系数最小,说明 12 月黑碳含量总体较稳定。

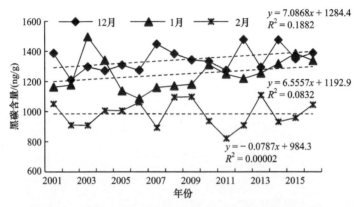

图 4.5　2001～2016 年各月东北积雪黑碳含量年际变化

2. 空间变化特征

将 2000～2016 年 12 月、1 月和 2 月黑碳含量空间分布进行叠加平均,即得到 2001～2016 年 12 月、1 月和 2 月东北积雪黑碳含量空间分布图(图 4.6)。2001～2016 年东北 12 月、1 月和 2 月积雪黑碳含量均表现为北高南低的空间分布特征,东北冬季各月黑碳含量有三个高值中心,分别为大兴安岭地区,齐齐哈尔市北部与黑河市南部地区、鹤岗市与佳木斯市地区。其中,12 月、1 月三个高值中心均存在,1 月齐齐哈尔市北部与黑河市南部地区高值中心范围有所缩小,高值中心的积雪黑碳含量均在 1200ng/g 以上;到 2 月,齐齐哈尔市北部与黑河市南部地区高值中心范围继续向北收缩,大兴安岭地区高值区范围急剧缩小成零星分布,且 2 月黑碳含量整体减小。伊春市、葫芦岛市、朝阳市、阜新市和大连市始终是低值区,积雪黑碳含量始终在 900ng/g 以下。

2001～2016 年东北积雪黑碳含量各月变化趋势表现出明显的差异性(图 4.7)。东北北部、中部、东南部(指辽宁和吉林东部)12 月、1 月均为增加趋势,2 月表现为减少趋势;东部三江平原地区 12 月为显著增加趋势,1 月和 2 月表现为减少趋势;中东部各月基本为增加趋势;西南部 12 月、2 月为减少趋势,1 月表现为增加趋势。

2001～2016 年 12 月黑碳含量增加区域和减少区域占东北面积百分比分别为 82.52% 和 17.48%,增加区域是减少区域的 4.72 倍。其中,大兴安岭地区和大连市黑碳含量增加幅度最大;大兴安岭地区、黑河市、鹤岗市中东部、佳木斯市东部、绥化市北部、哈尔滨市、四平市、铁岭市为显著增加区域,占全东北面积的 9.92%;12 月黑碳含量均表现为不显著减少趋势,其中辽宁省西部的葫芦岛市、朝阳市、阜新市和锦州市减少幅度最大,减少幅度在 40～509.60ng/(g·a)。2001～2016 年 1 月黑碳含量增加区域和减少区域占

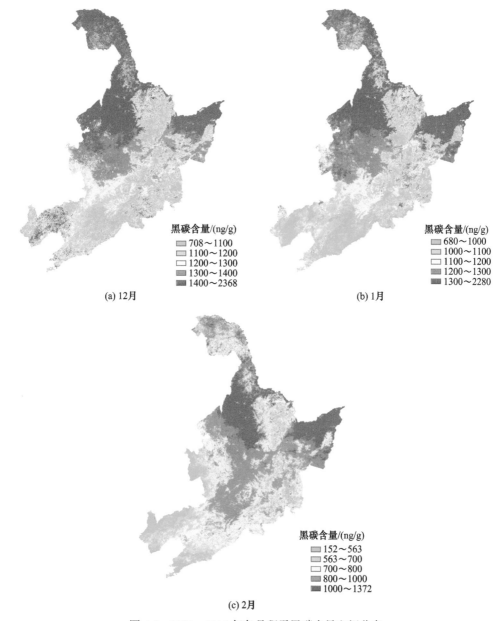

图 4.6　2001~2016 年各月积雪黑碳含量空间分布

东北面积的百分比分别为 82.79%和 17.21%，增加区域是减少区域的 4.81 倍。其中，黑河市、齐齐哈尔市北部、伊春市、鹤岗市西部、哈尔滨市东部为显著增加区域，占全东北面积的 10.60%，减少区域均为不显著减少，集中分布在鹤岗市、佳木斯市、双鸭山市。2001~2016 年 2 月黑碳含量增加区域和减少区域占东北面积的百分比分别为 39.89%和 60.11%，减少区域是增加区域的 1.51 倍。增加区域均为不显著增加，其中牡丹江市西部、延边朝鲜族自治州西部、白山市、通化市、葫芦岛市、朝阳市增加幅度最大，在 30~174.039ng/(g·a)。大兴安岭北部、黑河市北部、牡丹江市东南部、延边朝鲜族自治州东北部为显著减少区域，占全东北面积的 2.02%。

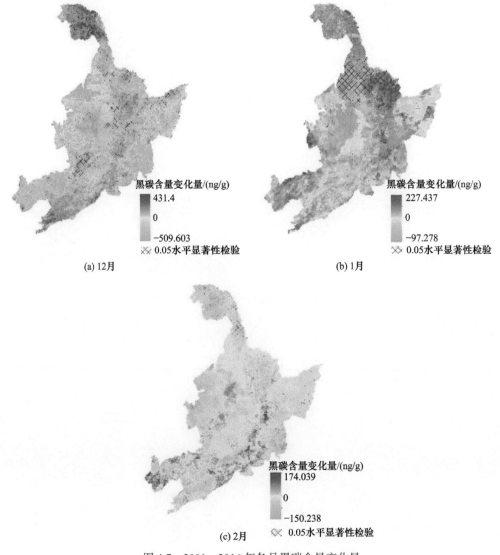

(a) 12月

(b) 1月

(c) 2月

图 4.7　2001~2016 年各月黑碳含量变化量

4.1.7　东北各省份积雪黑碳含量变化分析

2001~2016 年东北三省积雪黑碳含量模拟结果如表 4.3 所示，东北三省中积雪黑碳含量最大的是黑龙江省，平均值为 1100.48ng/g，2001~2016 年其含量范围为 887.51~1232.99ng/g，最大值出现在 2014 年，最小值出现在 2003 年，相差 345.48ng/g；其次为吉林省，年平均值为 960.02ng/g，2001~2016 年其含量范围为 696.56~1114.54ng/g，最大值出现在 2001 年，最小值出现在 2002 年，相差 417.98ng/g，仅 2002 年、2003 年、2006 年、2009 年、2011 年、2012 年这 6 年黑碳含量小于平均值；平均黑碳含量最小的是辽宁省，平均值为 758.26ng/g，2001～2016 年其含量范围为 574.23～994.00ng/g，最大值出现在 2013 年，最小值出现在 2009 年，相差 419.77ng/g。

表 4.3 2001～2016 年东北三省积雪黑碳含量 （单位：ng/g）

年份	黑龙江省	吉林省	辽宁省	年份	黑龙江省	吉林省	辽宁省
2001	1180.03	1114.54	913.48	2010	1126.30	985.48	807.76
2002	946.23	696.56	753.09	2011	1044.71	907.33	702.41
2003	887.51	710.93	652.26	2012	967.49	731.46	622.55
2004	1149.53	984.84	721.55	2013	1191.15	1076.27	994.00
2005	1115.08	1049.27	819.35	2014	1232.99	971.03	698.85
2006	1060.96	954.31	696.32	2015	1164.14	1060.12	968.12
2007	1069.06	1005.78	696.50	2016	1211.82	1096.72	878.36
2008	1137.03	1080.16	633.30	平均值	1100.48	960.02	758.26
2009	1123.57	935.58	574.23				

2001～2016 年东北三省积雪黑碳含量均呈不显著增加趋势，其中黑龙江省增加最多，年增长量为 9.60ng/g，其次为吉林省和辽宁省，年增长量分别为 8.06ng/g、6.12ng/g；相较于 2001 年，2016 年黑龙江省黑碳含量增加 31.79ng/g，增加率为 2.69%；而吉林省和辽宁省黑碳含量均减少，分别减少了 17.82ng/g、35.12ng/g，减少率分别为 1.60%、3.85%；2001～2016 年黑龙江省黑碳含量变异系数最小，为 0.09，相对较稳定，其次吉林省和辽宁省变异系数分别为 0.14、0.16(表 4.4)。

表 4.4 2001～2016 年东北三省积雪黑碳含量变化情况

省份	增长量/(ng/g)	增加率/%	倾向率/[ng/(g·a)]	R^2	Sig 值	变异系数
黑龙江省	31.79	2.69	9.60	0.21	0.07	0.09
吉林省	−17.82	−1.60	8.06	0.08	0.29	0.14
辽宁省	−35.12	−3.85	6.12	0.05	0.39	0.16

统计 2001～2016 年东北地区 3 个省会城市黑碳含量年平均值变化情况(图 4.8)。由图 4.8 可知，3 个省会城市在 2001～2016 年积雪黑碳含量均呈不显著上升趋势，相比长春市[7.91ng/(g·a)]和沈阳市[7.80ng/(g·a)]，哈尔滨市黑碳含量增加速度最快，为 8.12ng/(g·a)，且黑碳年变异系数最小，为 0.109，说明 16 年来哈尔滨市黑碳含量稳定增加。长春市积雪黑碳含量平均值最大，为 1093.40ng/g，其次是哈尔滨市和沈阳市，分别为 1051.79ng/g、864.63ng/g，由于长春市以高耗能的化工和汽车机械为支柱产业，其城市规模和人口也相对较大，黑碳含量均值在 3 个省会城市中最高。2012 年东北整个冬季几乎没有降雪，因此黑碳含量为 16 年来最低。

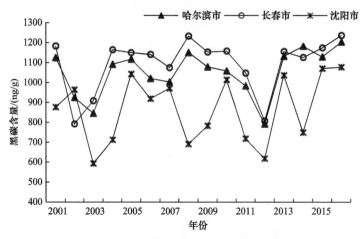

图 4.8　东北地区 3 个省会城市 2001～2016 年黑碳含量平均值

4.1.8　东北积雪黑碳含量分布及变化原因分析

1. 地形对黑碳含量的影响

　　东北积雪中的黑碳主要来源于大气中黑碳气溶胶的干沉降，因此积雪黑碳含量的空间分布差异主要由大气中黑碳气溶胶的空间分布差异决定。吕鑫等(2016)认为，海拔是对黑碳气溶胶含量分布贡献程度最大的因子，其次为人口密度和重工业规模。由于海拔高的地区人口稀疏，没有大规模的重工业生产，加上这些地区地表植被覆盖度高，所以黑碳气溶胶含量水平较低。图 4.9(a)为东北地貌类型，可以看出，东北地区三面环山，西部、北部和东南部为山地丘陵，而中部和东部为平原和台地，因此本章研究中模拟的东北小兴安岭地区、长白山地区、辽东和辽西低山丘陵等地区积雪黑碳含量较低，而东北平原地区由于人口密度大、大规模重工业集聚，因此积雪黑碳含量相对较高。

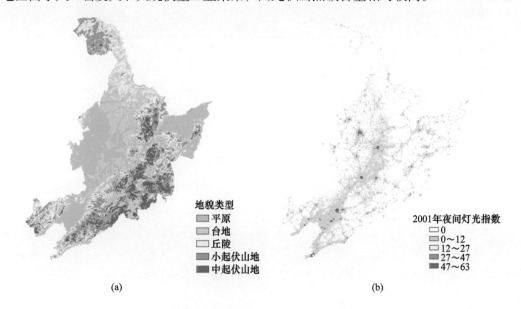

(a)　　　　　　　　　　　　　　　　　　　　(b)

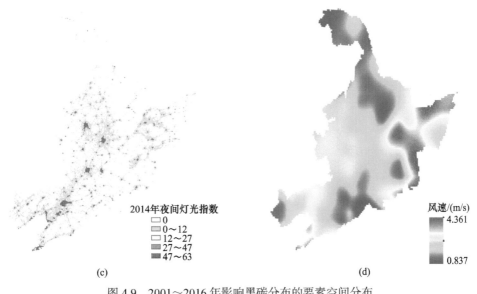

图 4.9 2001～2016 年影响黑碳分布的要素空间分布

2. 人口密度及能源对积雪黑碳含量的影响

东北积雪中的黑碳主要来源于大气中黑碳气溶胶的干沉降，而大气中黑碳气溶胶主要来自化石燃料和生物质燃料的不完全燃烧。图 4.9(b)、4.9(c)分别为 2001 年和 2014 年东北地区夜间灯光指数年均值的空间分布，夜间灯光指数大小可以反映电力消耗量的多少，从而表征城市规模、人口密度和能源使用量等信息。可以看出，2001 年和 2014 年东北地区夜间灯光指数的高值都位于沈阳市、长春市、哈尔滨市、大庆市等地区，呈现明显的带状分布，这说明上述地区是东北三省城市规模大、工业生产集中以及人口密度大的区域，黑碳排放量大导致积雪黑碳含量高。2001～2014 年，齐齐哈尔市北部、黑河市南部和绥化市北部夜间灯光指数明显增大，说明这些区域城市规模扩大，人口密度和能源使用量增加，导致该区域积雪黑碳含量显著增加。

东北地区冬季积雪中黑碳含量呈现北高南低的空间分布形式，除了与地形、工业和人口分布等有关外，与冬季大气稳定度也有关系。当大气层结处于稳定状态时，大气的扩散能力差，污染物不易扩散，反之，污染物容易扩散。本章研究用平均风速表征了近地层大气的层结稳定度。风速越大，大气层结越不稳定，反之，风速越小，大气层结越稳定，即风速与大气污染物的稀释扩散作用成正比。风速越大，大气层结越不稳定，大气的稀释扩散能力越强，落到地面的污染物浓度越小；而风速小则相反，污染物不易扩散，容易形成局部地区的高浓度污染。

图 4.9(d)为 2001～2016 年东北冬季年平均风速，可以看出，东北冬季风速整体偏低，大气层结整体相对稳定，东部地形原因易形成峡谷风，导致风速较大，大气层结较不稳定。黑龙江省中部和北部风速最小，大气层结稳定，加上纬度高冬季气温较低、混合层不高、逆温等天气现象出现频繁，这些气候条件阻碍了黑碳气溶胶的扩散，再加上受地形的影响，黑碳气溶胶不易向外输送而在近地面堆积，通过干沉降进入积雪表层，导致齐齐哈尔市北部、黑河市南部和绥化市北部地区为东北积雪黑碳含量高值中心。

4.2　东北地区积雪中重金属元素含量分布特征及来源分析

4.2.1　试验设计

1. 样本采集

试验针对 2017～2018 年冬季降雪的积累期、稳定期和消融期对整个东北地区进行积雪采样，第一次集中采样时间为 2017 年 12 月 29 日，第二次集中采样时间为 2018 年 1 月 27 日，第三次集中采样时间为 2018 年 3 月 1 日。具体采样方法为在同一时间分批次从不同的出发地通过开车沿途采集季节性积雪，一共收集了约 100 个雪样，每个雪样采集时均记录好采样点所处位置的经纬度，选取采样点的原则是远离当地严重污染源，由于实地采样时各地区积雪分布情况有所不同，部分城市积雪融化速度过快，所以采样点的设置并未严格按照均分原则，收集雪样均采用 Whirl Pak 无菌采样袋，采集时用不锈钢平铲去除表层浮雪，以避免表面污染物的干扰。

对哈尔滨市 39 个采样点进行雪样的采集，采样点基本囊括了哈尔滨市五个区域(松北区、道里区、道外区、南岗区、香坊区)，包括市中心以及不同功能的郊区，保证采样点周围无严重人为污染干扰源，以及保证采样点四周无高大建筑物遮挡，原则上采用等距离法设置采样点，采样时对采样地点经纬度做好记录，具体采样点如图 4.10 所示。

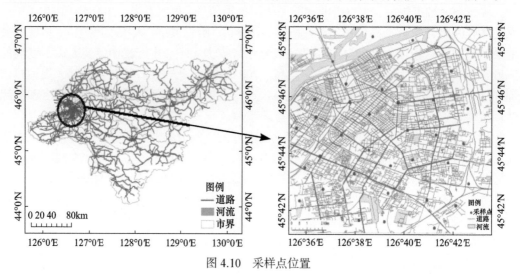

图 4.10　采样点位置

2. 样本预处理

样本采集与预处理过程如图 4.11 所示。在采集东北地区积雪样本时，由于路途遥远，不能及时对样本进行处理，故在采样途中将积雪样本放置在保温箱内，并加入冰袋维持温度，使样本始终保持冷冻状态，采样结束后立即返回实验室，将收集好的积雪样本置于自然状态下融化，将融化后的雪样用含量为 5%的硝酸酸化，并使用抽滤仪对每个积雪样本进行抽滤，以除去样本中的固体颗粒物，抽滤后的样本直接滤入准备好的试管中，试管事先用 10%的盐酸浸泡 24h 后又用 Mlili-Q 超纯水洗涤烘干，将试管中抽滤后的样本用含量为 69%的优级纯硝酸溶液定容至 25ml，在试管瓶壁上贴好标签标明采样点序号，然后全部放入 4℃冰箱里低温保存待测。使用电感耦合等离子体质谱仪(ICP-MS)对积雪样本溶解液进行测定，检测样本中金属元素铬(Cr)、铜(Cu)、锌(Zn)、砷(As)、镉(Cd)、铅(Pb)的含量，检出限 ppb 级，单位微克每升(μg/L)。

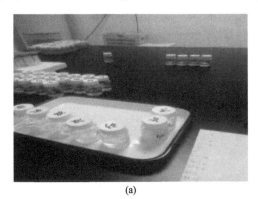
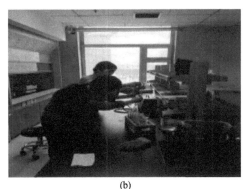

(a)　　　　　　　　　　　　　　　　(b)

图 4.11　样本采集(a)与预处理(b)过程图

3. 样本分析方法

对采集的样本进行分析时我们采用了两种分析方法，分别是相关性分析法以及主成分分析法。采用相关性分析法判断积雪中各金属元素污染来源的相似程度；采用主成分分析法确定各重金属元素的主要污染成因及来源。一般来说，KMO 值在 0～1，当 KMO 值接近 1 且 P 值<0.05 时，意味着变量间的相关性越强，KMO 值越小，则越不适宜做主成分分析。

4.2.2　东北积雪中重金属元素含量分布特征

对 2017～2018 年黑龙江省、吉林省、辽宁省及内蒙古自治区东部地区(以下简称东北地区)积雪中重金属元素 Cr、As、Cu、Zn、Cd、Pb 含量进行测定，结果见表 4.5。表 4.5 中统计了整个东北地区积雪中各重金属元素含量的最大值、最小值、平均值、标准差和变异系数情况。可以看出，不同重金属元素含量值有很大差异，各重金属元素含量由大到小分别为 Zn>Cu>Pb>As>Cr>Cd。其中，Zn 元素含量变化范围最大，在 17～126.80μg/L。Cd 元素含量范围变化最小，在 0.01～1.42μg/L。除元素 Cr 和元素 Cd 标准差低于 1，元素 As 标准差接近 1 外，其他各元素的标准差均较大。此外，各重金属元素的变异系数在 28%～80.21%，说明各元素在雪中分布具有明显的地区性差异，Cu 变异系数最大，说明 Cu 元素在东北地区主要受到人为源的控制。

表 4.5　我国东北地区积雪中重金属元素含量特征

元素	最小值/(μg/L)	最大值/(μg/L)	平均值/(μg/L)	标准差/(μg/L)	变异系数/%
Cr	0.05	3.62	1.25	0.35	28
Cu	0.88	82.37	19.51	15.65	80.21
Zn	17	126.80	61.20	19.01	31.06
As	0.05	5.16	2.43	1.13	46.50
Cd	0.01	1.42	0.50	0.26	52
Pb	3.24	35.59	8.50	4.89	57.52

　　东北地区积雪中重金属元素空间分布特征如图 4.12 所示。在整个东北地区积雪中重金属元素 Cu 和 Pb 分布较为分散,其他元素则呈斑块状分布。但从总体来看,东北经济区各重金属污染高值区分布基本呈现"T"形,主要集中在内蒙古自治区中部、黑龙江省南部、吉林省西北部以及辽宁省北部地区,具体表现为黑龙江省齐齐哈尔市—哈尔滨市—鸡西市以及哈尔滨市—长春市—四平市—铁岭市—沈阳市一带,重金属污染带的分布与东北地区重工业城市的布局基本一致。整个内蒙古自治区东部地区也有重金属元素的分布,但是其分布相对来说比较分散且高值远不如东北三省,故从整体来看污染主要集中在东北经济区的中部和东南部。

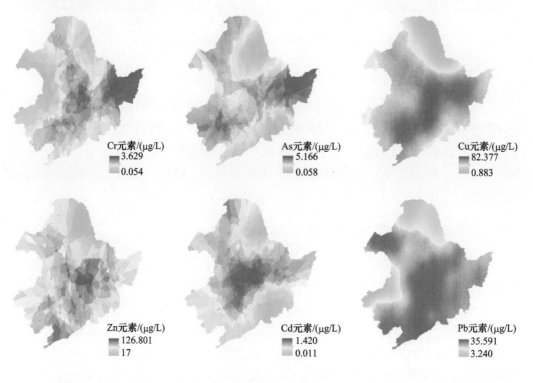

图 4.12　积雪中重金属元素空间分布特征

4.2.3　东北各省份积雪中重金属元素含量分布特征

　　对比东北地区各省份积雪中重金属元素含量平均值(表 4.6),可以看出,所测的大部分重金属元素在黑龙江省的含量大于其他三个省份，其次，在吉林省部分重金属元素污染值也相对高于辽宁省和蒙东地区，辽宁省是东北地区各重金属污染相对较少的省份，而在蒙东地区，仅重金属元素 Cu 和 As 含量平均值在东北地区呈现相对高值，其他元素则呈现相对低值。这说明在东北地区四个省份中，黑龙江省属于重金属污染较严重的省份，其次是吉林省，而辽宁省和蒙东地区则属于污染相对较轻的省份。

表 4.6 东北地区不同省份积雪中重金属元素含量对比 （单元：μg/L）

元素	黑龙江省	吉林省	辽宁省	蒙东地区
Cr	1.37	1.26	1.03	1.17
Cu	20.21	19.14	17.66	19.87
Zn	63.51	62.88	59.45	61.87
As	2.46	2.37	2.29	2.44
Cd	0.61	0.65	0.32	0.42
Pb	8.34	8.66	8.61	7.89

黑龙江省积雪中各重金属元素空间分布效果图如图 4.13 所示，可以看出，在整个黑龙江省，6 种元素均分布较广，含量很高，其中在大兴安岭地区，元素 Cu、Pb 分布较少，含量很低，而其他元素如 Cr、Zn、As、Cd 分布较为集中，几乎分布在黑龙江省西北端漠

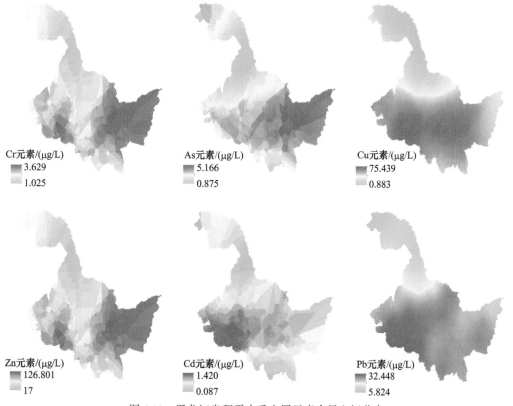

图 4.13 黑龙江省积雪中重金属元素含量空间分布

河市处。在黑龙江省小兴安岭地区，各元素在黑河市均分布较少，但含量逐渐向鹤岗市、伊春市累积。在松嫩平原和三江平原两地各重金属元素均出现了不同程度的富集，其中元素 Cr 和 As 含量在三江平原出现最高值，元素 Cu、Zn、Cd、Pb 含量在松嫩平原出现最高值。

总体来看，在整个黑龙江省，几种重金属元素分布趋势差异较小，大体分布规律为松嫩平原或三江平原重金属元素含量最高，大兴安岭地区含量最低，小兴安岭地区重金属元素含量居中。但各元素含量高值区分布略有差异，其中元素 Cr、As 含量在黑龙江省东北部的鹤岗市、佳木斯市、双鸭山市、鸡西市较高，且元素 Cr 在黑龙江省西南部的大庆市也出现了高值分布，元素 Cu 在黑龙江省出现了两个高值分布区，一个是在黑龙江省西南部大庆市、绥化市，另一个出现在黑龙江省中部哈尔滨市，其他三种元素 Zn、Cd、Pb 均在黑龙江省西南部出现含量高值区。

吉林省积雪中各重金属元素空间分布效果图如图 4.14 所示，可以看出，元素 Cu、Pb 在吉林省分布较为均匀，其他元素呈斑块状分布，说明元素 Cu 和 Pb 在整个吉林省含量变化较小，其他区域元素含量变化较大。其中，元素 As、Cd 在吉林省西北至东南部大体呈现高—较高—低的分布规律，元素 Cr、Cu、Zn、Pb 则在吉林省西北至东南部呈现低—高—低的分布规律。具体表现为元素 Cr、As、Zn 在吉林省北部松原市含量最高，在吉林市南部白山市、延边交界处含量较少，元素 Cd 在吉林省西北部白城市、松原市分布最多，在吉林市东南部通化市、白山市和延边朝鲜族自治州三市分布较少，元素 Cu、Pb 含量在吉林省中部长春市分布最多，在吉林省东部白山市和延边朝鲜族自治州分布较少。总体来说，各重金属元素含量高值区均分布在吉林省西北部以及中部的松原市、长春市、吉林市、四平市等地，低值区则分布在吉林省东南部的延边朝鲜族自治州地区。

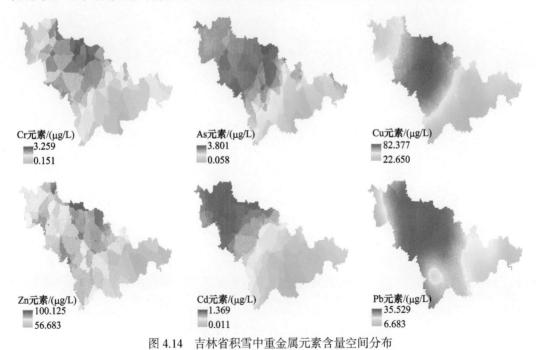

Cr元素/(μg/L)
3.259
0.151

As元素/(μg/L)
3.801
0.058

Cu元素/(μg/L)
82.377
22.650

Zn元素/(μg/L)
100.125
56.683

Cd元素/(μg/L)
1.369
0.011

Pb元素/(μg/L)
35.529
6.683

图 4.14　吉林省积雪中重金属元素含量空间分布

辽宁省积雪中重金属元素空间分布效果图如图 4.15 所示。重金属元素分布在辽宁省各个区域存在较大差异，其中元素 Cr、Cd 在整个辽宁省分布均较少，而元素 As、Cu、Zn、Pb 在整个辽宁省均有显著分布。元素 Cr 含量高值区出现在辽宁省北部阜新市、沈阳市和铁岭市，元素 Cd 含量高值区仅出现在辽宁省北部沈阳市和铁岭市，元素 As 和 Cu 在辽宁省北部及西北部分布均较高，其中最高值均出现在阜新市，而在辽宁省东南部丹东市、本溪市分布较少，元素 Zn 和元素 Pb 含量在整个辽宁省呈现东南部向西北部逐渐递减的趋势，但其高值区却不同，元素 Zn 含量高值区分布在辽宁省南部大连市，元素 Pb 含量高值区则分布在辽宁省中部沈阳市和抚顺市。总体来看，辽宁省的铁岭市、抚顺市、沈阳市、鞍山市是各重金属元素分布的高值区，其次是阜新市和朝阳市。

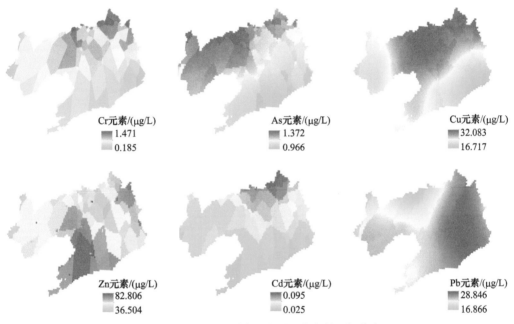

图 4.15　辽宁省积雪中重金属元素含量空间分布

蒙东地区积雪中重金属元素含量空间分布效果图如图 4.16 所示。各重金属元素在蒙东地区分布也具有很大的差异性，四个盟市中，各重金属元素在呼伦贝尔市大体均分布在呼伦贝尔市西部满洲里市、额尔古纳市附近，但在呼伦贝尔市东北部鄂伦春旗、阿荣旗等地各重金属元素含量均较低。而在兴安盟地区，元素 Cr 仅存在于东部乌兰浩特市、扎赍特旗，其他地方几乎没有分布，其他重金属元素在兴安盟基本呈现大面积分布，但分布高值区同样位于兴安盟东部。在通辽市和赤峰市，元素 Cu、As 在整个市区均有分布，并且含量高值区均位于东南部，元素 Cr、Zn、Cd、Pb 在通辽市和赤峰市西北部分布较少，东南部分布较多。总体来看，各重金属元素含量高值区主要分布在蒙东地区东南部和西北部。

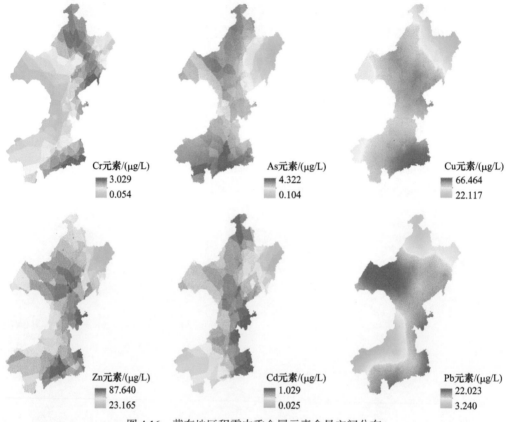

图 4.16　蒙东地区积雪中重金属元素含量空间分布

4.2.4　东北地区主要城市积雪中重金属元素分布特征

东北地区是重要的地理文化区和经济区，主要城市有沈阳市、大连市、长春市、吉林市、哈尔滨市、齐齐哈尔市、呼伦贝尔市、赤峰市等。但各大城市在地理位置、能源发展、工业生产和生活方式等方面有显著差异，导致积雪中各重金属元素含量也有很大区别。图 4.17 显示了不同重金属元素在不同城市的含量分布情况。

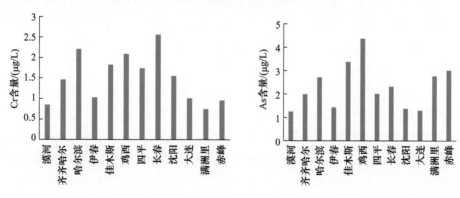

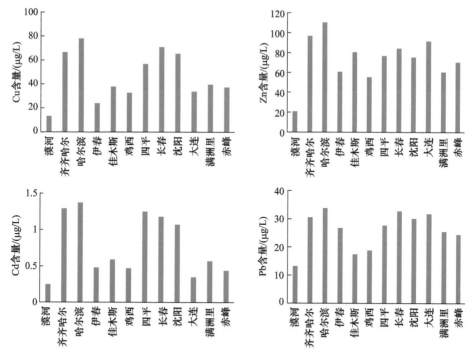

图 4.17　东北地区典型城市积雪中各重金属元素含量对比

从图 4.17 中可以看出，各重金属元素在不同城市含量分布存在很大差异，其中元素 Cr 在东北地区中部重工业城市长春市、哈尔滨市、鸡西市含量较高，在东北地区北部及西北部漠河市和满洲里市含量最低，但总体而言，含量高值和低值相差不大。元素 As 在鸡西市和佳木斯市含量较高，其次是哈尔滨市、赤峰市，而在漠河市、伊春市、沈阳市、大连市较低。元素 Cu 和元素 Cd 在东北三省的省会城市哈尔滨市、长春市、沈阳市含量均较高，其次在齐齐哈尔市、四平市含量也很高，但在漠河市含量较低，且 Cu、Cd 元素在不同城市含量变化差异比较明显。元素 Zn 与元素 Pb 在除漠河市外的其他城市含量均较高，与其他元素不同的是，元素 Zn 和 Pb 在大连市也显著富集，其含量甚至超过辽宁省省会沈阳市。总体来看，各重金属元素含量在不同城市差异大体一致，在黑龙江省省会城市哈尔滨市、重工业城市齐齐哈尔市、吉林省省会长春市、矿产资源城市四平市各金属元素一般显著富集，含量较高，而在伊春市、漠河市以及大连市各金属元素含量一般较低。

4.2.5　东北积雪中各重金属元素来源分析

1. 东北地区各重金属元素相关性分析

东北地区采样点积雪中各重金属元素含量之间的相关性分析结果见表 4.7。结果表明，在东北地区，存在极显著正相关的重金属元素有 Cr 和 Cu、Cr 和 Zn、Cr 和 Pb、Cu 和 Zn、Cu 和 As、Cu 和 Pb、Zn 和 Cd、Zn 和 Pb、As 和 Pb，说明几种元素污染源可能相同并且在产生或运输过程中这些元素可能也会相互影响。而元素 Cr 与元素 Cd 存在显著正相关，相关系数为 0.18，即具有中等程度的关联，说明二者来源可能存在一定的相似性。经过分析发现，东北地区各重金属元素相互之间大部分存在显著或极显著相关关系，说明各重金属元素污染源均有一定程度的关联。

表 4.7　我国东北地区积雪中 6 种重金属元素相关性

元素	Cr	Cu	Zn	As	Cd	Pb
Cr	1					
Cu	0.23**	1				
Zn	0.35**	0.26**	1			
As	0.14	0.25**	0.15	1		
Cd	0.18*	−0.03	0.27**	0.04	1	
Pb	0.48**	0.36**	0.35**	0.32**	−0.01	1

*表示通过概率水平为 0.05 的显著性检验；**表示通过概率水平为 0.01 的显著性检验。

2. 东北地区重金属元素间的主成分分析

东北三省及蒙东地区因地理位置、能源矿产资源分布、经济发展方式的不同，其污染格局存在差异。本章研究采用主成分分析法，分别对黑龙江省、吉林省、蒙东地区所采集的积雪样本进行分析(辽宁省因冬季气温较高、积雪融化速度过快导致 2017 年积雪样本过少，从而无法支撑主成分分析)，以此来推测各省份之间重金属污染的来源差异。三个地区主成分分析中的 KMO 系数和巴特利球形检验值均大于 0.65，以及通过了巴特利球形检验 P 值<0.01，说明各变量间具有相关性，适宜做因子分析。

表 4.8 为黑龙江省、吉林省、蒙东地区主成分分析结果，采用累计方差百分比一般要求大于 85%进行主成分选取。

表 4.8　各地区积雪中金属元素特征值和方差贡献率

成分	初始特征值(黑龙江省)			初始特征值(吉林省)			初始特征值(蒙东地区)		
	特征值	方差/%	累计/%	特征值	方差/%	累计/%	特征值	方差/%	累计/%
1	3.75	62.46	62.46	3.10	51.63	51.63	3.03	50.51	50.51
2	1.02	16.93	79.39	1.18	19.63	71.27	1.11	18.46	68.97
3	0.69	11.55	90.94	0.92	15.32	86.59	0.99	16.48	85.45
4	0.28	4.70	95.64	0.42	6.95	93.54	0.54	8.97	94.42
5	0.19	3.23	98.87	0.25	4.15	97.69	0.21	3.42	97.85
6	0.07	1.13	100.00	0.14	2.31	100.00	0.13	2.16	100.00

如表 4.8 和表 4.9 所示，黑龙江省第一主成分的贡献率为 62.46%，远远高于其他因子，这说明第一主成分对黑龙江省重金属污染起决定性的作用，其中载荷数(累计特征值)>0.5 的元素有 Cr、Cu、Cd、Pb，也就是说第一主成分主要由这四种元素构成。元素 Cu、Cr、Pb 和 Cd 来源于以加工类、制造类、生产类为主的工厂污染。黑龙江省第二主成分的贡献率为 16.93%，主要为 Cu 和 Zn，推测两种重金属排放是黑龙江省矿产资源丰

富、矿产资源的开发利用所致。第三主成分贡献率为 11.55%，其中元素 As 具有特别高的正载荷，As 主要来源于煤炭燃烧，所以黑龙江省重金属污染第三主成分为以提供给居民供暖为主的燃煤尘。总体来看，黑龙江省积雪中重金属大部分来源于以冶炼金属、钢铁制造、矿产采集为主的工业污染以及以燃煤排放为主的生活污染。

表 4.9　黑龙江省积雪中重金属元素成分矩阵

元素	原始成分			最大方差旋转后成分		
	1	2	3	1	2	3
Cr	0.91	−0.02	−0.20	0.88	0.30	−0.03
Cu	0.86	−0.09	0.23	0.61	0.65	−0.03
Zn	0.70	−0.13	0.66	0.25	0.94	0
As	0.04	0.99	0.14	0.03	−0.01	1.00
Cd	0.92	0.11	−0.21	0.90	0.28	0.10
Pb	0.92	0.04	−0.31	0.95	0.21	0.01

　　如表 4.8 和表 4.10 所示，吉林省第一主成分的贡献率为 51.63%，第一主成分中载荷数较大的金属元素有 Cr、Zn、Cd 和 Pb，四种元素均来源于化学制造业污染，同时元素 Zn 和 Pb 也是交通运输业的标志性元素，故与黑龙江省略有不同的是，吉林省重金属污染第一主成分除工业来源外，还包括交通运输业等人为来源。吉林省第二主成分贡献率为 19.63%，仅由 Cu 元素构成。Cu 元素主要来源于金属冶炼，故第二主成分为以金属冶炼为主的工业制造业。与黑龙江省相同的是，吉林省第三主成分也仅由元素 As 构成，第三主成分贡献率为 15.32%，所以煤炭污染源也代表了吉林省第三主成分。吉林省积雪中重金属污染最主要的来源是工业生产，其次是交通运输业和燃煤业。

表 4.10　吉林省积雪中重金属元素成分矩阵

元素	原始成分			最大方差旋转后成分		
	1	2	3	1	2	3
Cr	0.79	−0.09	−0.34	0.72	0.39	−0.29
Cu	0.29	0.66	−0.66	0.08	0.97	0.13
Zn	0.90	−0.14	0.06	0.90	0.07	−0.09
As	0.01	0.84	0.49	0.01	0.12	0.97
Cd	0.92	−0.03	0.10	0.92	0.11	0.02
Pb	0.87	0.02	0.35	0.91	−0.07	0.21

　　如表 4.8 和表 4.11 所示，蒙东地区第一主成分贡献率为 50.51%，较黑龙江省、吉林省略少，但仍在蒙东地区重金属污染中起决定性作用。与吉林省一致的是，蒙东地区第一主成分载荷数较大的元素也为 Cr、Zn、Cd 和 Pb，证明蒙东地区第一主成分也由工业源和交通源组成，同时元素 Cr、Cu 在第二主成分里载荷数也较大，表明第二主成分主要由金属部件生产、工业机械制造等构成。蒙东地区第三主成分仍由元素 As 构成，贡献率

为 16.48%，故蒙东地区与吉林省基本一致，积雪中重金属污染主要来源于工业生产、交通运输和燃煤污染。可以看出，三个省份积雪中重金属污染均在较大程度上由工业生产导致，其次交通运输业和生活污染也是重金属污染的主要来源。

表 4.11　蒙东地区积雪中重金属元素成分矩阵

元素	原始成分			最大方差旋转后成分		
	1	2	3	1	2	3
Cr	0.73	0.41	0.17	0.62	0.58	0.09
Cu	0.25	0.90	−0.11	−0.02	0.94	−0.08
Zn	0.91	−0.08	0.12	0.90	0.17	−0.02
As	−0.25	0.05	0.95	−0.10	−0.05	0.98
Cd	0.91	−0.26	0.13	0.95	0	−0.02
Pb	0.85	−0.24	−0.10	0.86	0	−0.24

4.3　东北地区积雪中汞元素的分布特征分析

4.3.1　东北积雪中汞的空间分布

东北积雪中总汞浓度范围为 3.9～160.9ng/L，平均值为(24.0±23.5)ng/L(n=95)，略高于中国东北河水中的汞浓度(17.2±11.0)ng/L(Luo et al., 2014)。与全球不同地区积雪中汞浓度的对比(表 4.12)发现，本节研究的东北积雪总汞浓度高于青藏高原南部冰川表层雪(Sun et al., 2018)和南极、北极 Ny-Ålesund 地区的表层雪(Berg et al., 2003; Larose et al., 2010)，低于北极巴罗地区表层雪(Brooks et al., 2008; Johnson et al.,2008)，与青藏高原中部、东南部冰川表层雪(Paudyal et al., 2017, 2019)以及高纬度地区法国阿尔卑斯山基本相当(Ferrari et al., 2002)，同时亦高于欧洲和北美洲地区(Nelson et al., 2008; Siudek et al., 2014; Susong et al., 2003)，表明中国东北地区积雪中汞浓度可能受到当地人为源排放的显著影响。颗粒态汞为积雪中汞最主要的形态(图 4.18)，其所占比例可达到 73%±21%，同时与总汞呈现出显著正相关(R^2 = 0.98, P < 0.01, n=50)，该结果与前人对青藏高原冰川表层雪与降水的研究结果相似(Huang et al., 2015; Zhang et al., 2012)。同时，对哈尔滨市区积雪汞形态分析发现，颗粒态汞所占比例为 86.5%(表 4.13)且浓度高于农村地区，表明城市地区颗粒态汞的沉降通量高于农村地区。不同于颗粒态汞，中国东北积雪中溶解态汞与总汞无明显相关性。本节研究中积雪总汞浓度高于前人对中国东北河水中汞的研究结果，这可能是由于溶解态汞更易随融水向下游迁移，相当一部分颗粒态汞可滞留在积雪与其下部土壤中。积雪中活性汞占总汞的百分比为 19%±15%，同时哈尔滨市与农村地区积雪中活性汞浓度均出现高值，表明城市和农村地区的大气活性汞净沉降通量相当。

表 4.12　本节研究的积雪总汞浓度及与其他研究的对比

地点	时间	样品类型	总汞		来源
			样品数	平均值(范围)/(ng/L)	
中国东北(黑龙江和内蒙古东北部)	2018.12~2019.2	积雪(表层雪)	95	24.0±23.5	本节研究
中国东北(黑龙江、吉林、辽宁和内蒙古北部)	2017.12~2018.1	积雪	86	50.1(1.1~168.3)	Niu H 等 (2020)
中国东北(吉林和黑龙江南部)	2011~2013 年	河水	42	17.2±11.0	Luo 等 (2014)
Alps, French	1998~2000 年	积雪	14	61(13~130)	Ferrari 等 (2002)
Baltic Sea, Poland	2008 年冬季、2009 年冬季	城市沿海地区积雪	113	8.6(2.7~22.5)	Siudek 等 (2014)
Idaho, U.S.	1999.12~2000.3	城区积雪	95	0.89~16.61	Susong 等 (2003)
Maine, U.S.	2004.12.15~2005.3.16	有混合植被覆盖	72	9.86±0.98	Nelson 等 (2008)
McMurdo, Ross Island, Antarctic	2003.10.29~2003.11.14	内陆表层雪	14	67±21	Brooks 等 (2008)
Dome F traverse, Antarctic	2007.11.14~2008.1.19		44	0.4~10.8	Han 等 (2011)
Zhongshan Station to Dome A, Antarctic	2012.12.16~2013.1.5	表层雪	66	1.6±1.9	Li 等 (2014)
Barrow, Arctic	2003.4.5~2003.4.8		5	132.0±52.9	Brooks 等 (2006)
	2006.3.13~2006.4.4	空旷地带积雪	29	103(4~240)	Johnson 等 (2008)
	2005.3.23~2005.4.1	近海，AMDEs	—	64.7±41.4	Douglas 等 (2008)
		近海，无 AMDEs	—	40.7±17.5	
Ny-Ålesund, Arctic	2000.3.15~2000.6.1		10	10.5(0.2~38)	Berg 等 (2003)
	2008.4.16~2008.6.8	表层雪	26	14.2(0.9~90)	Larose 等 (2010)
青藏高原中部	2015.5~2015.10		212	30.57(1.07~246.93)	Paudyal 等(2017)
青藏高原南部	2016.4	细粒雪	19	19.1±16.5	Sun 等 (2018)
	2011.8~2011.9	新降雪	31	0.7±0.2	

注：Alps, French：阿尔卑斯，法国；Baltic Sea, Poland：波罗的海，波兰；Idaho, U.S.：爱达荷州，美国；Maine, U.S.：缅因州，美国；McMurdo, Ross Island, Antarctic：麦克默多，罗斯岛，南极；Dome F traverse, Antarctic：富士圆顶，南极；Zhongshan Station to Dome A, Antarctic：中山站到圆顶 A，南极；Barrow, Arctic：巴罗，北极；Ny-Ålesund, Arctic：新奥勒松，北极。AMDEs 指大气汞耗竭事件。

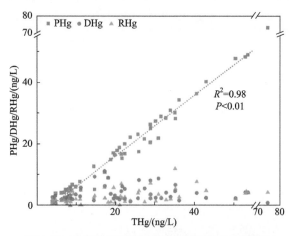

图 4.18　中国东北积雪中不同形态汞的浓度分布

PHg，颗粒态汞；DHg，活性汞；RHg，溶解态汞；THg，总汞，下同

表 4.13　中国东北不同采样点积雪中不同形态汞的浓度

采样点		样品数	THg/(ng/L)	RHg/(ng/L)	DHg/(ng/L)	PHg/(ng/L)	PHg/THg/%
黑龙江省气象站(城镇)		43	26.3±26.8	2.8±1.9	3.5±1.8	19.9±16.3	75.6
乡村	林地	10	20.8±10.6	4.1±3.2	3.8±1.5	17.0±10.6	76.9
	草地	7	13.8±7.5	3.2±1.8	6.6±3.8	7.2±5.0	51.7
哈尔滨市		35	25.5±21.5	8.1±8.9	2.8±3.2	23.4±19.9	86.5

东北地区积雪中不同形态汞的空间分布如图 4.19 所示，其分布主要呈现南高北低的特征，黑龙江省内城镇地区的积雪总汞浓度高于大兴安岭地区，这与前人研究结果相似(Niu Z Y et al., 2020)，不同颗粒态汞积雪中溶解态汞的分布无明显的空间差异，这进一步表明大气颗粒态汞的干湿沉降作用主导了积雪中汞的浓度。由全球大气汞排放清单(Global Emissions EDGARv4.tox2，https://edgar.jrc.ec.europa.eu)可知，中国东北地区的工业发电和供热/供暖是大气汞的两个主要的人为源，且城镇地区大气活性汞与颗粒态汞的浓度较高。据统计，2012 年黑龙江省人为排放到大气中的汞有 75.1%来源于煤炭燃烧。积雪中汞的空间分布与大气汞排放格局基本吻合，尤其是齐齐哈尔市等邻近重工业城市的积雪总汞浓度较高。因此，局地人为排放源很可能是影响中国东北地区积雪汞分布的主要因素。前人研究表明，城镇地区大气中颗粒态汞主要来源于燃煤和矿物粉尘，而在冬季时燃煤的影响变得尤为显著，且大气汞的沉降过程以颗粒态汞的干沉降为主 (Fang et al.,2001)。将大气汞排放清单与积雪中不同形态汞的空间分布进一步对比发现，积雪汞浓度较高值并不一定出现在排放源点，而是分布在其周边地区。这表明局地气候条件可影响大气汞的沉降过程，局地人为排放源和汞光化学转化都是影响颗粒态汞传输与沉降的重要因素(Tang et al.,2019)。此外，由于积雪会接收来自上部冠丛的汞沉降，有植被遮蔽的积雪中汞的再释放过程减弱 (Agnan et al.,2016; Laacouri et al.,2013)，林地积雪总汞浓度高于草地(或耕地)，表明植被(树冠)可影响大气–地表汞的交换(Sun et al.,2020)，进而

影响积雪中汞的分布。

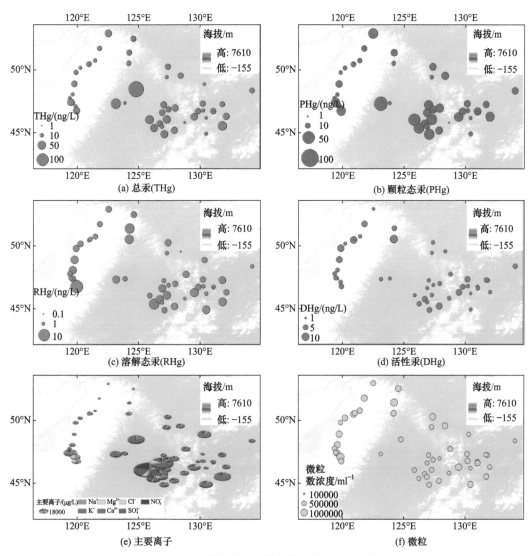

图 4.19　积雪中汞、主要离子和微粒的空间分布

　　由不同采样点积雪中汞浓度的标准差可知(表 4.14)，东北地区积雪中总汞和颗粒态汞的空间分布差异性较大。而颗粒态汞和活性汞可由人为源直接排放，且东北地区地势较为平坦，冬季盛行西北风，因此积雪中汞的分布可能在很大程度上受局地人为排放源的影响。把 2019 年 1 月的所有采样点按不同地理位置可划分为四个区域，即松嫩平原包括哈尔滨、绥化、齐齐哈尔及其下属的地区(巴彦、双城、五常、尚志、阿城、龙江、讷河、铁力和肇东)，其积雪中总汞的平均浓度为 44.0ng/L(n=16)，远高于东北地区积雪汞的平均值，这与前人研究的东北城镇地区的积雪总汞浓度基本相当(Niu Z Y et al., 2020)，其活性汞和溶解态汞的浓度分别为 3.6ng/L、3.8ng/L，同时颗粒态汞浓度亦较高(29.5ng/L)；同为平原的黑龙江东部三江平原(佳木斯、汤原、抚远、富锦、宝清、集贤、鹤岗和绥滨)积

雪中总汞的平均浓度为 18.7ng/L(n=10)，活性汞、溶解态汞和颗粒态汞的浓度分别为
2.2ng/L、3.8ng/L 和 15.0ng/L，明显低于黑龙江南部的松嫩平原地区，表明汞的环境暴露
风险相对较低；大兴安岭地区的积雪汞浓度(THg=19.5ng/L，n=9)略高于小兴安岭地区
(THg=14.0ng/L，n=7)，同时活性汞和溶解态汞的浓度亦相对较高。这表明可能受到降水
差异的影响，大兴安岭地区更靠西北会率先接受西伯利亚南下的冷空气影响，发生较多
的大气汞干湿沉降，同时其也可能受到植被覆盖度的影响，由于大兴安岭植被茂盛，大
型的树冠可抑制积雪中汞向大气的再释放作用，因此在中纬度地区林地积雪的大气汞沉
降通量往往高于裸地 (Nelson et al., 2008)。从整体上来看，1 月东北平原地区的积雪总汞
浓度(33.9ng/L，n=26)明显高于山地(林地/草地，18.2ng/L，n=31)，而二者的活性汞和溶解
态汞的浓度基本相当(3.0～3.9ng/L)，颗粒态汞浓度相差较大(分别为 23.4ng/L 和
13.5ng/L)，表明大气颗粒态汞浓度的空间差异可能主导积雪汞的空间分布。同时，平原地
区相对于山地，其边界层较为稳定，周围拥有丰富的人为源，也更易于发生大气汞的沉
降作用。

表 4.14　哈尔滨市积雪中不同形态汞的浓度

采样时间	样品数	总汞/(ng/L)		溶解态汞/(ng/L)		活性汞/(ng/L)		颗粒态汞/(ng/L)	
		平均值	标准差	平均值	标准差	平均值	标准差	平均值	标准差
2018 年 12 月 31 日	10	33.7	26.5	6.8	6.1	2.7	1.8	31.1	25.3
2019 年 1 月 7 日	9	15.4	10.4	7.5	3.4	2.1	1.5	13.9	10.4
2019 年 1 月 16 日	12	28.0	23.5	9.1	13.9	3.4	5.0	24.5	19.5

通过对哈尔滨市冬季积雪中不同形态汞进行分析，得到总汞的空间分布特征为，中
心城区的浓度相对较低，高值通常出现在松北区和香坊区(图 4.20)，由于哈尔滨市的工业
区主要分布在香坊区，局地人为排放源很可能是其积雪中总汞浓度较高的主要原因，而
松北区作为哈尔滨市的新区仍在兴建中，其积雪总汞浓度较高可能是受到大量交通运输
的影响，也可能是受到来自西北方向重工业城区大气汞传输的影响。在哈尔滨市的三次
采样期间，平均气温低于-10℃，采样当天无降雪事件，天气为多云，地表风速较低。对
比哈尔滨市区三环以内积雪中不同形态汞的浓度可以发现，2019 年 1 月 7 日采集的积雪
总汞浓度较 2018 年 12 月 31 日有所降低(表 4.14)，且以颗粒态汞浓度降低为主，这很可
能是临近春节人为排放减弱以及采样地点的差异所致。当地时间 1 月 15 日发生降雪(小
雪)，而后 1 月 16 日、17 日积雪汞浓度有所增加，尤其是颗粒态汞的浓度表明冬季的降
雪具有重要的大气汞清除作用。

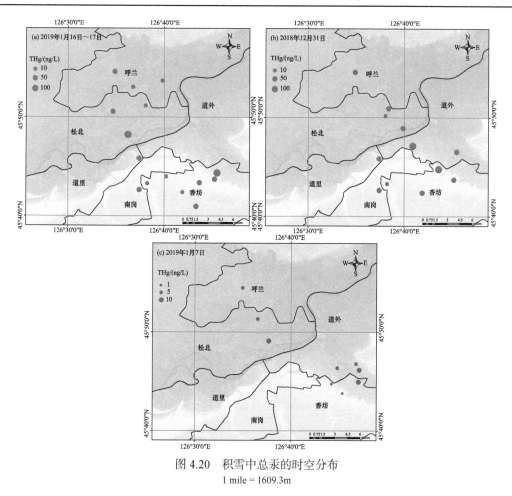

图 4.20　积雪中总汞的时空分布
1 mile = 1609.3m

4.3.2　东北积雪中汞的潜在来源分析

中国作为全球煤炭消费大国，是全球人为源大气汞排放最主要的贡献者之一(Zhang L et al., 2015)。中国东部地区人为源大气汞的排放量远高于自然源(Wang et al., 2014)，同时根据全球大气汞排放清单(EDGARv4.tox2_S1&S3，https://edgar.jrc.ec.europa.eu)可知，由于中国东北地区冬季住宅供暖的需求，当地的煤炭燃烧(如火力发电)是人为排放大气汞的主要来源(Liu et al., 2018; Zhang Y L et al., 2015)。前人在中国东北典型大城市长春的研究表明，冬季的住宅供暖是大气颗粒态汞的主要排放源(Fang and Wang, 2004)。由于燃煤产生的汞主要以活性汞和颗粒态汞的形式排放到大气中，且它们在大气中的滞留时间较短，稳定性弱于气态单质汞，因此燃煤被认为是重要的局地源(Fu et al., 2012)。在城镇地区，大气颗粒态汞的沉降通量和积雪中颗粒态汞的浓度可以作为衡量煤炭燃烧源汞的指标(Talovskaya et al., 2019)。根据中国东北的大气汞排放清单，大气中高浓度的颗粒态汞和氧化汞主要分布在哈尔滨、齐齐哈尔等重工业城市附近，这表明人类活动对区域大气汞浓度会产生影响。由于煤炭是中国的主要能源之一，冬季由火力发电和居民供暖燃烧产生的汞是颗粒态汞最主要的来源(Huang et al., 2020)。中国东北积雪中总汞与颗粒态汞呈显著正相关，且在城镇地区积雪中活性汞浓度与总汞及颗粒态汞显著相关($r > 0.5$，$P <$

0.01，*n*=41)，结合燃烧源汞的排放清单可知，局地人为源汞的排放对积雪中汞空间分布具有潜在影响。

积雪中汞与主要离子及微粒的相关性分析(表 4.15)结果表明，总汞浓度与微粒数浓度无明显相关性，这不同于青藏高原地区(Zhang et al., 2019)，表明微粒的数量不是主导汞浓度分布的因素。中国东北地区冬季盛行西北风，而微粒与 Na^+ 具有一定的相关性，表明其在积雪中的分布可能受到来自西伯利亚和北冰洋的海盐气溶胶的影响。积雪中的总汞与 Ca^{2+} 和 K^+ 均呈现显著正相关($r>0.5$，$P<0.01$，n=58)，且 K^+ 为生物质燃烧的重要标志物(Li et al., 2003)，而 Ca^{2+} 为矿物粉尘的重要标志物(Zhang Z F et al., 2015)，这表明中国东北地区积雪中汞的空间分布既受到当地人类活动(燃烧)的影响，也受到大气矿物粉尘传输的影响。同时，积雪中颗粒态汞与 K^+、Mg^{2+} 和 Ca^{2+} 均具有一定的相关性，表明大气颗粒态汞除了与粉尘结合而沉降外，还可能直接来源于生物质燃烧。积雪中活性汞与 Mg^{2+} 和 SO_4^{2-} 具有一定的相关性($r=0.30$，$P<0.05$，n=58)，表明积雪中的活性汞既有人为源(化石燃料燃烧产生)也有土壤粉尘源，尤其是大兴安岭地区的活性汞与 K^+、Mg^{2+}、Ca^{2+} 和 SO_4^{2-} 均显著正相关($r>0.5$，$P<0.05$，n=14)，这表明在东北非城镇地区的积雪中活性汞主要来源于燃烧和大气粉尘的远距离传输。此外，工业区的 SO_4^{2-} 与 NO_3^- 浓度比值(即 SO_4^{2-}/NO_3^-)能够反映人为排放源的影响强度，比值越高表明人为源的影响越大(Wang et al., 2015)，而在城镇地区积雪中 SO_4^{2-}/NO_3^- 与总汞浓度显著正相关($r=0.82$，$P<0.01$，n=43)，这表明城镇地区积雪中的汞主要受到当地人为排放源的强烈影响。

表 4.15　中国东北积雪中汞与主要离子和微粒的皮尔逊相关性

	颗粒态汞	溶解态汞	活性汞	Na^+	K^+	Mg^{2+}	Ca^{2+}	Cl^-	SO_4^{2-}	NO_3^-	微粒
总汞	0.99**	0.43**	0.10	0.16	0.60**	0.23	0.53**	0.02	0.14	0.07	−0.06
颗粒态汞		0.39**	−0.06	0.02	0.46**	0.30*	0.31*	0.07	0.25	0.26	−0.19
溶解态汞			0.21	0.25	0.21	0.30*	0.22	0.24	0.30*	0.24	0.23
活性汞				0.09	0.05	0.08	−0.12	−0.02	−0.01	−0.07	0.18
Na^+					0.31*	0.32*	0.29*	0.91**	0.35**	0.24	0.30*
K^+						0.57**	0.82**	0.27*	0.60**	0.63**	−0.16
Mg^{2+}							0.69**	0.29*	0.65**	0.69**	−0.04
Ca^{2+}								0.22	0.62**	0.66**	−0.17
Cl^-									0.43**	0.36**	0.24
SO_4^{2-}										0.88**	−0.14
NO_3^-											−0.24

*表示通过概率水平为 0.05 的显著性检验；**表示通过概率水平为 0.01 的显著性检验。

由于排放到大气中的人为源活性汞较易与大气颗粒物结合(Fang and Wang, 2004)，局地人为源汞(尤其是活性汞)的远距离传输作用是导致中国东北部偏远地区大气汞污染的关键因素(Liu et al., 2019)。通过对积雪中主要化学组分的主成分分析得到三个主成分(表 4.16),其中第一主成分中主要有代表矿物粉尘源的 Ca^{2+}、Mg^{2+},人为源的 NO_3^-、SO_4^{2-} 和生物质燃烧源的 K^+,以及颗粒态汞,表明积雪中的颗粒态汞主要来源于燃烧及与矿物粉尘结合形成的颗粒态汞。第二主成分则主要由 Na^+、Cl^-(海盐示踪剂)和微粒构成,表明积雪中微粒的浓度与海盐微粒的远距离传输密切相关,而其对颗粒态汞浓度的影响不大,表明微粒浓度可能不是影响中国东北积雪中颗粒态汞分布的主导因素。由于颗粒态汞在大气中的滞留时间相对较短(Wan et al., 2009),人为源排放的颗粒态汞可由大气湿沉降作用直接清除或吸附在颗粒物上经干沉降至地表。在中国东北人为排放汞较高的地区,汞更易与颗粒物结合,进而导致积雪中颗粒态汞的浓度较高。第三主成分主要包含活性汞、溶解态汞、微粒以及部分颗粒态汞,表明中国东北积雪中活性汞和溶解态汞的分布亦受到微粒浓度的影响,即来自西北方向的大气汞远距离传输的影响,此外也表明大气汞的湿沉降过程以活性汞和溶解态汞为主(Agnan et al., 2018),同时包含一定量的颗粒态汞。

表 4.16　中国东北积雪中各组分的主成分分析

组分	主成分 1	主成分 2	主成分 3
Ca^{2+}	0.94	0.14	−0.03
NO_3^-	0.92	0.11	−0.07
SO_4^{2-}	0.89	0.21	0.00
K^+	0.85	0.04	0.08
Mg^{2+}	0.77	0.20	0.21
颗粒态汞	0.50	−0.27	0.45
Na^+	0.26	0.90	0.07
Cl^-	0.33	0.87	−0.01
微粒	−0.39	0.56	0.39
溶解态汞	0.27	0.15	0.78
活性汞	−0.12	0.05	0.63
方差/%	40.9	19.2	12.9
累计/%		73.0	

4.4　东北地区典型城市积雪污染及其对消融的影响

4.4.1　试验设计

1. 样本采集

对 2018 年哈尔滨市冬季整个积雪期进行积雪样本采集,采样时间为 2018 年 12 月~2019 年 3 月。2018 年 12 月 24 日哈尔滨市首次降雪,自初雪期起每隔 15d 采样一次,整个积雪期进行 6 轮采样,共收集样本 120 个。根据黑龙江省气候中心获取的哈尔滨市

2016～2019 年降雪量数据可知，哈尔滨市 2018 年冬季降雪量为 34.4mm，通过对 1961～2019 年哈尔滨市冬季降雪量数据检验可以得到，哈尔滨市 2018 年降雪量属于正常范围，为非异常值，因此，以 2018 年冬季的积雪样本进行积雪中吸光性物质对积雪消融的影响研究具备一定的代表性。

　　哈尔滨市主城区内从北向南等距选取 20 个采样点(表 4.17)，贯穿哈尔滨市呼兰区、松北区、道里区、道外区、南岗区、香坊区和平房区七个人口密集区域。本节研究进一步将哈尔滨市内部划分为三个功能区进行研究，分别为农林区、居民区和工业区。功能区划分原则为农林区远离人口密集区 3km 以上，保证不受道路、工业、居民活动等影响；居民区为城市居民生活区，保证 3km 范围内没有工业污染；工业区为哈尔滨市化工路周围，工业化程度较高，是哈尔滨市内典型的工业区。

表 4.17　采样点分布

采样点	经度(°E)	纬度(°N)	功能区	采样点	经度(°E)	纬度(°N)	功能区
1	126.54	45.83	农林区	11	126.68	45.70	居民区
2	126.56	45.78	农林区	12	126.70	45.73	居民区
3	126.59	45.75	农林区	13	126.72	45.73	居民区
4	126.58	45.74	农林区	14	126.73	45.73	居民区
5	126.61	45.73	农林区	15	126.73	45.74	居民区
6	126.61	45.71	居民区	16	126.73	45.75	工业区
7	126.62	45.71	居民区	17	126.61	45.88	工业区
8	126.64	45.72	居民区	18	126.63	45.85	工业区
9	126.67	45.71	居民区	19	126.58	45.91	工业区
10	126.71	45.69	居民区	20	126.66	45.89	工业区

　　采样时，保证双手清洁并带上一次性塑料手套，用干净的铲子从积雪表面 5cm 处收集表面积雪，另外采样时注意不采集树叶等杂物。雪样存放在 Whirl Pak(2L)标准无菌袋中，所有雪样保持冻结状态，直到在实验室将其过滤。采样过程中，使用钢尺测量积雪深度，每个采样点测量 3 次，取平均值。用分层密度铲测量密度，利用长、宽和高分别为 10cm、5cm 和 5cm 的积雪密度器盛满积雪，用天平测量积雪质量，然后用雪样质量除以样品体积来计算积雪密度。使用高倍拍照显微镜(Anyty，艾尼提)及雪粒径板(中国科学院西北生态环境资源研究院研制)观测积雪粒径大小，测量精度为 0.1mm，观测后记录各指标值。

2. 样本测量方法

　　(1) 积雪中黑碳(BC)含量的测定方法：本节研究采用热光法测量积雪中 BC 的浓度，通过 DRI Model 2015 多波段热光碳分析仪进行，该仪器由美国沙漠研究所研制，其基于热学和光学方法定量分析滤膜上沉积的 BC 在不同温度和环境下对应的碳组分。DRI

Model 2015 多波段热光碳分析的工作原理是对 BC 在不同温度和环境条件下进行氧化分析。分析时，选取 $0.5cm^2$ 面积的滤膜，依据升温协议进行升温。C 在无氧环境下由低温逐步升温 580℃，并且散逸出来，BC 则在含 2%氧气的氧化环境中逐步升温散逸。散逸出来的 C 被加热氧化为 CO_2(催化剂为 MnO_2)，并通过非分散红外线(NDIR)检测器进行定量检测。

(2) 积雪中矿物粉尘(MD)含量的测定方法：在 23℃的实验室中，将积雪样本自然融化，立即使用电子真空泵过滤器将融雪水过滤至石英纤维膜(Whatman QMA, d=47mm)上。石英滤膜在积雪样本过滤前，将马弗炉(天津 SX-4-10)调至 550℃对其进行 6h 的灭菌处置，并使用微量天平分别对积雪样本过滤前后的石英滤膜进行称重，微量天平的精度为 0.0001g，并记录。矿物粉尘的浓度是通过石英滤膜过滤前后的重量差计算的，其公式如下：

$$H_{MD} = \frac{G_{m1} - G_{m2}}{g_{x1} - g_{x2}} \tag{4.12}$$

式中，H_{MD} 为矿物粉尘浓度；G_{m1} 和 G_{m2} 分别为积雪样品过滤前、后的重量；g_{x1} 和 g_{x2} 分别为石英滤膜烘干前、后的重量。

3. 样本分析方法

1) SNICAR 模型

本节研究中积雪反照率是通过 Snow Ice 气溶胶辐射(SNICAR)模型计算得出的，SNICAR 是一个集成了雪(snow)、冰(ice)和气溶胶辐射(aerosol radiation)模块的模式，基于雪冰光学性质和二流近似算法，采用双向流辐射传输解决方案来模拟雪冰的半球反照率(Flanner et al., 2007)。该模型需要的指标参数包括：入射辐射类型、太阳天顶角、表面光谱分布、有效雪粒半径、积雪深度和密度、下层地面反照率以及杂质浓度。其中，入射辐射类型均选择直接辐射；太阳天顶角通过 "OSGeo 中国" 太阳高度角在线计算器获得；表面光谱分布选择中纬度冬季；有效雪粒半径、积雪深度和密度通过实测数据获得；下层地面反照率使用模型默认值 0.25；杂质浓度包括 BC 和 MD 的浓度，通过实测获得；本节研究通过 SNICAR 模型模拟出纯雪反照率，即 BC 和 MD 浓度参数输入值为 0；再分别输入 BC(MD 浓度为 0)和 MD(BC 浓度为 0)的实测含量，模拟出仅含 BC、MD 时的积雪反照率；再同时输入 BC 和 MD 的实测浓度，模拟出 BC 和 MD 共同作用下积雪的反照率。

根据 SNICAR 模拟的纯雪、积雪中仅含 BC 或 MD 以及 BC+MD 的积雪反照率结果，通过式(4.13)计算出 BC、MD 和 BC+MD 对积雪反照率降低的贡献率：

$$C_x = \frac{SA_{pure} - SA_x}{1 - SA_x} \tag{4.13}$$

式中，C_x 为 BC、MD 和 BC+MD 对积雪反照率降低的贡献率；SA_{pure} 为纯雪的反照率；SA_x 分别为 BC、MD 和 BC+MD 的反照率。

然后，通过式(4.14)计算由 BC、MD 和 BC+MD 引起的积雪辐射强迫(RF)(Kašpar et al., 2021)：

$$RF = \sum_{0.325\mu m}^{1.075\mu m} E(\lambda, \theta)[\alpha_{(\gamma, \lambda)} - \alpha_{(\gamma, \lambda, \mathrm{imp})}]\Delta\lambda \tag{4.14}$$

式中，E 为太阳辐照常数；γ 为积雪光学粒径；λ 为波长(μm)；θ 为太阳天顶角；α 为模拟的积雪反照率，imp 为含有 BC 或 MD 的杂质。

2) 积雪消融模型

Zhang 等(2017)提出的模型模拟积雪中吸光性物质 BC 和 MD 对积雪消融的影响，以积雪持续时间(snow cover duration, SCD)的变化作为表征积雪中吸光性物质对积雪消融影响的参数($\mathrm{Melt_{snow}}$)，其计算公式如下：

$$\mathrm{Melt_{snow}} = N_{\mathrm{Tht0}} \times \Delta\alpha \times \mathrm{SW} \tag{4.15}$$

式中，N_{Tht0} 为融雪期日温度大于 0℃的天数；$\Delta\alpha$ 为反照率减少量(清洁积雪和含有 BC 和/或 MD 的积雪反照率的差值)；SW 为短波辐射。

利用式(4.15)，根据积雪反照率变化，即低密度小粒径、中密度中粒径、高密度大粒径模拟的反照率结果，将积雪 SCD 模拟结果表示为低、中和高三个情景，即低情景为低密度小粒径，中、高情景以此类推。短波辐射数据来源于中国气象数据网，该网站显示哈尔滨市冬季短波辐射为 100～230W/m²，因此本节研究将短波辐射标准确定为：低情景时 120W/m²、中情景时 170W/m²、高情景时 220W/m²。需要说明的是，在此保证低情景时所有参数均为低值运行，中、高情景以此类推。之后，进一步根据已经观测到的雪水当量(SWE)数据，假设两种情况来估算 SCD 的变化。从哈尔滨市气象局获取的哈尔滨市整个积雪期雪水当量为 28～86mm，因此将雪水当量假设为 35mm 和 70mm 两种情况进行模拟。

4.4.2　哈尔滨市积雪中 BC 和 MD 的浓度分布及其影响

1. 哈尔滨市积雪中 BC 和 MD 的浓度分布特征

本节对哈尔滨市整个行政区进行研究，从整体上看，2018 年冬季哈尔滨市积雪期积雪中 BC 和 MD 浓度范围分别为 10132.29～379138.88ng/g 和 72.12～3552.49μg/g，哈尔滨市积雪中 BC 和 MD 的平均浓度分别为 126121.03ng/g 和 1419.6μg/g。积雪中 BC 和 MD 的浓度随时间均呈现出增加趋势(图 4.21)，其中，BC 浓度呈显著增加趋势($P<0.05$)，

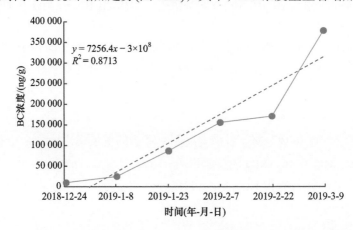

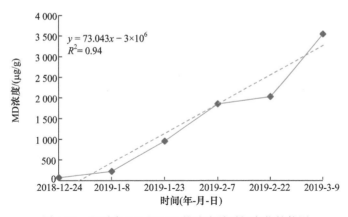

图 4.21　积雪中 BC 和 MD 的浓度随时间变化趋势图

即哈尔滨市整个积雪期积雪中 BC 浓度随时间显著增加，而积雪中 MD 呈不显著增加趋势($P>0.05$)。整个积雪期中，消融期时积雪中 BC 和 MD 的浓度远大于初雪期，浓度分别为初雪期浓度的 30 倍和 4.2 倍。

2. 哈尔滨市积雪中 BC 和 MD 的影响

1) 对积雪反照率的影响

利用 SNICAR 模型对 120 个积雪样本中 BC 和 MD 对反照率降低的影响进行模拟分析(表 4.18)。每个样点在模拟时分为四种情形，分别是纯雪(BC 和 MD 含量值为 0)、积雪中仅含 BC、积雪中仅含 MD 及 BC 和 MD 共存，其中，雪深、雪密度、雪粒径及 BC 和 MD 的含量数据均为野外实测数据。通过模拟得到每个积雪样本在四种情形下的积雪反照率，并计算出 BC、MD 和 BC+MD 对积雪反照率降低的贡献率。总体而言，2018 年冬季哈尔滨市积雪在纯雪、仅含有 MD、仅含有 BC 及同时含有 BC 和 MD 四种情形下的平均反照率分别为 0.76、0.39、0.70 和 0.38[图 4.22(a)]。计算 BC 和 MD 对反照率降低的贡献率，如图 4.22(b)所示，如果 BC 或 MD 作为积雪覆盖中唯一的杂质存在，则积雪反照率平均下降分别为 0.37 和 0.06，BC 和 MD 导致积雪反照率降低的贡献率分别达 58.49% 和 18.18%。如果积雪中同时存在 BC 和 MD，则平均积雪反照率下降 0.37，贡献率达 59.68%。另外，方差分析表明，积雪中仅含 BC 和仅含 MD 时积雪反照率具有显著差异性($P<0.05$)，且积雪中同时存在 BC+MD 与积雪中仅含 MD 时积雪反照率同样具有显著差异性($P<0.05$)，而积雪中同时存在 BC+MD 与积雪中仅含 BC 时积雪反照率不存在显著差异性($P>0.05$)。

表 4.18　基于 SNICAR 模型的积雪覆盖下 BC 和 MD 的模拟对反照率敏感性分析

样本号码	经度(°E)	纬度(°N)	积雪反照率				贡献率/%		
			纯雪	BC	MD	BC+MD	BC	MD	BC+MD
1-01	126.54	45.83	0.69	0.58	0.69	0.58	26.35	0.83	26.57
1-02	126.56	45.78	0.71	0.55	0.70	0.54	35.67	1.94	35.91
1-03	126.59	45.75	0.70	0.55	0.69	0.55	33.80	2.28	34.15

续表

样本号码	经度(°E)	纬度(°N)	积雪反照率				贡献率/%		
			纯雪	BC	MD	BC+MD	BC	MD	BC+MD
2-01	126.54	45.83	0.79	0.63	0.79	0.63	43.75	0.7	43.8
2-02	126.56	45.78	0.78	0.66	0.77	0.66	32.97	0.24	33.00
2-03	126.59	45.75	0.71	0.49	0.70	0.49	43.83	3.68	43.93
3-01	126.54	45.83	0.80	0.36	0.70	0.35	68.31	32.31	68.7
3-02	126.56	45.78	0.81	0.42	0.75	0.42	67.19	24.21	67.13
3-03	126.59	45.75	0.68	0.40	0.66	0.40	46.62	3.99	46.51
4-01	126.54	45.83	0.81	0.41	0.71	0.41	67.87	35.92	68.5
4-02	126.56	45.78	0.80	0.29	0.70	0.29	71.72	33.55	71.46
4-03	126.59	45.75	0.70	0.24	0.64	0.24	60.26	15.69	59.79
5-01	126.54	45.83	0.82	0.43	0.74	0.43	67.57	28.59	67.71
5-02	126.56	45.78	0.81	0.47	0.76	0.47	65.20	23.38	65.20
5-03	126.59	45.75	0.78	0.38	0.73	0.37	64.93	19.97	64.77
6-01	126.54	45.83	0.82	0.39	0.72	0.38	71.31	37.66	71.6
6-02	126.56	45.78	0.83	0.44	0.77	0.44	69.77	27.50	69.74
6-03	126.59	45.75	0.74	0.43	0.65	0.43	53.88	24.60	53.66

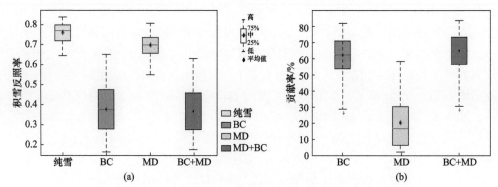

图 4.22　2018 年冬季哈尔滨含有 BC 和/或 MD 的积雪和纯雪的平均反照率(a)、导致积雪反照率降低的贡献率(b)

在采样期间，使用便携式地物光谱仪(Analytica Spectra Devices., Inc., Boulder, United States, ASD-FieldSpc4)测量了积雪的光谱反照率，波长范围分别为 300~2500nm，抽取 10 个采样点的观测结果对模型进行检验。由于观测结果为积雪中 BC 和 MD 共存时的实际反照率，因此模拟值也选取 BC 和 MD 共存情形下的模拟值进行验证，模拟值与观测值 1∶1 直方图如图 4.23 所示。均方根误差(RMSE)值小于观测值的 10%，平均误差值为 5.84%，表明 SNICAR 模型的模拟结果能够很好地表征吸光性物质对积雪反照率降低的影响。一些学者利用 SNICAR 模型模拟积雪的反照率，通过验证也证实了模型的可靠性 (Zhang et al., 2017; Li et al., 2018; Zhong et al., 2019)。

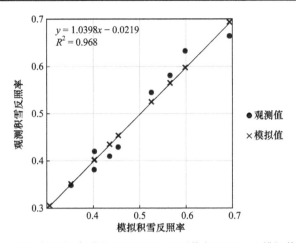

图 4.23　2018 年哈尔滨雪中 BC 和 MD 观测值与 SNICAR 模拟值的比较

2) 对辐射强迫的影响

依据 SNICAR 模型模拟的反照率数据，计算出哈尔滨市积雪中 BC、MD 和 BC+MD 对积雪辐射强迫(RF)的影响，如图 4.24 所示，仅由 BC 引起的平均辐射强迫为 44.94W/m²，仅由 MD 引起的平均辐射强迫为 7.58W/m²，由 BC+MD 引起的平均辐射强迫共同增加到 45.27W/m²。方差分析表明，BC 和 MD 对积雪辐射强迫的影响表现出极显著的差异性($P<0.01$)，BC 和 BC+MD 对积雪辐射强迫的影响没有差异性($P>0.05$)，MD 和 BC+MD 对积雪辐射强迫的影响存在极显著差异性($P<0.01$)。可见，哈尔滨地区 BC 对积雪吸收太阳辐射的影响大于 MD。

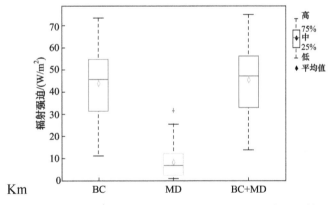

图 4.24　BC 和/或 MD 对哈尔滨 2018 年冬季积雪反照率的辐射强迫

3) 对积雪消融的影响

哈尔滨市的 SCD 模拟中分为低、中、高三种情景，计算结果表明，总体而言(表 4.19)，低情景下 SCD 平均减少最大，其次是中情景和高情景。从表 4.19 可以明显看到，在各种情景下，积雪中 BC 致使 SCD 的减少都大于 MD，BC 使 SCD 减少的最大值为 9.26d，而 MD 使 SCD 最大减少 4.61d，其余情景几乎不超过 3d。另外，当 SWE=70mm 时，BC、MD 和 BC+MD 均比 SWE=35mm 时使 SCD 减少显著($P<0.05$)，可见当 SWE 较大时，积

雪中吸光性物质导致 SCD 减少更多。本节研究结果显示，当 SWE=35mm 时，由 BC、MD 和 BC+MD 对 SCD 的减少范围分别为 1.78～4.64d、0.66～2.43d 和 1.8～4.8d。而当 SWE=70mm 时，BC、MD 和 BC+MD 对 SCD 减少均增加了约两倍，其中最大值为低情景下 BC+MD 使 SCD 减少了(8.59±1.3)d。方差分析表明，不论 SWE=35mm 或 70mm，积雪中仅含 BC 或 MD 时对 SCD 的减少均具有显著差异性($P<0.05$)；而 BC+MD 和仅含 BC 时对 SCD 的减少没有显著差异($P>0.05$)，与仅含 MD 时对 SCD 的减少具有显著差异($P<0.05$)。

表 4.19　不同 SWE 和短波辐射下 BC 和 MD 对 SCD 的减少

情景	短波辐射 /(W/m²)	SWE=35mm			SWE=70mm		
		BC/d	MD/d	(BC+MD)/d	BC/d	MD/d	(BC+MD)/d
低情景	SW=120	3.96±0.68	1.82±0.61	4.14±0.66	7.9±1.36	3.7±0.91	8.59±1.3
中情景	SW=170	2.78±0.47	1.29±0.43	2.81±0.47	5.57±0.95	2.51±0.86	5.63±0.95
高情景	SW=220	2.15±0.37	0.99±0.33	2.17±0.37	4.31±0.74	1.99±0.67	4.35±0.73

4.4.3　哈尔滨市不同功能区积雪中 BC 和 MD 的浓度分布及其影响

将哈尔滨市划分为工业区、居民区和农林区三个功能区，进一步厘清城市内部不同区域积雪中 BC 和 MD 浓度分布特征及其对积雪反照率、辐射强迫和消融的影响，探索人类活动干扰对城市积雪消融的影响。

1. 哈尔滨市不同功能区积雪中 BC 和 MD 的浓度特征

哈尔滨市不同功能区积雪中 BC 和 MD 的浓度分布如表 4.20 所示，整个积雪期中，工业区积雪中 BC 和 MD 的平均浓度最高，其次是居民区，农林区最小。工业区积雪中 BC 平均浓度分别为居民区和农林区的 1.73 倍和 4.06 倍，MD 平均浓度分别为居民区和农林区的 1.7 倍和 3.13 倍。工业区融雪期 BC 和 MD 的浓度分别达到初雪期的 24.12 倍和 24.66 倍，富集量最大；而居民区积雪中 BC 和 MD 在融雪期和初雪期的差值分别为 271307.91ng/g 和 2408.28μg/g；农林区融雪期老雪和初雪期新雪积雪中 BC 和 MD 的差值分别为 73436.4ng/g 和 1108.37μg/g。方差分析结果表明，工业区、居民区和农林区积雪中 BC 和 MD 的浓度分布均表现出显著的差异性($P<0.01$)。

表 4.20　哈尔滨市不同功能区积雪中 BC 和 MD 的浓度分布

功能区	吸光性颗粒物	最大浓度	最小浓度	平均浓度			
				积雪期	初雪期	稳定期	融雪期
工业区	BC/(ng/g)	627932.52	16734.06	211899.02	17099.97	292389.35	412374.87
	MD/(μg/g)	6862.74	113.52	2276.94	160.21	1818.18	3951.26
居民区	BC/(ng/g)	339080.08	4875	122646.93	9762.75	106530.98	281070.66
	MD/(μg/g)	8356.45	20.95	1338.92	35.88	1032.32	2444.16
农林区	BC/(ng/g)	140695.46	1722.22	52165.63	4704.26	66095.51	78140.66
	MD/(μg/g)	4059.07	4.74	726.8	27.74	904.42	1136.11

2. 哈尔滨市不同功能区积雪中 BC 和 MD 的影响

1) 对反照率和辐射强迫的影响

表 4.21 显示，BC、MD 及 BC+MD 较纯雪均导致不同功能区积雪反照率的降低，且均是工业区>居民区>农林区，BC+MD 对积雪反照率的降低大于 BC 和 MD，MD 对积雪反照率降低最小。BC+MD 对工业区积雪反照率降低的影响最大，分别较居民区、农林区降低了 0.0733、0.179，其中 BC 分别降低了 0.0693、0.1427；MD 分别降低了 0.019、0.0613。同理，BC、MD 及 BC+MD 在不同功能区对积雪反照率的降低的贡献也是工业区>居民区>农林区。方差分析结果也进一步表明，三个区域中工业区积雪中含 BC+MD、仅含 BC、仅含 MD 时积雪反照率与农林区存在极显著差异($P<0.01$)，居民区与农林区存在显著差异($P<0.05$)，而工业区和居民区各情况下均未发现显著差异($P>0.05$)。

表 4.21 不同功能区积雪中 BC 和 MD 的反照率、贡献率及辐射强迫

功能区	反照率				贡献率/%			辐射强迫/(W/m²)		
	纯雪	BC	MD	BC+MD	BC	MD	BC+MD	BC	MD	BC+MD
农林区	0.7861	0.4928	0.7391	0.4912	37.31	5.95	37.65	36.52	6.08	37.21
居民区	0.7613	0.3897	0.6968	0.3855	45.65	8.32	45.86	45.86	8.31	47.65
工业区	0.7611	0.3204	0.6778	0.3122	58.44	16.65	59.55	53.65	10.91	54.17

对哈尔滨市不同功能区积雪的平均辐射强迫数据分析的结果表明(表 4.21)，从初雪期到融雪期 BC 导致平均辐射强迫的增加工业区>居民区>农林区，工业区增了 30.15W/m²，而农林区增加了 14.65W/m²。在 BC 和 MD 共同作用下，工业区积雪辐射强迫由初雪期 39.17W/m² 增加至 68.23W/m²。而居民区和农林区由初雪到老雪，在 BC 和 MD 共同作用下辐射强迫范围分别为 20.75～56.55W/m² 和 17.47～42.18W/m²。方差分析表明，不同功能区内在 BC+MD 和仅含 BC 时，工业区和居民区积雪的辐射强迫均显著大于农林区($P<0.05$)，工业区和居民区未发现显著差异($P>0.05$)。在仅含 MD 时，各区域均未发现显著差异性($P>0.05$)。

2) 哈尔滨市不同功能区积雪中 BC 和 MD 对积雪消融的影响

将哈尔滨市工业区、居民区和农林区积雪中 BC 和 MD 对 SCD 的影响进行计算，结果如表 4.22 所示，整体可见，不同情景下三个功能区内积雪中 BC、MD 均致使积雪消融提前，均为工业区最大，农林区最小，居民区居中，并且农林区、居民区和工业区均为低情景(SW=120W/m²)下 SCD 平均减少最大，高情景下减少最小。另外，当 SWE 越大时 SCD 减少越多，当 SWE 为 35mm 时，农林区 BC、MD 和 BC+MD 分别使 SCD 平均减少均最小，平均值分别为(2.14±0.55)d、(1.35±0.71)d 和(2.17±0.58)d，其中农林区 BC、MD 和 BC+MD 最小使 SCD 减少了(1.64±0.57)d、(0.88±0.48)d 和(1.67±0.59)d。工业区使 SCD 减少最大，工业区 BC、MD 和 BC+MD 使 SCD 平均减少(3.58±0.11)d、(1.83±0.41)d 和(3.6±0.12)d，其中工业区积雪中 BC、MD 和 BC+MD 最多可导致 SCD 减少(4.81±0.18)d、(2.2±0.64)d 和(4.83±0.19)d，居民区居中。当 SWE 为 70mm 时，农林区、居民区和工业区在各种情景下使 SCD 减少得更多,最大值为低情景下工业区 BC+MD 使 SCD 减少了 9.66±0.38d,约为居民区和农林区的 1.3 倍和 1.5 倍。方差分析表明,在低情景下工业区和农林区积雪中 BC 和 MD、BC+MD 和 MD 之间使 SCD 减少具有明显差异性($P<0.05$),其他情景下各功能区间尚未发现显著性($P>0.05$)。

表 4.22　农林区、居民区和工业区不同情况下 BC 和 MD 的 SCD 平均减少量

功能区	短波辐射 /(W/m²)	SWE=35mm			SWE=70mm		
		BC/d	MD/d	(BC+MD)/d	BC/d	MD/d	(BC+MD)/d
农林区	SW=120	2.7±0.31	1.07±0.83	2.73±0.33	6.4±0.61	2.94±0.65	6.67±0.65
	SW=170	2.08±0.82	1.01±0.64	2.12±0.82	4.16±0.64	2.33±0.28	4.23±0.65
	SW=220	1.64±0.57	0.88±0.48	1.67±0.59	3.27±0.15	1.75±0.96	3.34±0.14
	平均值	2.14±0.55	1.35±0.71	2.17±0.58	4.61±0.46	2.34±0.63	4.74±0.48
居民区	SW=120	3.45±0.14	1.31±0.5	3.49±0.15	7.71±0.27	2.63±0.99	7.97±0.31
	SW=170	2.56±0.07	1.22±0.35	2.59±0.08	5.12±0.13	2.45±0.7	5.18±0.15
	SW=220	1.97±0.04	1.04±0.24	2±0.05	3.95±0.08	2.09±0.49	3.99±0.09
	平均值	2.66±0.83	1.19±0.36	2.69±0.09	5.59±0.16	2.39±0.72	5.71±0.23
工业区	SW=120	4.81±0.18	2.2±0.64	4.83±0.19	9.61±0.37	4.4±0.88	9.66±0.38
	SW=170	3.39±0.1	1.83±0.34	3.41±0.11	6.77±0.21	3.65±0.69	6.81±0.22
	SW=220	2.54±0.07	1.47±0.26	2.56±0.07	5.08±0.14	2.94±0.53	5.12±0.15
	平均值	3.58±0.11	1.83±0.41	3.6±0.12	7.15±0.24	3.66±0.7	7.19±0.25

4.5　基于试验的吸光性颗粒物对积雪融化时间的影响

4.5.1　试验设计

1. 试验材料与制备

1) 雪样采集与保存

试验雪样分别于 2018 年 1 月 25 日~2 月 1 日(第 1 次采集)和 2018 年 3 月 1~15 日(第 2 次采集)进行采集。采样地点为黑龙江省哈尔滨市哈尔滨师范大学(松北校区)理工三号楼天台试验区。两次采集雪样分别用于不同的试验,第 1 次采集雪样用于黑碳含量与黑碳粒径、温度对融雪时间的综合影响试验,第 2 次采集雪样用于不同存在方式下多种吸光性颗粒物及含量对融雪时间的影响试验。

为降低阳光直射差异以及人为干扰对积雪基本性质的影响,同次采集雪样时尽量选取同时受到阳光直射或同时处于阴面且雪面平整无踩踏的积雪进行采集。采集时,使用

雪铲收集积雪表面 1cm 以下至地表 1cm 以上中间雪层的积雪，以此来减少大气干沉降及地表灰尘对积雪中污染物背景值的影响，并且确保采集雪样的积雪性质均一。两次采集的雪样中，第 2 次采集的雪样在采集后立即使用雪筛将积雪筛入试验盒中(以此保证试验雪样密度相近)，并迅速开展试验，而第 1 次采集雪样则以松散状态装入洁净塑料箱中，并保存于–20℃的冰柜中。

2) 吸光性颗粒物采集与制备

黑碳、沙尘是主要的吸光性颗粒，同时煤炭又是东北地区的主要燃料，具有地域代表性，因此本试验中主要采用 3 种吸光性颗粒物，分别为黑碳、沙尘和煤灰(图 4.25)。除此之外，为贴近实际积雪污染情况，采取混合的方式制备 4 种混合吸光性颗粒物，分别为黑碳+沙尘、黑碳+煤灰、沙尘+煤灰和黑碳+沙尘+煤灰(以下简称黑尘、黑煤、尘煤和黑尘煤)，均为同一浓度下等比例混合颗粒物。

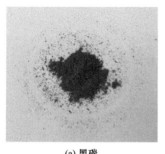  

(a) 黑碳　　　　　　　　　(b) 沙尘　　　　　　　　　(c) 煤灰

图 4.25　吸光性颗粒物展示图

黑碳污染物样品来源于秋末田间焚烧玉米秸秆残留黑碳，采集时尽量避免白色灰分的污染；沙尘污染物样品来源于哈尔滨师范大学(松北校区)校园花坛内，为东北地区典型土壤类型；煤灰污染物样品来源于哈尔滨师范大学(松北校区)校园锅炉房燃煤后所剩煤灰。以上 3 种污染物质在采集后均需烘干、研磨并过筛(孔径 0.50mm)，其中部分黑碳污染物需经孔径为 0.13mm 和 0.25mm 的土壤筛过筛。待污染物质制备完成后，按照试验所需克数分别称重后，装入自封袋密封保存备用。

2. 试验内容

试验一：不同吸光性颗粒物对积雪融化时间的影响试验。

吸光性颗粒物的种类主要包括黑碳、沙尘和煤灰，而且还有三者的组合(黑尘、黑煤、尘煤和黑尘煤)。它们不仅含量不同，而且在积雪中的存在方式也不同。因此，本节研究参照吸光性颗粒物在积雪中的实际浓度共设计了 7 种浓度，分别为 0.0001g/g、0.0004g/g、0.0020g/g、0.0040g/g、0.0067g/g、0.0100g/g、0.0120g/g(对应颗粒物质量分别为 0.016g、0.060g、0.300g、0.600g、1g、1.500g、1.800g)；吸光性颗粒物在积雪中的存在方式设计为两种，即颗粒物沉积于积雪表面(以下简称表面组)和颗粒物均匀混合于积雪中(以下简称混合组)。

试验设计方案见表 4.23，雪样质量均为 150g，每组试验共重复三次。

表 4.23　不同吸光性颗粒物对积雪融化时间的影响试验设计方案

颗粒物	编号	浓度/(g/g)		颗粒物	编号	浓度/(g/g)	
		表面组	混合组			表面组	混合组
黑碳	1	0.0001	0.0001	黑煤	29	0.0001	0.0001
	2	0.0004	0.0004		30	0.0004	0.0004
	3	0.0020	0.0020		31	0.0020	0.0020
	4	0.0040	0.0040		32	0.0040	0.0040
	5	0.0067	0.0067		33	0.0067	0.0067
	6	0.0100	0.0100		34	0.0100	0.0100
	7	0.0120	0.0120		35	0.0120	0.0120
沙尘	8	0.0001	0.0001	尘煤	36	0.0001	0.0001
	9	0.0004	0.0004		37	0.0004	0.0004
	10	0.0020	0.0020		38	0.0020	0.0020
	11	0.0040	0.0040		39	0.0040	0.0040
	12	0.0067	0.0067		40	0.0067	0.0067
	13	0.0100	0.0100		41	0.0100	0.0100
	14	0.0120	0.0120		42	0.0120	0.0120
煤灰	15	0.0001	0.0001	黑尘煤	43	0.0001	0.0001
	16	0.0004	0.0004		44	0.0004	0.0004
	17	0.0020	0.0020		45	0.0020	0.0020
	18	0.0040	0.0040		46	0.0040	0.0040
	19	0.0067	0.0067		47	0.0067	0.0067
	20	0.0100	0.0100		48	0.0100	0.0100
	21	0.0120	0.0120		49	0.0120	0.0120
黑尘	22	0.0001	0.0001	对照	50	0	0
	23	0.0004	0.0004				
	24	0.0020	0.0020				
	25	0.0040	0.0040				
	26	0.0067	0.0067				
	27	0.0100	0.0100				
	28	0.0120	0.0120				

　　试验二：不同粒径的黑碳颗粒物对积雪融化时间的影响试验。

　　由于黑碳颗粒物的来源不同，实际存在于积雪中的黑碳颗粒物的粒径差距较大，研究表明，黑碳粒径不同，其光吸收增强效应也不同(王佳萍, 2018)，因此，本节研究设计了混合方式下不同粒径黑碳颗粒物对积雪融化时间的影响试验，并结合 10 种黑碳浓度，分别为 0.0004g/g、0.0008g/g、0.0012g/g、0.0016g/g、0.0020g/g、0.0024g/g、0.0028g/g、0.0032g/g、0.0036g/g、0.0040g/g(对应颗粒物质量分别为 0.100g、0.200g、0.300g、0.400g、0.500g、0.600g、0.700g、0.800g、0.900g、1g),定量评估黑碳浓度与粒径大小对融雪时间的贡献率。

试验方案见表 4.24、表 4.25,雪样质量为 250g,试验共计重复三次。

表 4.24　黑碳粒径对积雪融化时间的影响试验设计方案

粒径/mm	编号	浓度/(g/g)
0.125	1	0.0004
0.250	2	0.0004
0.500	3	0.0004
对照	4	0

表 4.25　黑碳粒径与浓度对积雪融化时间的贡献率试验设计方案

粒径	编号	浓度/(g/g)	粒径	编号	浓度/(g/g)
0.125	1	0.0004	0.500	11	0.0004
	2	0.0008		12	0.0008
	3	0.0012		13	0.0012
	4	0.0016		14	0.0016
	5	0.0020		15	0.0020
	6	0.0024		16	0.0024
	7	0.0028		17	0.0028
	8	0.0032		18	0.0032
	9	0.0036		19	0.0036
	10	0.0040		20	0.0040
对照	21	0			

试验三:黑碳与温度对积雪融化时间的综合影响试验。

温度是积雪融化进程加快的重要影响因素之一,其与黑碳颗粒物共同作用于积雪融化。因此,本节研究结合 9 种黑碳浓度,分别为 0.0004g/g、0.0020g/g、0.0040g/g、0.0053g/g、0.0067g/g、0.0080g/g、0.0100g/g、0.0120g/g、0.0133g/g(对应颗粒物质量分别为 0.060g、0.300g、0.600g、0.800g、1g、1.200g、1.500g、1.800g、2g),依据东北地区积雪消融期(3月)气温介于 0~10℃(户元涛,2018),共计设置 10 个温度水平,分别为 2℃、3℃、4℃、5℃、6℃、7℃、8℃、9℃、10℃、12℃。设计了混合方式下黑碳与温度对积雪融化时间的综合影响试验,探究温度对积雪融化影响的同时,定量评估黑碳浓度与温度对融雪时间的贡献率。

试验方案见表 4.26,雪样质量均为 150g,试验共计重复三次。

表 4.26　黑碳与温度对积雪融化时间的综合影响试验设计方案

T=2℃		T=3℃		T=4℃		T=5℃		T=6℃	
编号	浓度	编号	浓度	编号	浓度	编号	浓度	编号	浓度
1	对照	11	对照	21	对照	31	对照	41	对照
2	0.0004	12	0.0004	22	0.0004	32	0.0004	42	0.0004
3	0.0020	13	0.0020	23	0.0020	33	0.0020	43	0.0020
4	0.0040	14	0.0040	24	0.0040	34	0.0040	44	0.0040
5	0.0053	15	0.0053	25	0.0053	35	0.0053	45	0.0053
6	0.0067	16	0.0067	26	0.0067	36	0.0067	46	0.0067
7	0.0080	17	0.0080	27	0.0080	37	0.0080	47	0.0080
8	0.0100	18	0.0100	28	00100	38	00100	48	0.0100
9	0.0120	19	0.0120	29	0.0120	39	0.0120	49	0.0120
10	0.0133	20	0.0133	30	0.0133	40	0.0133	50	0.0133

T=7℃		T=8℃		T=9℃		T=10℃		T=12℃	
编号	浓度	编号	浓度	编号	浓度	编号	浓度	编号	浓度
51	对照	61	对照	71	对照	81	对照	91	对照
52	0.0004	62	0.0004	72	0.0004	82	0.0004	92	0.0004
53	0.0020	63	0.0020	73	0.0020	83	0.0020	93	0.0020
54	0.0040	64	0.0040	74	0.0040	84	0.0040	94	0.0040
55	0.0053	65	0.0053	75	0.0053	85	0.0053	95	0.0053
56	0.0067	66	0.0067	76	0.0067	86	0.0067	96	0.0067
57	0.0080	67	0.0080	77	0.0080	87	0.0080	97	0.0080
58	0.0100	68	0.0100	78	0.0100	88	0.0100	98	0.0100
59	0.0120	69	0.0120	79	0.0120	89	0.0120	99	0.0120
60	0.0133	70	0.0133	80	0.0133	90	0.0133	100	0.0133

3. 试验步骤

本试验过程中，所用试验器材包括雪铲、雪筛、样品盒、天平(百分位、千分位)、搅拌器和恒温培养箱。

试验所用雪样统一收集到高 9cm、底部直径 12cm 的聚丙烯塑料容器，容器底部留有直径约 2cm 的漏水孔用于融雪水流出，以免其滞留容器内影响剩余积雪融化，流出融雪水由 1000mL 烧杯盛接；雪样和颗粒物质量分别采用百分位和千分位天平进行称量；采用 HWS-280 型恒温培养箱对试验温度进行控制，其温度波动度为±1℃，湿度为 50%。

具体试验步骤如下。

试验一：不同吸光性颗粒物对积雪融化时间的影响试验。

(1) 雪样采集。试验于 2018 年 3 月 1～15 日进行，雪样取自哈尔滨师范大学(松北校区)理工三号楼天台试验区。积雪由哈尔滨市 2018 年 1～3 月先后几次降雪形成。取样时先去掉积雪表面层，然后用雪铲将积雪装入雪筛中，把每次试验用的塑料容器(试验前已进行编号)排列在一起，将雪筛中的积雪以均匀的速率筛入容器中，直到容器装满为止，再用钢尺沿容器边缘从一侧均匀移到另一侧，将多余的积雪去掉，保持积雪表面整齐均匀。之后将容器逐一放到天平上进行称重，如积雪重量超过试验要求的重量，则用不锈钢匙从表面均匀地将积雪取出，继续称重，直到符合试验要求为止。根据积雪的重量，按设计的颗粒物浓度要求，加入称量好的颗粒物质，使各样本分别达到试验要求的颗粒物浓度。

(2) 加入颗粒物。表面组试验：将颗粒物放入 0.50mm 孔径筛子中，为了保证颗粒物尽量均匀地撒在积雪表面，颗粒物放置在筛子里时，一是要尽量轻轻操作，二是要尽量把颗粒物集中在一起，避免撒落样品盒外。然后，将相应的颗粒物以轻轻摇晃的动作，将颗粒物均匀地撒在积雪表面。混合组试验：采用与表面组同样的操作步骤，先把颗粒物撒到积雪的表面。然后，用塑料搅拌器顺时针搅拌 40 次后将雪样表面归于平整。为了保证混合均匀，减少随机误差，每次试验均由同一人进行搅拌，以保证各样本的搅拌力度一致，降低误差对试验的干扰。同时，为避免在样本制备过程中积雪融化或性质改变等情况发生，上述步骤均在低于 0℃ 的室外背风背阴处进行。

(3) 移置实验室。样本制备完成后，将全部样本迅速移至室内实验室的试验台上，按编号顺序放置于烧杯上且全部样本均处于无阳光直射处，样本间保持同等间距(图 4.26)。

图 4.26　样品摆放图

(4) 记录融化时间。将全部样本放置实验室后的时间记录为积雪融化初始时间，直到所有试验样本积雪全部融化视为试验结束时间，积雪全部融化的标志为容器中无冰晶存在。在整个试验过程(图 4.27)中，由 2～3 人同时观测。

试验二：不同粒径的黑碳颗粒物对积雪融化时间的影响试验。

试验于 2018 年 3 月 1～15 日进行，试验操作步骤与试验一搅拌组相同，不同粒径的黑碳颗粒物事先收集、处理完毕。

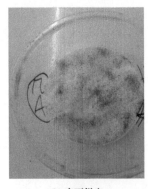

(a) 称量　　　　　　　　　　(b) 表面样本　　　　　　　　　(c) 搅拌过程

图 4.27　试验过程图

试验三：黑碳与温度对积雪融化时间的综合影响试验。

所用雪样于 2018 年 1 月 25 日～2 月 1 日采集，采集的雪样存放于冰柜中。整个试验陆续在 2018 年 1～3 月进行。每次试验开始前 30min，将恒温培养箱的温度调至试验所需温度，试验操作步骤与试验一搅拌组相同，最后将样本移至恒温箱中。

4.5.2　不同吸光性颗粒物对积雪融化时间的影响

1. 不同颗粒物沉积于积雪表面对积雪融化时间的影响

试验均进行了三次重复，方差分析表明，三次试验结果之间无显著性差异 ($P>0.05$)，说明试验结果稳定，数据可用于统计分析。沉积于积雪表面存在方式下，对于所有吸光性颗粒物而言，积雪融化时间均随颗粒物浓度增加而减少，且融雪时间均小于对照组。

利用方差分析，对沉积于积雪表面存在方式下，吸光性颗粒物对积雪融化时间的影响进行了差异分析。结果表明，当吸光性颗粒物沉积于积雪表面时，不同吸光性颗粒物对积雪融化时间的影响存在部分差异。具体表现为(表 4.27)，沙尘与所有颗粒物均存在显著差异；黑碳与除黑煤外的所有颗粒物均存在显著差异；黑煤与尘煤、煤灰之间存在显著差异；其他颗粒物间均无显著差异。结合积雪融化时间可得，黑碳、黑煤对积雪融化时间影响最大，积雪融化时间平均缩短了 36.62min、29.86min；其次是黑尘煤、黑尘、煤灰、尘煤，分别使积雪融化时间平均缩短了 25.04min、22.65min、19.69min、17.04min；沙尘对积雪融化时间影响最小，积雪融化时间平均缩短了 6.92min。

表 4.27　不同吸光性颗粒物对积雪融化时间的影响方差分析结果

颗粒物	表面		混合	
	$\alpha=0.05$	$\alpha=0.01$	$\alpha=0.05$	$\alpha=0.01$
黑碳	a	A	a	A
黑煤	a b	A B	b	B

颗粒物	表面		混合	
	$\alpha=0.05$	$\alpha=0.01$	$\alpha=0.05$	$\alpha=0.01$
黑尘煤	b c	B C	b	B
黑尘	b c d	B C	b	B
煤灰	c d	B C	b	B C
尘煤	d	C	b	B C
沙尘	e	D	c	C

注：采用标示法表示显著性差异，相同字母表示无差异，不同字母表示有差异。

   不同吸光性颗粒物影响下融雪时间的变化趋势见图 4.28，不同吸光性颗粒物均表现出随浓度增大积雪融化时间下降的趋势，同时除黑碳和沙尘以外，其他颗粒物对积雪融化时间的影响较为接近，当颗粒物浓度较低时该现象更为明显。进一步采用线性回归分析方法，以吸光性颗粒物浓度为自变量 x、积雪融化时间为因变量 Y，建立一元线性回归方程(表 4.28)，方程均通过 0.01 水平检验。通过比较其回归系数可知，沉积于积雪表面存在方式下，颗粒物使得积雪融化时间减少速率由快至慢分别为黑碳、黑煤、黑尘煤、煤灰、黑尘、尘煤和沙尘。

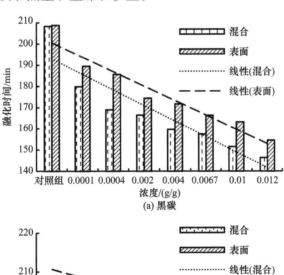

(a) 黑碳

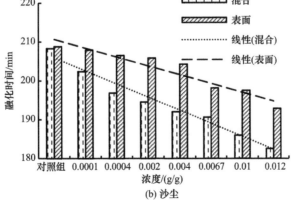

(b) 沙尘

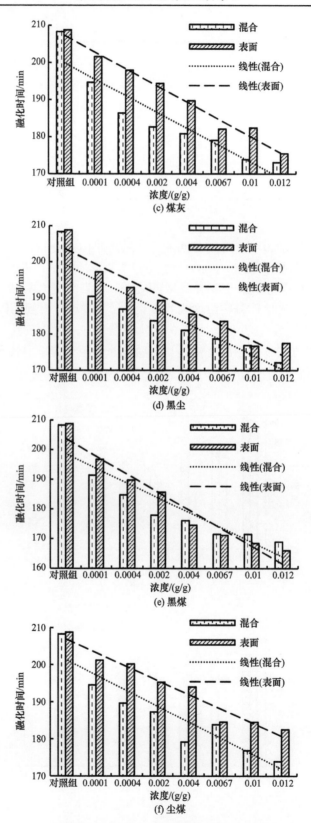

(c) 煤灰

(d) 黑尘

(e) 黑煤

(f) 尘煤

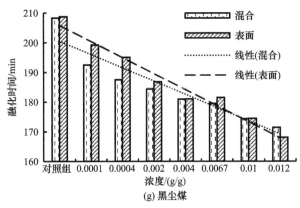

图 4.28 不同颗粒物存在方式下的融雪时间

表 4.28 不同吸光性颗粒物对积雪融化时间影响的线性回归方程

颗粒物	表面		混合	
	线性回归方程	R^2	线性回归方程	R^2
黑碳	$Y=-3.195x+190.789$	0.75^{**}	$Y=-3.287x+181.775$	0.62^{*}
沙尘	$Y=-1.216x+210.304$	0.94^{**}	$Y=-1.632x+201.309$	0.83^{**}
煤灰	$Y=-2.241x+201.403$	0.88^{**}	$Y=-2.007x+193.677$	0.64^{*}
黑尘	$Y=-1.984x+197.680$	0.76^{**}	$Y=-1.854x+192.952$	0.62^{*}
黑煤	$Y=-2.854x+195.196$	0.78^{**}	$Y=-2.189x+190.933$	0.60^{*}
尘煤	$Y=-1.8561x+202.031$	0.85^{**}	$Y=-1.934x+195.188$	0.67^{*}
黑尘煤	$Y=-2.625x+198.407$	0.84^{**}	$Y=-2.056x+193.899$	0.69^{*}

*表示通过概率水平为 0.05 的显著性检验；**表示通过概率水平为 0.01 的显著性检验。

2. 不同颗粒物均匀混合于积雪对积雪融化时间的影响

所有试验均进行了三次重复，方差分析表明，三次试验结果之间无显著性差异($P>0.05$)，说明试验结果稳定，数据可用于统计分析。均匀混合于积雪存在方式下，对于所有吸光性颗粒物而言，积雪融化时间均随颗粒物浓度增加而减少，且融雪时间均小于对照组。

利用方差分析，对均匀混合于积雪存在方式下，吸光性颗粒物对积雪融化时间的影响进行了差异分析。结果表明，当吸光性颗粒物均匀混合于积雪时，不同吸光性颗粒物对积雪融化时间的影响存在部分差异。具体表现为(表 4.27)，黑碳、沙尘均与所有吸光性颗粒物存在显著差异，而其余吸光性颗粒物间均无显著性差异($P>0.05$)。结合积雪融化时间可得，黑碳对积雪融化时间影响最大，积雪融化时间平均缩短了 46.84min；其次是黑煤、黑尘、煤灰、黑尘煤、尘煤，分别使积雪融化时间平均缩短了 30.85min、26.86min、26.80min、26.80min、24.71min；沙尘对积雪融化时间影响最小，积雪融化时间平均缩短了 16.19min。

3. 吸光性颗粒物在不同存在方式下对积雪融化时间的影响

对比 7 种吸光性颗粒物存在于积雪中的两种方式(沉积表面、均匀混合)对积雪融化时间的影响，方差分析结果表明，两种存在方式对积雪融化时间的影响具有极显著差异($P<0.01$)的吸光性颗粒物包括黑碳、沙尘、煤灰、黑尘和尘煤，其均匀混合于积雪中时的融雪时间均小于沉积于积雪表面时，平均相差分别为 10.69min、9.74min、7.58min、4.68min、8.14min；而对于黑煤和黑尘煤来说，两种存在方式对积雪融化时间的影响无显著差异($P>0.05$)，即尽管这两种吸光性颗粒物在混合和表面存在方式下的融雪时间不同，但整体之间差异不明显。

4.5.3　不同粒径的黑碳颗粒物对积雪融化时间的影响

1. 同一浓度下粒径对积雪融化时间的影响

三次重复试验结果见表 4.29。方差分析表明，三次试验结果之间无显著性差异($P>0.05$)，说明试验结果稳定，数据可用于统计分析。三次重复试验结果均表明，同样重量的积雪，在不同黑碳颗粒物粒径水平下，融化所需要的时间不同。随着粒径的增加，积雪融化的时间逐渐减少，但减少的速度逐渐放缓。同时，方差分析结果表明，与0.25mm、0.50mm 相比，0.13mm 黑碳粒径水平下，积雪融化时间较长，通过 0.05 水平检验；而 0.25mm 与 0.50mm 黑碳粒径水平时，对积雪融化时间的影响无显著差异。

表 4.29　同一浓度下(0.0004g/g)黑碳粒径对积雪融化时间的影响

粒径/mm	融化时间/min			
	1 次	2 次	3 次	平均值
对照组	411.33	408.00	409.75	409.69
0.13	406.92	409.65	408.62	408.40
0.25	402.58	405.33	402.33	403.42
0.50	399.92	405.56	402.52	402.67

利用三次重复试验结果，以黑碳粒径为自变量(x)，以融化时间为因变量(Y)，做曲线回归方程，结果发现，对数回归方程拟合度较好，方程为

$$Y = -4.133\ln(x) + 399.087 \quad (F = 10.069; \ R^2 = 0.590) \tag{4.16}$$

相关系数为 0.77，方程通过概率 0.05 水平检验，说明黑碳粒径对积雪融化时间具有显著影响。

2. 黑碳粒径与浓度对积雪融化时间的贡献率分析

由同一浓度下黑碳粒径对积雪融化时间的影响可知，0.13mm 与 0.50mm 粒径水平下，二者的融化时间相差较大且存在显著差异，因此选取 0.13mm、0.50mm 两个粒径水平，定量评估黑碳粒径与浓度对积雪融化时间的贡献率。方差分析表明，三次试验结果

之间无显著性差异($P>0.05$)，说明试验结果稳定，数据可用于统计分析。

将三次重复试验结果进行平均。以黑碳粒径为自变量 x_1、黑碳浓度为自变量 x_2、积雪融化时间为因变量 Y，做多元线性回归方程，方程为

$$Y = -12.981x_1 - 4075.511x_2 + 415.719 \quad (F = 14.675; \ R^2 = 0.607) \tag{4.17}$$

回归方程通过了 0.01 水平检验，回归系数也均通过了 0.05 水平检验。由此可知，黑碳粒径越大，浓度越高，积雪融化时间越短。同时，依据两因素的多元线性回归标准化系数($x_1=-0.333$，$x_2=-0.705$)，黑碳粒径与浓度对积雪融化时间的贡献率分别为 30.75%和 69.25%，由此可见黑碳浓度是影响积雪融化时间的主导因素。

4.5.4　黑碳与温度对积雪融化时间的影响

1. 同一浓度下温度对积雪融化时间影响的趋势分析

经方差分析表明，三次试验结果之间无显著性差异($P>0.05$)，说明试验结果稳定，数据可用于统计分析。3 次重复试验的平均结果表明，同样重量的积雪，在不同温度水平下融化所需要的时间不同。在任何黑碳浓度水平下，随着温度的增加，积雪融化的时间均逐渐减少，且减少的速度逐渐减慢。

进一步基于 3 次重复试验的平均结果，以温度为自变量(x)，以积雪融化时间为因变量(Y)，做曲线回归方程，结果发现，一元二次方程拟合度较好，方程见表 4.30，均通过 0.01 水平检验，说明温度对积雪融化时间具有极显著影响效应。由图 4.29 可知，当温度小于 6℃时，积雪融化速度较大，而当温度大于 6℃时，积雪融化速度明显趋于平缓。

表 4.30　温度对积雪融化时间影响的一元二次方程

浓度/(mg/g)	方程	F	R^2
对照	$Y=27.573x^2-561.368x+3177.293$	149.04	0.98**
0.0004	$Y=19.357x^2-386.423x+2216.386$	82.01	0.96**
0.0020	$Y=17.417x^2-349.691x+2040.613$	80.24	0.96**
0.0040	$Y=15.859x^2-321.731x+1909.238$	90.47	0.98**
0.0053	$Y=11.653x^2-252.051x+1633.540$	115.41	0.97**
0.0067	$Y=9.861x^2-219.046x+1481.014$	121.67	0.97**
0.0080	$Y=9.322x^2-207.324x+1411.649$	96.11	0.97**
0.0100	$Y=9.808x^2-211.180x+1389.461$	102.04	0.97**
0.0120	$Y=10.305x^2-215.830x+1373.119$	111.49	0.97**
0.0133	$Y=10.492x^2-219.687x+1373.286$	146.57	0.98**

**表示通过概率水平为 0.01 的显著性检验。

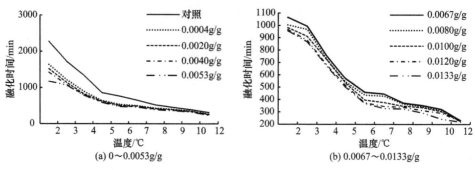

图 4.29　同浓度水平下温度对积雪融化时间的影响

2. 温度与黑碳浓度对积雪融化时间的贡献率分析

基于 3 次重复试验的平均结果，定量评估温度与黑碳浓度对积雪融化时间的贡献率，以温度为自变量 X_1、黑碳浓度为自变量 X_2、积雪融化时间为因变量 Y，建立多元线性回归方程，方程为

$$Y = -100.174X_1 - 24089.615X_2 + 1415.062 \quad (F = 100; \ R^2 = 0.861) \tag{4.18}$$

回归方程与回归系数也均通过 0.01 水平检验。由此可知，温度越大，黑碳浓度越大，积雪融化时间越短。同时，依据两因素的多元线性回归标准化系数（$x_1 = -0.812$，$x_2 = -0.286$）可知，温度与黑碳浓度对积雪融化时间的贡献率分别为 73.95%和 26.05%，由此可见温度是影响积雪融化时间的主导因素。

4.6　本 章 结 论

通过 2017～2020 年积雪野外观测、实验室分析和模型模拟，对东北地区积雪中黑碳等吸光性物质及汞等重金属元素的分布和变化特征及其对积雪消融的影响进行研究，其主要结论如下：

(1) 2001～2016 年东北地区年均 BC 含量分布在 1098.93～1257.30ng/g，平均值为 1197.47ng/g，呈不显著增加趋势。年均 BC 含量总体呈现出北部高、南部低的空间分布特性。由哈尔滨市、大庆市、齐齐哈尔市、黑河市组成的工业走廊和由鹤岗市、佳木斯市、双鸭山市等组成的煤炭–森林工业产区为积雪 BC 含量的高值中心。东北面积的 81.80% 为增加区域，其中 6.98%为显著增加区域，主要分布在黑龙江省中部。

(2) 对东北地区积雪中铬(Cr)、铜(Cu)、锌(Zn)、砷(As)、镉(Cd)、铅(Pb)6 种重金属元素进行分析，发现含量最高的元素为 Zn，含量范围在 17～126.80μg/L，含量最低的元素为 Cd，含量范围为 0.01～1.42μg/L。各重金属元素含量由大到小分别为 Zn>Cu>Pb>As> Cr>Cd，平均含量范围为 0.50～61.20μg/L。整个东北地区各重金属元素高值区分布基本呈现"T"形，主要集中在黑龙江省南部、吉林省西北部、辽宁省北部以及蒙东地区北部。另外，东北积雪中总汞浓度范围为 3.9～160.9ng/L，平均值为 24.0±23.5 ng/L(n=95)。

(3) 东北地区典型城市哈尔滨市 2018 年冬季整个积雪期积雪中 BC 和 MD 的浓度范

围分别为 10132.29~379138.88ng/g 和 72.12~3552.49μg/g，平均浓度为 126121.03ng/g 和 1419.6μg/g。在整个积雪期，BC 浓度呈显著增加趋势，BC 的浓度增速明显大于 MD。其中，工业区、居民区和农林区积雪中 BC 的浓度分别为 211899.02ng/g、122646.93ng/g 和 52165.63ng/g；MD 的浓度分别为 2276.94μg/g、1338.92μg/g 和 726.8μg/g。

(4) 东北地区典型城市哈尔滨积雪中纯雪、仅含 BC、仅含 MD 和 BC+MD 积雪平均反照率分别为 0.76、0.39、0.70 和 0.38。BC 或 MD 作为积雪覆盖中唯一的杂质存在，则积雪反照率平均下降分别为 0.37(58.49%)和 0.06(18.18%)，积雪中同时存在 BC 和 MD，则对平均积雪反照率下降贡献为 59.68%。哈尔滨市积雪中仅由 BC、MD 引起的平均 RF 分别为 44.94W/m² 和 7.58W/m²，由 BC 和 MD 引起的积雪平均 RF 增加到 45.27W/m²。BC 引起积雪提前消融最大值为 9.26d，而 MD 引起的积雪消融最多为 4.61d。BC 和 MD 共同作用下使积雪提前消融可达 8.59±1.3d。

第5章 积雪对黑龙江省土壤湿度及温度的影响

本章主要采用的是黑龙江省气象局提供的气象站点观测数据，以及试验所得观测数据。其中，气象站点观测数据主要应用于本章 5.1～5.5 节内容，包括土壤湿度数据及相关气象要素数据。

(1) 土壤湿度数据：利用哈尔滨、牡丹江、佳木斯、齐齐哈尔等 22 个农业气象站春季(3～5 月)每旬土壤湿度资料，时间尺度为 1983～2019 年，深度涉及 0～10cm、10～20cm、20～30cm 三个土层。其中，松嫩平原 11 个站点，三江平原 8 个站点，这样能够较好地反映出黑龙江省主要农区的气候特征。农业气象站土壤湿度观测均在气象观测场内，土地利用类型均为草地，在研究期间均无灌溉情况。各农业气象站土壤类型有所不同，多为黑壤土、砂壤土、黏壤土、壤土、黄沙土、暗棕壤等，为排除土壤类型对土壤湿度的影响，本章研究采用土壤相对湿度来表征土壤湿度。土壤相对湿度(relative humidity of soil，RHS)为土壤含水率占田间持水量的比值，以百分率(%)表示。田间持水量是土壤所能稳定保持的最高土壤含水量，且被认为是一个常数，因此土壤相对湿度在表征土壤湿度的同时，可以比较不同区域的土壤干湿程度。利用土壤相对湿度评价干旱等级，定义重旱：RHS≤40%；中旱：40%<RHS≤50%；轻旱：50%<RHS≤60%；适宜：60%<RHS≤90%；饱和：RHS>90%。

(2) 相关气象要素数据：选取 1983～2019 年 22 个农业气象站影响春季土壤湿度的 10 个气象要素，包括日平均气温、降水量、前秋季降水量、地表温度、日平均风速、日平均日照时数、积雪期长度、最大雪深、积雪初日和积雪终日。其中，日平均气温、降水量、地表温度、日平均风速、日平均日照时数均为 1983～2019 年 3～5 月数据，前秋季降水为前一年 9～11 月降水量，积雪期长度为前一年 8 月到当年 7 月存在积雪的日数，最大雪深为前一年 8 月到当年 7 月的最大积雪深度，积雪初日为前一年 8 月到当年 7 月首次出现积雪的日期，积雪终日为前一年 8 月到当年 7 月最后一次出现积雪的日期。

5.1 1983～2019 年黑龙江省春季土壤湿度时序变化特征

5.1.1 各层土壤湿度时序变化特征

1983～2019 年黑龙江省春季 0～30cm 土层土壤湿度变化范围为 75.31%～101.92%，平均值为 88.22%(图 5.1)，未呈现干旱状态，变异系数为 0.08，年际间变化幅度接近 10%。1983～2019 年黑龙江省春季 0～30cm 土层土壤湿度呈波动性下降趋势，年际倾向率为 −0.26%/a，呈极显著变干趋势(P<0.01)。21 世纪最初 10 年相比 20 世纪 80 年代，0～30cm 土层土壤湿度降低了 10.48%。1983～2019 年黑龙江省春季 0～30cm 土层土壤湿度在 1989

年左右发生突变，由相对偏湿期进入相对偏干期。

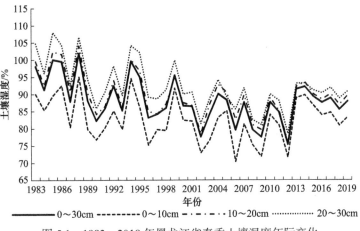

图 5.1　1983～2019 年黑龙江省春季土壤湿度年际变化

1983～2019 年黑龙江省春季 0～10cm、10～20cm、20～30cm 土层土壤湿度平均值分别为 82.63%、89.66%、92.36%，土壤湿度随深度增加逐渐增大，未呈现干旱状态。方差分析结果显示，0～10cm 与 10～20cm、20～30cm 均具有显著差异($P<0.05$)，而 10～20cm 与 20～30cm 之间不存在显著差异($P>0.05$)，说明表层土壤湿度明显小于 10～20cm、20～30cm 土层。0～10cm、10～20cm、20～30cm 土层土壤湿度均呈波动下降趋势，但 0～10cm 土层土壤湿度变化不显著，10～20cm、20～30cm 土层均呈极显著变干趋势($P<0.01$)，倾向率分别为–0.14%/a、–0.28%/a、–0.37%/a。21 世纪 10 年代各土层土壤湿度较 20 世纪 80 年代分别降低了 5.68%、11.08%、14.92%。进行 Mann-Kendall 检验得到，各土层土壤湿度均在 1989 年左右发生突变，由相对偏湿期进入相对偏干期。

5.1.2　各月土壤湿度时序变化特征

1983～2019 年黑龙江省 3～5 月 0～30cm 土壤湿度平均值分别为 91.29%、89.54%、84.73%，取值范围分别为 65.85%～111.11%、76.01%～105.21%、71.87%～95.73%，变异系数分别为 0.11、0.08、0.07，其中 3 月土壤湿度变异系数最大。方差分析结果显示，5 月土壤湿度与 3 月、4 月具有显著差异($P<0.05$)，说明 5 月土壤湿度明显小于 3 月、4 月。1983～2019 年黑龙江省各月土壤湿度年际变化趋势如图 5.2 所示，可以看出，各月土壤湿度均呈波动下降趋势，年际变化特征相似，年际变化倾向率分别为–0.41%/a、–0.29%/a、–0.08%/a，3 月、4 月土壤湿度呈极显著变干趋势($P<0.01$)，而 5 月土壤湿度无显著变化($P>0.05$)。21 世纪最初 10 年各月土壤湿度较 20 世纪 80 年代分别下降了 16.56%、11.64% 和 3.00%。进行 Mann-Kendall 检验得到，3 月、4 月土壤湿度分别在 1993 年和 1989 年发生突变，由偏湿期进入相对偏干期，而 5 月土壤湿度在 1984 年发生突变，由偏湿期进入相对偏干期，又于 2014 年发生突变进入偏湿期。

1983～2019 年黑龙江省春季各月 0～10cm、10～20cm、20～30cm 土层土壤湿度平均值如表 5.1 所示，3～5 月各月土壤湿度均随深度增加而增大，同一月份不同土层间土

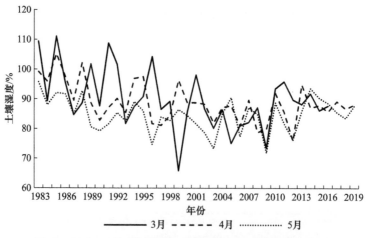

图 5.2　1983～2019 年黑龙江省春季各月土壤湿度年际变化

壤湿度变异系数并无差异，同一土层中 3 月土壤湿度变异系数最大。方差分析结果显示，3 月、5 月 0～10cm 土层与 10～20cm、20～30cm 均具有显著差异($P<0.05$)，说明 3 月、5 月表层土壤与深层土壤相比明显较干；而 4 月各土层间均有显著差异($P<0.05$)，即 4 月不同深度土壤湿度差异较大，随深度增加土壤湿度明显增大。1983～2019 年黑龙江省各月不同土层土壤湿度均呈现波动下降趋势。其中，3 月、4 月 0～10cm 土层土壤湿度下降趋势不显著，10～20cm、20～30cm 土层土壤湿度呈显著下降趋势，且土壤湿度下降速率随土层深度增加而增大；而 5 月不同土层土壤湿度均无显著变化。进行 Mann-Kendall 检验得到，同一月份不同土层土壤湿度突变时间相似，3 月、4 月各土层分别在 1996 年和 1989 年前后发生突变，由偏湿期进入相对偏干期，而 5 月土壤湿度在 1984 年前后发生突变，由偏湿期进入相对偏干期，又于 2015 年前后发生突变进入偏湿期。

表 5.1　1983～2019 年黑龙江省春季各月不同土层土壤湿度情况统计表

	3 月			4 月			5 月		
	0～10cm	10～20cm	20～30cm	0～10cm	10～20cm	20～30cm	0～10cm	10～20cm	20～30cm
最小值/%	60.58	66.79	70.18	72.07	78.20	78.65	61.97	75.01	79.10
最大值/%	114.12	114.59	115.65	94.55	108.15	116.20	92.18	98.91	100.17
平均值/%	86.49	91.80	94.02	82.46	90.67	94.09	79.18	86.65	89.22
变异系数	0.12	0.11	0.12	0.08	0.07	0.08	0.08	0.06	0.05
年际倾向率/(%/a)	−0.28	−0.43*	−0.58**	−0.13	−0.30**	−0.44**	−0.03	−0.11	−0.10

*表示通过概率水平为 0.05 的显著性检验；**表示通过概率水平为 0.01 的显著性检验。

5.2　1983～2019 年黑龙江省春季土壤湿度空间分布及变化

5.2.1　各层土壤湿度空间分布及变化特征

1983～2019 年黑龙江省春季 0～30cm 土层土壤湿度在空间上呈现明显的区域性差

异[图 5.3(a)]，大致呈现由东到西逐渐减小的趋势，取值范围在 70.21%～117.98%，差距较大。其中，高值区集中在三江平原东部，抚远站土壤湿度最高；低值区位于松嫩平原西南部，集中在大庆及齐齐哈尔西南部。1983～2019 年黑龙江省春季 0～30cm 土层土壤湿度年际变化倾向率空间分布[图 5.3(b)]显示，77%的站点的土壤湿度呈现下降趋势，变化速率为-1.99%/a～-0.01%/a，32%的站点呈显著下降趋势(P<0.05)，主要集中在黑龙江省东部、北部及西南部海伦—青冈—巴彦一带。23%的站点的土壤湿度呈现上升趋势，上升速率为 0.08%/a～0.51%/a，只有五大连池呈极显著上升趋势(P<0.01)。

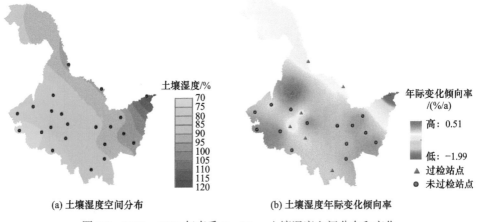

(a) 土壤湿度空间分布　　　　　　　(b) 土壤湿度年际变化倾向率

图 5.3　1983～2019 年春季 0～30cm 土壤湿度空间分布和变化

1983～2019 年黑龙江省春季 0～10cm、10～20cm、20～30cm 土层土壤湿度在空间分布上具有较好的一致性(图 5.4)，均呈现东高西低的空间分布特征，高值区、低值区分布位置与 0～30cm 土层相似。但取值范围上 0～10cm 与 10～20cm 及 20～30cm 土层相差较大，0～10cm 土层取值在 55%～110%，10～20cm 及 20～30cm 土层取值范围在 70%～125%，0～10cm 土层与深层土壤相比更干，其中泰来 0～10cm 土层土壤湿度低于 60%，呈轻度干旱。各土层土壤湿度空间变化具有较好的一致性(图 5.5)，大部分地区土壤湿度

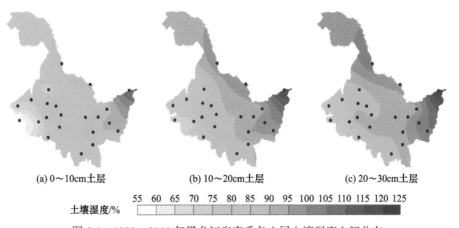

(a) 0～10cm土层　　　　　　(b) 10～20cm土层　　　　　　(c) 20～30cm土层

土壤湿度/%　55　60　65　70　75　80　85　90　95　100　105　110　115　120　125

图 5.4　1983～2019 年黑龙江省春季各土层土壤湿度空间分布

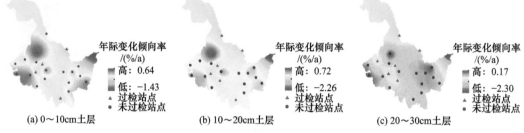

图 5.5　1983～2019 年春季各土层土壤湿度年际变化倾向率空间分布

呈下降趋势，下降速率较快的地区主要位于黑龙江省北部、东部及海伦—青冈—巴彦一带，部分呈上升趋势的站点主要分布在黑龙江省西南部、富锦—虎林一带及五大连池。0～10cm、10～20cm 土层均有 70%左右的站点呈下降趋势，呈显著下降趋势的站点(P<0.05)分别占 22.73%、31.81%，而呈显著上升趋势的站点(P<0.01)仅有五大连池。20～30cm 土层近 90%的站点呈下降趋势，呈显著下降趋势的站点占 31.81%，无呈显著上升趋势站点。

5.2.2　各月土壤湿度空间分布及变化特征

1983～2019 年黑龙江省春季各月 0～30cm 土层土壤湿度在空间分布上具有较好的一致性(图 5.6)，均表现为由东到西逐渐减小的趋势。随月份推移，土壤湿度高值区范围逐渐缩小，空间分布差异性降低。1983～2019 年黑龙江省春季各月土壤湿度在空间变化上也具有较好的一致性(图 5.7)，黑龙江省的东部、北部及西南部分地区均是土壤湿度下降最快的区域，尤其是抚远、同江、饶河附近，嘉荫、黑河一带，以及海伦、青冈、巴彦一带更显著。3～5 月土壤湿度显著下降的站点占比分别为 27.27%、31.81%、9.09%。约 30%的站点土壤湿度呈现上升趋势，但仅五大连池地区土壤湿度呈极显著上升趋势(P<0.01)。各月土壤湿度年际倾向率的变化范围分别为–2.61%/a～0.46%/a、–2.36%/a～0.52%/a、–1.09%/a～0.53%/a。变干显著区域集中在黑龙江省的西部和东部。

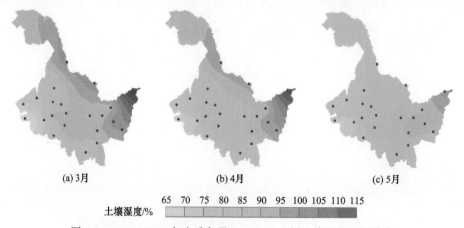

图 5.6　1983～2019 年春季各月 0～30cm 土层土壤湿度空间分布

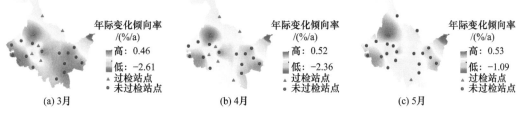

图 5.7 1983~2019 年春季各月 0~30cm 土层土壤湿度年际变化倾向率空间分布

1983~2019 年黑龙江省春季各月 0~10cm、10~20cm、20~30cm 土壤湿度空间分布已基本一致，均呈现东高西低、北高南低的基本特征(图 5.8)。0~10cm、10~20cm、

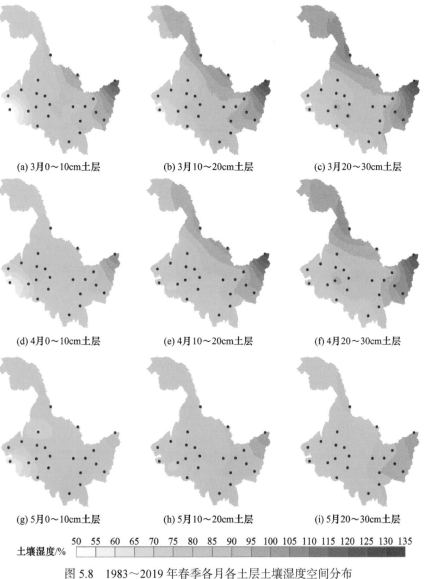

图 5.8 1983~2019 年春季各月各土层土壤湿度空间分布

20～30cm 土壤湿度分布在 50.40%～125.57%、67.68%～130.14%、75.05%～133.38%。随深度增加，土壤湿度高值区范围增大；随月份推移，土壤湿度空间差异性逐渐减小。春季各月不同土层土壤湿度空间变化较为一致，各月不同土层土壤湿度下降速率较快的地区均集中在黑龙江省东部、北部及西南部海伦—青冈一带(图 5.9)。各月 20～30cm 土层土壤湿度呈上升趋势的范围与 0～10cm、10～20cm 土层相比明显较小，5 月不同深度土层土壤湿度下降速率高值区范围明显缩小，且呈显著变化的站点数减少。

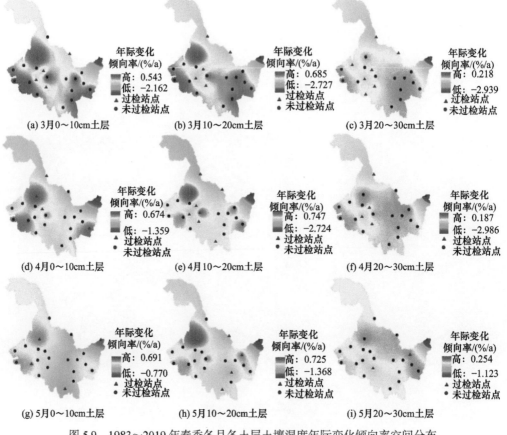

图 5.9　1983～2019 年春季各月各土层土壤湿度年际变化倾向率空间分布

5.3　黑龙江省春季土壤湿度变化机制分析

大量研究表明，土壤湿度与降水、气温等气象因子密切相关，结合黑龙江省气候特征，选取 10 个气象要素，分别为地表温度、日平均气温、日平均风速、降水量、日平均日照时数、积雪期长度、前秋季降水量、积雪终日、最大雪深、积雪初日与土壤湿度进行相关分析。

如表 5.2 所示，与春季各层土壤湿度呈显著或极显著相关的气象要素有地表温度、日平均气温、日平均风速、积雪期长度、前秋季降水量和积雪初日。其中，相关系数较高的是前秋季降水量、积雪初日和积雪期长度。春季各层土壤湿度与前秋季降水量、积雪期长度、日平均风速均成正比，说明前秋季降水量越大、积雪期长度越长、日平均风速越大，春季各层土壤湿度越大；春季各层土壤湿度与积雪初日、日平均气温、地表温度呈负相关，说明积雪初日越晚，日平均气温、地表温度越高，各层土壤湿度越小。分析认为，由于黑龙江省冬季土壤冻结，冻结前的前秋季降水量影响春季土壤底墒，所以其与春季土壤湿度成正比；积雪对春季土壤起保墒作用，积雪初日越早，积雪期长度越长，保墒作用越强；日平均风速越大，春季土壤湿度越大，这可能与积雪融化速率有关，风速大，积雪在短时间集中融化，或风速大引起土壤解冻，所造成的春季土壤湿度偏高，其影响大于风速大所造成的蒸发影响。

表 5.2　1983～2019 年黑龙江省春季各层土壤湿度与气象要素的相关系数

土层深度	地表温度	日平均气温	日平均风速	降水量	日平均日照时数	积雪期长度	前秋季降水量	最大雪深	积雪初日	积雪终日
0～30cm	-0.37*	-0.40**	0.41*	0.05	0.08	0.45**	0.59**	0.07	-0.47**	0.19
0～10cm	-0.17	-0.43**	0.24	0.20	0.00	0.37*	0.61**	0.18	-0.40*	0.13
10～20cm	-0.36*	-0.42**	0.42**	0.04	0.09	0.47**	0.57**	0.06	-0.47**	0.20
20～30cm	-0.47**	-0.41*	0.51**	-0.06	0.15	0.48**	0.54**	-0.02	-0.49**	0.21

*表示通过概率水平为 0.05 的显著性检验；**表示通过概率水平为 0.01 的显著性检验。

　　计算春季各月 0～30cm 土层土壤湿度与气象要素的关系(表 5.3)，结果显示，春季各月 0～30cm 土层土壤湿度呈显著相关的因素与春季各层相关因素基本相同，主要包括地表温度、日平均气温、日平均风速、积雪期长度、前秋季降水量和积雪初日，其主要区别在于这些因素与各月土壤湿度的影响有所侧重和不同，除此之外，5 月土壤湿度受到降水量的影响。值得关注的是，前秋季降水量影响春季各月土壤湿度，积雪期长度及积雪初日影响 3 月、4 月土壤湿度，而对 5 月土壤湿度影响不大。积雪终日与 4 月土壤湿度呈显著正相关，积雪终日集中在 3 月末到 4 月中旬，积雪终日决定了积雪融水对土壤水分的补充，积雪终日越晚，4 月土壤湿度越大。日平均风速与 4 月土壤湿度呈显著正相关，也进一步说明了风速大引起积雪融化或土壤解冻而造成土壤湿度偏大。而降水量只影响了 5 月土壤湿度，说明降水量对解冻后土壤湿度产生影响。

表 5.3　1983～2019 年黑龙江省各月 0～30cm 土层土壤湿度与气象要素的相关系数

月份	地表温度	日平均气温	日平均风速	降水量	日平均日照时数	积雪期长度	前秋季降水量	最大雪深	积雪初日	积雪终日
3	-0.34*	-0.25	0.16	-0.27	0.12	0.39*	0.61**	-0.05	-0.48**	0.09
4	-0.23	-0.34*	0.44**	0.13	-0.06	0.57**	0.50**	0.18	-0.44**	0.36*
5	-0.10	-0.55**	0.18	0.55**	-0.30	0.29	0.37*	0.21	-0.29	0.12

*表示通过概率水平为 0.05 的显著性检验；**表示通过概率水平为 0.01 的显著性检验。

　　进一步以各月各土层为计算单位，计算土壤湿度与气象要素的关系，见表 5.4。所得结论基本与上述相同。前秋季降水量、积雪期长度和积雪期初日是影响各月各土层土壤湿度最重要的因素。但积雪初日与积雪期长度对 0～10cm 土壤湿度的影响略小，对 10cm 以下土壤湿度影响较大，一直持续到 5 月，说明积雪保墒作用强。除此之外，可以看到，3 月 10cm 以下土壤湿度与地表温度有关；4 月 20cm 以上土壤湿度与日平均气温呈显著负相关，与积雪终日呈显著正相关，4 月 10cm 以下土壤湿度与日平均风速呈显著正相关，4 月表层土壤湿度与最大雪深和积雪终日呈显著正相关，说明 4 月表层土壤湿度受积雪影响明显；5 月各层土壤湿度均与日平均气温和降水量显著相关，表层土壤湿度与日平均日照时数显著相关。

表 5.4　1983～2019 年黑龙江省各月不同土层土壤湿度与气象要素的相关分析

土层	月份	地表温度	日平均气温	日平均风速	降水量	日平均日照时数	积雪期长度	最大雪深	前秋季降水量	积雪初日	积雪终日
0～10cm	3	-0.23	-0.25	0.05	-0.22	0.17	0.29	0	0.61**	-0.48**	-0.02
	4	-0.05	-0.41*	0.27	0.18	-0.15	0.49**	0.36*	0.51**	-0.28	0.39*
	5	-0.02	-0.54**	0.10	0.64**	-0.43**	0.17	0.19	0.35*	-0.20	0.04
10～20cm	3	-0.34*	-0.20	0.16	-0.25	0.11	0.38*	-0.07	0.61**	-0.46**	-0.07
	4	-0.28	-0.34*	0.45**	0.08	-0.04	0.56**	0.14	0.48**	-0.43**	0.36*
	5	-0.18	-0.55**	0.25	0.46**	-0.29	0.34*	0.19	0.39*	-0.31	0.16
20～30cm	3	-0.46**	-0.24	0.24	-0.28	0.06	0.42**	-0.12	0.58**	-0.44**	0.17
	4	-0.31	-0.21	0.54**	0.03	0.01	0.54**	-0.01	0.46**	-0.52**	0.26
	5	-0.16	-0.52**	0.23	0.43**	-0.24	0.37*	0.21	0.40*	-0.37*	0.16

*表示通过概率水平为 0.05 的显著性检验；**表示通过概率水平为 0.01 的显著性检验。

　　综合以上分析可以得出，对春季土壤湿度影响最显著的是前秋季降水量、积雪初日及积雪期长度。最大雪深、积雪终日、地表温度、日平均风速、日平均气温和降水量对不同时期不同深度土壤湿度有不同程度的影响。前秋季降水量、积雪期长度及积雪初日是春季土壤湿度的主要影响因素，春季土壤水分的来源主要是封冻前保留在土壤中的水分，而长期的积雪覆盖使得土壤湿度相对稳定，减少土壤水分的流失，从而达到保墒的效果，且持续时间较长；而融雪水对土壤水分的补充仅表现在融雪期，作用时间较短，黑龙江省积雪融水对春季土壤湿度的补给作用相对较小，仅影响 4 月土壤湿度。

5.4　松嫩-三江平原春季土壤湿度时空变化特征

5.4.1　松嫩-三江平原两大农业区土壤湿度时序变化特征

1. 不同土层土壤湿度时序变化特征

1) 0～30cm 土层春季土壤湿度时序变化特征

1983～2019 年松嫩-三江平原春季土壤湿度如图 5.10 所示，两大农业区春季 0～30cm

土层土壤湿度差异较大，松嫩平原春季土壤湿度变化范围为 69.35%～97.44%，平均值为 81.39%，变异系数为 0.09；而三江平原春季土壤湿度变化范围为 81.44%～110.0%，平均值为 92.37%，变异系数为 0.07。与三江平原相比，松嫩平原春季土壤湿度较低，且年际变化幅度较大。进行方差分析，结果表明，松嫩平原春季土壤湿度与三江平原具有极显著差异($P<0.01$)，即松嫩平原春季土壤湿度显著低于三江平原。从年际变化来看，1983～2019 年松嫩平原春季土壤湿度年际变化倾向率为–0.14%/a；三江平原年际变化倾向率为–0.08%/a，与三江平原相比，松嫩平原变化速率较快，但两大农业区春季土壤湿度年际变化均不显著($P>0.05$)。

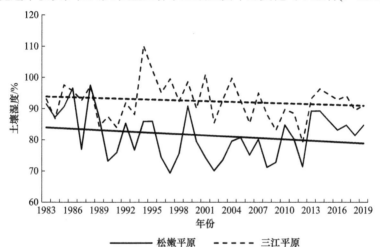

图 5.10　1983～2019 年松嫩-三江平原春季 0～30cm 土壤湿度年际变化

2) 不同土层春季土壤湿度时序变化特征

1983～2019 年松嫩平原与三江平原春季 0～10cm、10～20cm、20～30cm 土层土壤湿度如表 5.5 所示。松嫩平原 0～10cm、10～20cm、20～30cm 春季土壤湿度平均值分别为 75.61%、82.33%和 86.23%，取值范围分别为 62.78%～89.33%、68.99%～97.68%、72.87%～105.32%，变异系数分别为 0.10、0.09、0.10。方差分析结果表明(图 5.11)，松嫩平原 0～10cm、10～20cm、20～30cm 春季土壤湿度均存在显著差异($P<0.05$)，即从垂向上看，松嫩平原不同土层土壤湿度具有显著差异，表现为随土层深度增加，土壤湿度显著增加。从时序变化来看[图 5.12(a)]，松嫩平原 0～10cm、10～20cm 土层春季土壤湿度年际变化并不显著($P>0.05$)，年际变化倾向率为分别为 0.01%/a、–0.11%/a，而 20～30cm 土层春季土壤湿度呈极显著减小趋势($P<0.01$)，年际变化倾向率为–0.33%/a。

表 5.5　两大农业区不同土层春季土壤湿度统计表

	松嫩平原			三江平原		
	0～10cm	10～20cm	20～30cm	0～10cm	10～20cm	20～30cm
最大值/%	89.33	97.68	105.32	106.50	111.62	112.18
最小值/%	62.78	68.99	72.87	74.67	79.63	83.37
平均值/%	75.61	82.33	86.23	87.53	93.56	96.02
变异系数	0.10	0.09	0.10	0.08	0.07	0.06
倾向率/(%/a)	0.01	–0.11	–0.33**	–0.08	–0.08	–0.09

**表示通过概率水平为 0.01 的显著性检验。

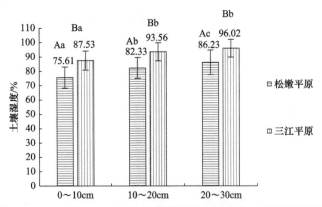

图 5.11 1983～2019 年松嫩-三江平原各土层春季土壤湿度平均值

A、B 表示同一土层两个农业区之间的差异性；a、b、c 表示同一农业区不同土层之间的差异性

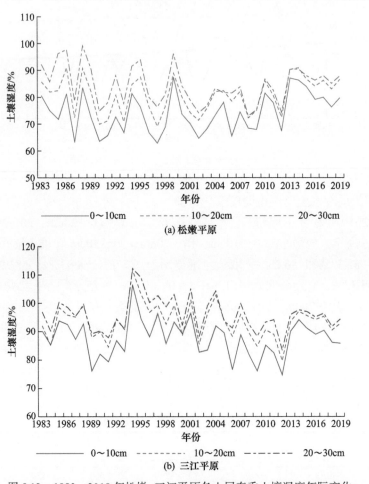

图 5.12 1983～2019 年松嫩-三江平原各土层春季土壤湿度年际变化

三江平原 0～10cm、10～20cm、20～30cm 春季土壤湿度平均值分别为 87.53%、93.56% 和 96.02%，取值范围分别为 74.67%～106.50%、79.63%～111.62%、83.37%～112.18%，变异系数分别为 0.08、0.07、0.06。方差分析结果表明(图 5.11)，0～10cm 与 10～20cm、

20~30cm 春季土壤湿度均具有极显著差异($P<0.01$)，而 10~20cm 与 20~30cm 不存在显著差异($P>0.05$)，即三江平原表层土壤(0~10cm)土壤湿度显著低于深层土壤(10~30cm)。从时序变化来看[图 5.12(b)]，三江平原各土层春季土壤湿度年际变化均不显著($P>0.05$)，年际变化倾向率为-0.08%/a、-0.08%/a、-0.09%/a。

总体来说，从方差分析结果可以看出，松嫩平原与三江平原不同土层春季土壤湿度均存在显著差异($P<0.01$)，即松嫩平原各土层春季土壤湿度均显著低于三江平原。松嫩平原不同土层土壤湿度变异系数与三江平原相比均较大，即三江平原不同土层土壤湿度与松嫩平原相比较为稳定。从垂向上看，松嫩平原与三江平原春季土壤湿度均表现为随深度增加逐渐增大，但三江平原 10~20cm 与 20~30cm 土层土壤湿度差异并不显著。从年际变化来看，除松嫩平原 20~30cm 土层土壤湿度显著减小外，松嫩平原其余土层与三江平原不同土层土壤湿度年际变化均不显著。

2. 春季不同月份土壤湿度时序变化特征

1) 春季不同月份 0~30cm 土层土壤湿度时序变化特征

1983~2019 年松嫩平原与三江平原 3~5 月 0~30cm 土层土壤湿度如表 5.6 所示。松嫩平原 3~5 月 0~30cm 土层土壤湿度平均值分别为 81.62%、82.14%和 79.79%，取值范围分别为 54.51%~107.16%、68.18%~99.38%、62.49%~92.48%，变异系数分别为 0.13、0.09、0.09。方差分析结果表明(图 5.13)，松嫩平原春季不同月份 0~30cm 土层土壤湿度均不存在显著差异($P>0.05$)。从时序变化来看[图 5.14(a)]，松嫩平原各月 0~30cm 土层春季土壤湿度年际变化并不显著($P>0.05$)，年际变化倾向率分别为-0.30%/a、-0.15%/a、0.02%/a。

表 5.6　两大农业区春季各月 0~30cm 土层土壤湿度统计表

	松嫩平原			三江平原		
	3 月	4 月	5 月	3 月	4 月	5 月
最大值/%	107.16	99.38	92.48	121.92	108.40	98.95
最小值/%	54.51	68.18	62.49	74.62	78.66	75.30
平均值/%	81.62	82.14	79.79	94.80	92.16	89.07
变异系数	0.13	0.09	0.09	0.10	0.07	0.07
倾向率/(%/a)	-0.30	-0.15	0.02	-0.11	-0.08	-0.01

三江平原 3~5 月 0~30cm 土层土壤湿度平均值分别为 94.80%、92.16%和 89.07%，取值范围分别为 74.62%~121.92%、78.66%~108.40%、75.30%~98.95%，变异系数分别为 0.10、0.07、0.07。方差分析结果表明(图 5.13)，三江平原 0~30cm 土层 5 月与 3 月、4 月土壤湿度均具有极显著差异($P<0.01$)，而 3 月、4 月之间不存在显著差异($P>0.05$)，即三江平原 5 月土壤湿度显著低于 3 月、4 月。从年际变化来看[图 5.14(b)]，三江平原春季各月 0~30cm 土层土壤湿度年际变化均不显著($P>0.05$)，年际变化倾向率为-0.11%/a、-0.08%/a、-0.01%/a。

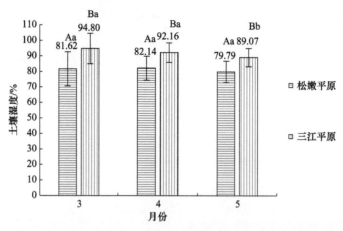

图 5.13　1983～2019 年松嫩-三江平原春季各月 0～30cm 土壤湿度平均值
A、B 表示同一月份两个农业区之间的差异性；a、b 表示同一农业区不同月份之间的差异性

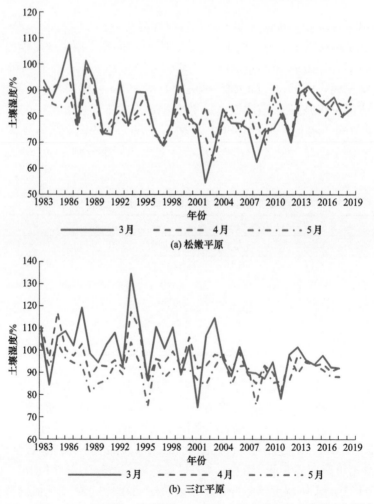

图 5.14　1983～2019 年松嫩-三江平原 0～30cm 土层春季各月土壤湿度年际变化

方差分析结果显示(图 5.13)，松嫩平原各月 0～30cm 土壤湿度均显著低于三江平原(P<0.01)。与三江平原相比，松嫩平原各月 0～30cm 土层土壤湿度年际变化幅度较大，年际变化速率较快，但两大农业区土壤湿度年际变化均不显著。

2) 春季各月不同土层土壤湿度时序变化特征

1983～2019 年松嫩平原与三江平原春季各月不同土层土壤湿度情况如表 5.7 所示。松嫩平原 3 月 0～10cm、10～20cm、20～30cm 土壤湿度平均值分别为 77.00%、82.74%、86.39%；其中土壤湿度最低值在 2002 年，0～10cm 土壤湿度 47.03%，达到中旱程度，10～20cm 土壤湿度 55.61%，达到轻旱程度，20～30cm 土壤湿度 60.88%，达到土壤湿度适宜程度底线。松嫩平原 4 月 0～10cm、10～20cm、20～30cm 土壤湿度平均值分别为 75.75%、83.29%、87.94%；其中仅 1997 年 4 月 0～10cm 土层土壤湿度达到轻旱程度，土壤湿度为 57.55%。松嫩平原 5 月 0～10cm、10～20cm、20～30cm 土壤湿度平均值分别为 74.18%、81.08%、84.49%；其中 2009 年 5 月 0～10cm 土层土壤湿度达到轻旱程度，土壤湿度为 59.34%。3 月不同土层变异系数均大于 4 月、5 月，即 3 月不同土层土壤湿度年际浮动较大。

表 5.7 　1983～2019 年松嫩-三江平原春季各月不同土层土壤湿度统计表

地区	月份	土层	最大值/%	最小值/%	平均值/%	变异系数	倾向率/(%/a)
松嫩平原	3	0～10cm	98.73	47.03	77.00	0.15	−0.09
		10～20cm	108.09	55.61	82.74	0.13	−0.27
		20～30cm	116.00	60.88	86.39	0.14	−0.56**
	4	0～10cm	92.24	57.55	75.75	0.11	0.01
		10～20cm	97.11	68.79	83.29	0.08	−0.09
		20～30cm	108.94	72.85	87.94	0.10	−0.37**
	5	0～10cm	89.09	59.34	74.18	0.10	0.11
		10～20cm	92.76	70.64	81.08	0.10	0.04
		20～30cm	98.99	73.76	84.49	0.07	−0.09
三江平原	3	0～10cm	122.94	69.81	92.19	0.12	−0.17
		10～20cm	123.51	75.48	96.18	0.10	−0.10
		20～30cm	119.32	76.71	97.21	0.10	−0.12
	4	0～10cm	103.29	74.40	86.88	0.08	−0.05
		10～20cm	109.19	80.07	93.73	0.06	−0.07
		20～30cm	114.90	81.50	96.98	0.07	−0.16
	5	0～10cm	96.86	65.56	83.65	0.09	−0.02
		10～20cm	101.24	78.49	90.87	0.06	−0.05
		20～30cm	102.05	84.71	93.92	0.05	0.02

**表示通过概率水平为 0.01 的显著性检验。

对松嫩平原春季各月不同土层土壤湿度进行方差分析[图 5.15(a)]，结果表明，就同一月份不同土层而言，松嫩平原 4 月不同土层土壤湿度均存在显著差异，即从垂向上看，松嫩平原 4 月土壤湿度表现为随土层深度增加，土壤湿度显著增加；而 3 月、5 月 0～10cm 与 10～20cm、20～30cm 春季土壤湿度均具有极显著差异(P<0.01)，而 10～20cm、20～30cm 之间差异并不显著(P>0.05)，即松嫩平原 3 月、5 月表层(0～10cm)土壤湿度显著低于深层(10～30cm)土壤湿度。而松嫩平原同一土层不同月份土壤湿度均不存在显著差异(P>0.05)。

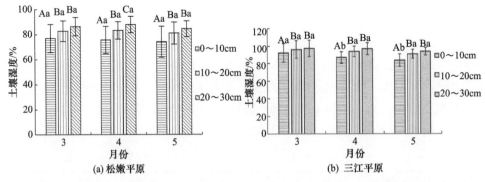

图 5.15　1983～2019 年松嫩-三江平原 0～30cm 土层春季各月土壤湿度年际变化
A、B、C 表示同一月份不同土层之间的差异性；a、b 表示同一土层不同月份之间的差异性

从年际变化来看，松嫩平原 3 月 0～10cm、10～20cm、20～30cm 土壤湿度年际变化倾向率分别为–0.09%/a、–0.27%/a、–0.56%/a，可以看出，随土层深度的增加，松嫩平原 3 月土壤湿度减小速率不断增加，但仅 20～30cm 土层土壤湿度呈现极显著减小趋势(P<0.01)，0～10cm、10～20cm 土层土壤湿度变化趋势均不显著(P>0.05)。松嫩平原 4 月 0～10cm、10～20cm、20～30cm 土壤湿度年际变化倾向率分别为 0.01%/a、–0.09%/a、–0.37%/a，与 3 月不同土层土壤湿度变化类似，松嫩平原 4 月仅 20～30cm 土层土壤湿度呈现极显著减小趋势(P<0.01)，0～10cm、10～20cm 土层土壤湿度变化趋势均不显著(P>0.05)。松嫩平原 5 月 0～10cm、10～20cm、20～30cm 土壤湿度年际变化倾向率分别为 0.11%/a、0.04%/a、–0.09%/a，但 5 月不同土层土壤湿度变化趋势均不显著(P>0.05)。

三江平原 1983～2019 年春季各月不同土层土壤湿度均达到适宜程度，土壤湿度平均值均在 80%以上，且在 37 年中，3 月 0～10cm、10～20cm、20～30cm 土壤湿度达到饱和程度(RHS>90%)的年份分别占 62%、78%、84%；4 月分别占 27%、78%、89%；5 月分别占 16%、59%、81%。3 月不同土层变异系数均大于 4 月、5 月，可见三江平原 3 月不同土层土壤湿度与 4 月、5 月相比，年际浮动较大。

对三江平原春季各月不同土层土壤湿度进行方差分析[图 5.15(b)]，结果表明，就同一月份不同土层而言，各月 0～10cm 与 10～20cm、20～30cm 春季土壤湿度均具有极显著差异(P<0.01)，而 10～20cm、20～30cm 之间差异并不显著(P>0.05)，即三江平原各月表层(0～10cm)土壤湿度显著低于深层(10～30cm)土壤湿度。就同一土层不同月份而言，三江平原 0～10cm 土层 3 月与 4 月、5 月土壤湿度均具有极显著差异(P<0.01)，而 4 月、5 月之间差异并不显著(P>0.05)，即三江平原 3 月 0～10cm 土层土壤湿度显著高于 4 月、5

月；而 10～20cm、20～30cm 土层不同月份间土壤湿度差异并不显著(P>0.05)。

从年际变化来看，三江平原 3 月不同土层土壤湿度均呈下降趋势；4 月不同土层土壤湿度均呈下降趋势，随土层深度增加，下降速率逐渐增大；5 月 0～10cm、10～20cm 土层土壤湿度呈下降趋势，20～30cm 土层呈上升趋势。但三江平原不同月份不同土层土壤湿度年际变化均不显著(P>0.05)。

整体来看，松嫩平原土壤湿度明显低于三江平原，方差分析结果显示，松嫩平原春季不同月份不同土层土壤湿度与三江平原相比均存在显著差异，即春季不同月份不同土层松嫩平原土壤湿度均显著低于三江平原。松嫩平原 0～10cm 土层 3～5 月均呈现不同程度的干旱情况，而三江平原春季不同月份不同土层土壤湿度大多呈现饱和状态。松嫩平原、三江平原 3 月不同土层土壤湿度变异系数均高于 4 月、5 月，即 3 月土壤湿度年际浮动较大。对于同一月份不同土层而言，松嫩平原、三江平原均呈现表层(0～10cm)土壤湿度显著低于深层土壤湿度(10～30cm)的特征，且松嫩平原 4 月 10～20cm 土层土壤湿度显著低于 20～30cm。对于同一土层不同月份来说，除三江平原 0～10cm 土层 3 月土壤湿度显著高于 4 月、5 月外，松嫩平原、三江平原春季同一土层不同月份土壤湿度不存在显著差异。从年际变化来看，只有松嫩平原 20～30cm 土层 3 月、4 月土壤湿度呈现显著减小趋势，其余不同月份不同土层土壤湿度年际变化趋势均不显著。

5.4.2 松嫩-三江平原土壤湿度空间分布及变化特征

1. 0～30cm 土层春季土壤湿度空间分布及变化特征

1983～2019 年松嫩平原与三江平原春季 0～30cm 土层土壤湿度空间分布如图 5.16 所示，两大平原春季土壤湿度在空间上呈现明显的区域性差异，均呈现由东到西逐渐减小的趋势，但整体上松嫩平原土壤湿度低于三江平原，差距较大。松嫩平原春季土壤湿度值域分布范围为 70.21%～88.55%，高值区位于绥化西部及哈尔滨南部，土壤湿度均在 80%以上；低值区分布在西南部泰来、安达以及北部五大连池，土壤湿度在 70%左右。三江平原春季土壤湿度值域分布范围为 88.15%～117.98%，高值区分布在抚远、宝清一带，土壤湿度接近 100%；低值区集中在汤原和穆棱，土壤湿度在 90%以下，未达到饱和状态。

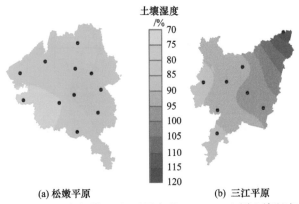

(a) 松嫩平原 (b) 三江平原

图 5.16 1983～2019 年松嫩-三江平原春季 0～30cm 土层土壤湿度空间分布

　　1983～2019 年松嫩平原与三江平原春季 0～30cm 土层土壤湿度空间变化如图 5.17 所示，松嫩平原与三江平原土壤湿度年际变化差异较大，松嫩平原土壤湿度与三江平原相比，土壤湿度变化更为显著。松嫩平原 0～30cm 土层春季土壤湿度年际变化倾向率值域范围为–0.673%/a～0.493%/a，其中 36%的站点土壤湿度有上升趋势，主要位于松嫩平原北部及西南部，但仅五大连池上升趋势显著(P<0.05)，且变化倾向率最大；64%的站点呈下降趋势，43%的站点下降趋势显著(P<0.05)，集中在海伦—青冈—巴彦一带。三江平原 0～30cm 土层春季土壤湿度年际变化倾向率值域范围为–1.990%/a～0.079%/a，其中 88%的站点呈下降趋势，仅抚远站呈极显著下降趋势(P<0.01)，且其下降速率最快，其他地区土壤湿度变化均不显著，变化速率较慢；仅虎林呈上升趋势，但变化趋势不显著。

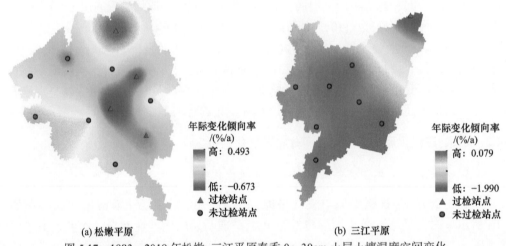

(a) 松嫩平原　　　　　　　　　　　　　　　　　　(b) 三江平原

图 5.17　1983～2019 年松嫩–三江平原春季 0～30cm 土层土壤湿度空间变化

　　2. 春季不同深度土层土壤湿度空间分布及变化特征

　　1983～2019 年松嫩平原(图 5.18)与三江平原(图 5.19)春季 0～10cm、10～20cm、20～30cm 土层土壤湿度在空间分布上具有较好的一致性，均呈现东高西低的空间分布特征，高值区、低值区分布位置与 0～30cm 土层相似，但取值范围上相差较大。

　　松嫩平原 0～10cm、10～20cm、20～30cm 土层土壤湿度值域范围分别为 51.90%～82.30%、70.83%～91.27%、76.34%～98.69%，随着土层深度加深，土壤湿度逐渐增加，表层(0～10cm)土壤湿度与深层(10～20cm、20～30cm)相比较干。从 0～10cm 土层来看，泰来土壤湿度最低，且呈现轻旱状态；其余站点均呈适宜状态。10～20cm 土层，绥化及其周边是土壤湿度高值区，土壤湿度在 90%左右，其中青冈土壤湿度最高，达到饱和状态；其余站点土壤湿度在 70%～80%，低值区仍位于泰来—安达一带。20～30cm 土层，18%的站点土壤湿度呈现饱和状态，位于青冈—巴彦一带；其余站点土壤湿度大多在 80%以上。

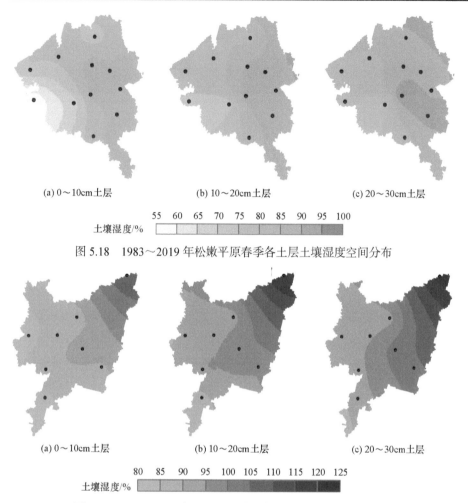

(a) 0～10cm 土层   (b) 10～20cm 土层   (c) 20～30cm 土层

土壤湿度/%   55 60 65 70 75 80 85 90 95 100

图 5.18   1983～2019 年松嫩平原春季各土层土壤湿度空间分布

(a) 0～10cm 土层   (b) 10～20cm 土层   (c) 20～30cm 土层

土壤湿度/%   80 85 90 95 100 105 110 115 120 125

图 5.19   1983～2019 年三江平原春季各土层土壤湿度空间分布

三江平原 0～10cm、10～20cm、20～30cm 土层土壤湿度值域范围分别为 82.94%～118.37%、88.21%～130.59%、91.81%～133.29%，随着土层深度加深，土壤湿度逐渐增加。其中，0～10cm 土层，37%的站点土壤湿度达到饱和程度，位于勃利—宝清—抚远一带，其余站点土壤湿度均呈适宜状态。10～20cm 土层，仅穆棱土壤湿度未达到饱和状态，年均土壤湿度为 88.21%，其余站点土壤湿度均达到饱和状态，土壤湿度大于 90%，高值区仍为勃利—宝清—抚远一带。20～30cm 土层，所有站点土壤湿度均达到饱和状态，高值区位于虎林—宝清—抚远一带。

松嫩平原 0～10cm、10～20cm、20～30cm 土层土壤湿度年际变化倾向率值域范围分别为-0.39%/a～0.60%/a、-0.71%/a～0.70%/a、-1.00%/a～0.16%/a。0～10cm 土层，36%的站点土壤湿度呈上升趋势，位于北部及西南部，而呈极显著上升趋势的站点($P<0.01$)仅有五大连池；64%的站点土壤湿度呈下降趋势，呈显著下降趋势的站点($P<0.05$)占 18%，集中在中部海伦—青冈一带。10～20cm 土层，36%的站点土壤湿度呈上升趋势，位于北部及西南部，而呈极显著上升趋势的站点($P<0.01$)仅有五大连池；64%的站点土壤湿度呈

下降趋势，呈显著下降趋势的站点分别占 27%，集中在海伦—青冈—巴彦一带。20～30cm 土层，18%的站点土壤湿度呈上升趋势，同样位于北部及西南部，但上升趋势均不显著（$P>0.05$）；82%的站点呈下降趋势，36%的站点呈显著下降趋势，集中在富裕—青冈—巴彦一带(图 5.20)。

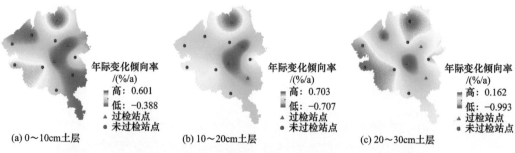

图 5.20　1983～2019 年松嫩平原春季各土层土壤湿度年际变化倾向率空间分布

三江平原 0～10cm、10～20cm、20～30cm 土层土壤湿度年际变化倾向率值域范围分别为–1.42%/a～0.31%/a、–2.25%/a～0.12%/a、–2.30%/a～0.12%/a。0～10cm 土层，37%的站点土壤湿度呈上升趋势，集中在中部及东南部，且变化趋势均不显著（$P>0.05$）；63%的站点呈下降趋势，仅抚远站呈显著下降趋势（$P<0.01$），且其下降速率最快，其余站点下降趋势均不显著（$P>0.05$），且下降速率较慢。10～20cm，25%的站点土壤湿度呈上升趋势，集中在北部富锦及东南部虎林，且变化趋势均不显著（$P>0.05$）；75%的站点呈下降趋势，仅抚远站呈极显著下降趋势（$P<0.01$），且其下降速率最快。20～30cm，仅富锦土壤湿度呈上升趋势，且变化趋势均不显著（$P>0.05$）；其余站点均呈下降趋势，仅抚远站呈极显著下降趋势（$P<0.01$），且其下降速率最快(图 5.21)。

图 5.21　1983～2019 年三江平原春季各土层土壤湿度年际变化倾向率空间分布

5.5　松嫩-三江平原春季土壤湿度影响因素分析

5.5.1　松嫩-三江平原春季土壤湿度与气象因素相关关系分析

1. 松嫩-三江平原春季各土层土壤湿度与气象因素相关关系

如表 5.8 所示，影响松嫩平原与三江平原春季各土层土壤湿度的气象因素差异较大。

与松嫩平原春季各层土壤湿度呈显著相关的气象因素有日平均气温、前秋季降水量、积雪期长度、最大雪深和积雪初日。其中，春季各层土壤湿度与前秋季降水量、积雪日数、最大雪深均成正比，即以上气象因素越大，土壤湿度越大；与日平均气温、积雪初日成反比，即春季日平均气温升高，积雪初日推迟，则土壤湿度降低。前秋季降水量、积雪期长度、日平均气温对春季各层土壤湿度均有影响，其中前秋季降水量与土壤湿度相关系数最大，对春季土壤湿度影响最大；最大雪深只对表层(0～10cm)土壤湿度有影响，日平均风速仅对 20～30cm 土壤湿度有所影响。

表 5.8　松嫩平原与三江平原春季各层土壤湿度与气象因素的相关系数

地区	土层	日平均气温	降水量	地表温度	日平均风速	日平均日照时数	前秋季降水量	积雪期长度	最大雪深	积雪初日	积雪终日
松嫩平原	0～10cm	−0.42**	0.28	0.12	−0.01	0.06	0.63**	0.52**	0.40*	−0.39*	0.15
	10～20cm	−0.44**	0.15	−0.05	0.12	0.15	0.66**	0.47**	0.29	−0.42**	0.16
	20～30cm	−0.46**	−0.02	−0.31	0.35*	0.29	0.61**	0.41*	0.15	−0.51**	0.20
	0～30cm	−0.46**	0.14	−0.09	0.17	0.18	0.66**	0.48**	0.28	−0.46**	0.18
三江平原	0～10cm	−0.24	0.25	−0.13	0.09	−0.21	0.57**	0.28	0.03	0	−0.10
	10～20cm	−0.17	0.07	−0.20	0.15	−0.12	0.60**	0.18	−0.10	0.03	−0.04
	20～30cm	−0.18	0.04	−0.22	0.14	−0.10	0.57**	0.20	−0.07	0.01	−0.04
	0～30cm	−0.20	0.14	−0.19	0.12	−0.15	0.60**	0.23	−0.05	0.01	−0.06

*表示通过概率水平为 0.05 的显著性检验；**表示通过概率水平为 0.01 的显著性检验。

与三江平原春季各土层土壤湿度呈显著相关的气象因素仅有前秋季降水量，前秋季降水量与春季各土层土壤湿度均呈显著正相关，前秋季降水量越大，春季土壤湿度越大。而各积雪参数对三江平原春季各层土壤湿度影响均不显著。

2. 松嫩-三江平原春季各月 0～30cm 土层土壤湿度与气象因素相关关系

计算松嫩平原与三江平原春季各月 0～30cm 土层土壤湿度与气象因素相关关系，见表 5.9，结果显示，两大农业区春季各月 0～30cm 土层土壤湿度影响因素差异较大。与松嫩平原春季各月土壤湿度呈显著相关的气象因素有日平均气温、降水量、前秋季降水量、积雪期长度、最大雪深和积雪初日。前秋季降水量对土壤湿度的影响从 3 月持续到 5 月，前秋季降水量越大，土壤湿度越大；积雪期长度、积雪初日对 3 月、4 月土壤湿度有显著影响，积雪期长度增大，积雪初日提前，则 3 月、4 月土壤湿度增大；最大雪深仅能影响 4 月土壤湿度，最大雪深越大，4 月土壤湿度越大；4 月、5 月日平均气温对土壤湿度有显著影响，气温越高，土壤湿度越低；降水量仅在 5 月对土壤湿度有显著影响，5 月降水量越大，相应的土壤湿度越大。

表 5.9　松嫩平原与三江平原春季各月 0～30cm 土层土壤湿度与气象因素的相关系数

地区	月份	日平均气温	降水量	地表温度	日平均风速	日平均日照时数	前秋季降水量	积雪期长度	最大雪深	积雪初日	积雪终日
松嫩平原	3	−0.30	−0.25	−0.10	0.01	0.14	0.66**	0.46**	0.16	−0.47**	0.04
	4	−0.44**	0.14	−0.11	0.24	0.03	0.59**	0.49**	0.37*	−0.42*	0.31
	5	−0.42*	0.57**	0.05	0	−0.20	0.50**	0.30	0.30	−0.27	0.21
三江平原	3	−0.14	0.12	−0.18	0.05	0.04	0.57**	0.29	−0.09	−0.14	−0.11
	4	−0.08	−0.16	−0.01	0.02	−0.02	0.51**	0.25	0.05	−0.09	0.03
	5	−0.48**	0.56**	−0.04	0.12	−0.42**	0.29	0.15	0.04	−0.01	−0.09

*表示通过概率水平为 0.05 的显著性检验；**表示通过概率水平为 0.01 的显著性检验。

与三江平原春季各月土壤湿度呈显著相关的气象因素有日平均气温、降水量、日平均日照时数和前秋季降水量。其中，前秋季降水量与土壤湿度呈显著正相关，但仅持续到 4 月，即前秋季降水量越大，3 月、4 月土壤湿度越高；5 月，日平均气温、降水量及日平均日照时数与土壤湿度显著相关，即气温越低、降水量越大、日平均日照时数越短，5 月土壤湿度越大。

3. 松嫩-三江平原春季各月不同土层土壤湿度与气象因素相关关系

进一步以各月各土层为计算单位，计算土壤湿度与气象因素的关系，见表 5.10。所得结论基本与上述相同。

表 5.10　松嫩平原与三江平原春季各月不同土层土壤湿度与气象因素的相关系数

地区	月份	土层	日平均气温	降水量	地表温度	日平均风速	日平均日照时数	前秋季降水量	积雪期长度	最大雪深	积雪初日	积雪终日
松嫩平原	3	0～10cm	−0.28	−0.20	0.06	−0.15	0.15	0.62**	0.55**	0.23	−0.39*	−0.06
		10～20cm	−0.28	−0.21	−0.10	0.00	0.14	0.66**	0.45**	0.15	−0.50**	0.01
		20～30cm	−0.30	−0.28	−0.29	0.20	0.10	0.60**	0.37*	0.04	−0.51**	0.11
	4	0～10cm	−0.38*	0.27	0.16	0.09	−0.04	0.51**	0.48**	0.47**	−0.31	0.36*
		10～20cm	−0.43**	0.14	−0.08	0.18	0.02	0.56**	0.46**	0.36*	−0.34*	0.27
		20～30cm	−0.37*	0.01	−0.31	0.41*	0.12	0.57**	0.44**	0.18	−0.54**	0.23
	5	0～10cm	−0.46**	0.69**	0.14	−0.08	−0.40*	0.41*	0.24	0.32	−0.25	0.16
		10～20cm	−0.38*	0.54**	0.05	−0.02	−0.23	0.53**	0.35*	0.30	−0.24	0.22
		20～30cm	−0.41*	0.42*	−0.11	0.11	−0.07	0.53**	0.35*	0.27	−0.36*	0.25
三江平原	3	0～10cm	−0.19	0.09	−0.24	0.10	0.120	0.54**	0.35*	−0.05	−0.18	−0.14
		10～20cm	−0.06	0.11	−0.17	0.08	0.002	0.59**	0.19	−0.15	−0.02	−0.10
		20～30cm	−0.12	0.16	−0.20	0.05	−0.07	0.58**	0.20	−0.11	0.03	−0.05

续表

地区	月份	土层	日平均气温	降水量	地表温度	日平均风速	日平均日照时数	前秋季降水量	积雪期长度	最大雪深	积雪初日	积雪终日
三江平原	4	0~10cm	−0.19	−0.07	0.06	0.04	−0.22	0.50**	0.28	0.18	0.12	0.10
		10~20cm	−0.09	−0.31	−0.10	0.03	0.03	0.56**	0.16	0.004	0.05	0.05
		20~30cm	0.04	−0.32	−0.08	0.05	0.09	0.49**	0.17	−0.08	−0.08	−0.02
	5	0~10cm	−0.45**	0.62**	0.02	0.03	−0.43**	0.27	0.01	−0.002	0.14	−0.16
		10~20cm	−0.51**	0.503**	−0.17	0.19	−0.46**	0.36*	0.10	−0.05	0.11	−0.02
		20~30cm	−0.41*	0.497**	−0.03	−0.01	−0.43**	0.39*	0.15	0.08	0.11	−0.03

*表示通过概率水平为 0.05 的显著性检验；**表示通过概率水平为 0.01 的显著性检验。

　　与松嫩平原春季各月不同土层土壤湿度呈显著相关的气象因素有日平均气温、降水量、日平均风速、日平均日照时数、前秋季降水量、积雪期长度、最大雪深、积雪初日和积雪终日。前秋季降水量对土壤湿度的影响最大，从 3 月持续到 5 月，与不同土层均呈显著正相关；除 5 月 0~10cm 土层外，积雪期长度与各月不同土层均呈显著正相关；积雪初日与 3 月不同土层、4 月 10~30cm 土层、5 月 20~30cm 土层土壤湿度呈显著负相关；积雪终日仅与 4 月 0~10cm 土层呈显著正相关，即积雪终日推迟，则土壤湿度增大；最大雪深仅与 4 月 0~20cm 土层土壤湿度呈显著正相关；日平均风速与 4 月 20~30cm 土层土壤湿度呈显著正相关，即风速越大，土壤湿度越高；日平均气温与 4 月、5 月不同土层土壤湿度均呈显著负相关；降水量与 5 月不同土层土壤湿度均呈显著正相关；日平均日照时数仅与 5 月 0~10cm 土层呈显著负相关。

　　与三江平原春季各月不同土层土壤湿度呈显著相关的气象因素有日平均气温、降水量、日平均日照时数、前秋季降水量、积雪期长度。除 5 月 0~10cm 土层外，前秋季降水量与春季各月不同土层土壤湿度均呈显著正相关；日平均气温、日平均日照时数与 5 月不同土层土壤湿度均呈显著负相关；降水量与 5 月不同土层土壤湿度呈正相关，且降水量是影响 5 月不同土层土壤湿度最重要的气象因素；积雪期长度仅与 3 月 0~10cm 土层土壤湿度呈显著正相关。

5.5.2　松嫩-三江平原春季土壤湿度影响因素差异分析

　　总体来看，对于两大平原来说，它们的相同点在于，前秋季降水量对其春季土壤湿度的影响均是最大的，且影响持续时间最长。不同的是，积雪参数对松嫩平原春季土壤湿度影响同样较大，日平均气温、降水量、日平均日照时数、日平均风速对松嫩平原春季土壤湿度同样存在不同程度的影响；而积雪参数对三江平原春季土壤湿度基本无显著影响，日平均气温、降水量、日平均日照时数对三江平原 5 月土壤湿度影响较大。

　　对于松嫩平原来说，前秋季降水量、积雪期长度和积雪初日是影响各月各层土壤湿度的最重要的因素。分析认为，冬季土壤的封冻机制，使得前一年秋季降水能较好地储存在土壤中，流失较少，而积雪覆盖同时会起到隔绝层的作用，从而达到保墒的效果，积雪初日的提前则会增强保墒作用,由于土壤的记忆性,前秋季降水量与积雪覆盖对土壤的保墒作用在深层持续时间会更长,持续到了5月。最大雪深、积雪终日主要影响4月浅层土壤湿度,分析认为,这主要是由于积雪的融化期集中在3月底、4月初,此时积雪融水的渗入对浅层土壤湿度影响较大,最大雪深越大、积雪终日越晚,浅层土壤湿度越大。日平均风速与4月20~30cm土层土壤湿度呈显著正相关,这可能与积雪融化速率有关,风速大,使得积雪在短时间集中融化,或引起土壤解冻,造成了春季土壤湿度增大,这种影响仅能体现在深层,可能是因为对于浅层土壤来说,风速增大所导致的土壤湿度的增加与风速增大所造成的土壤水分蒸发相抵消。日平均气温对4月、5月土壤湿度具有显著影响,分析认为,3月松嫩平原日平均气温较低,随着4月、5月气温的逐渐回暖,日平均气温的升高使得蒸发作用逐渐增加,故而日平均气温对土壤湿度的影响逐渐增大。降水量与5月土壤湿度呈显著正相关,主要是由于松嫩平原春季降水量的分配不均,春季降水量主要集中在5月,3月、4月降水量较少。而日平均日照时数对春季土壤湿度影响较小,仅能影响5月0~10cm土层,即日平均日照时数引起的蒸发仅能作用在5月表层土壤。

对于三江平原来说,前秋季降水量是影响各月各层土壤湿度的最重要因素,其对土壤湿度的影响随月份的推移而逐渐减小,即三江平原春季土壤湿度同样依靠前一年冻结在土壤中的底墒,随着土壤解冻,土壤水分下渗,前秋季降水量对浅层的土壤湿度影响逐渐减小。与松嫩平原不同的是,积雪覆盖的保墒作用及积雪融化时对土壤水分的补充对三江平原春季土壤湿度基本无影响,这可能与三江平原本身土壤湿度较为饱和有关。到5月,随着气温的回暖、日照时数的增加,蒸发作用逐渐增强,日平均气温、日平均日照时数对不同土层土壤湿度的影响增大;同时降水量的骤增,也使得降水量成为影响5月不同土层土壤湿度最重要的气象要素。

5.6　积雪对土壤温度的影响分析

5.6.1　试验设计

试验一:不同深度积雪对地表土壤温度的影响试验。

试验在2018年冬季和春季进行,观测样地通过人为堆雪实现,试验时哈尔滨市积雪深度为30cm。具体试验过程为:首先,在自然植被为人工草地的样地上将积雪清除,将地面枯草清理干净,共清理出七个地块。然后,从周边取雪,用筛雪网将雪筛入其中六个地块,并用筛雪网均匀压实,人为堆积积雪深度冬季分别为5cm、10cm、20cm、30cm、40cm、50cm,春季分别为10cm、20cm、30cm、40cm、50cm的观测样地,面积大小为1.0m×1.0m,并重复三组。其中,每组设置一个裸地为对照样地,无积雪。在试验期间,随时关注天气预报,如果有新的降雪,事先用塑料布遮盖,均保持试验样地积雪深度不变,试验场地如图5.22(a)所示。

观测项目:不同深度积雪下的地表土壤温度及对照样地地表土壤温度采用Delta TRAK探针式温度计(两支)同时测量(避免产生较大误差),每次重复三次,计算其平均值。为了减小探针式温度计在插入时带入空气对温度的影响,采用长度为20cm的探针式温度

(a)   (b)   (c)

图 5.22 试验过程图

计,保证温度计插入积雪内部 20cm,如图 5.22(b)和图 5.22(c)所示。各雪块的积雪密度采用 Snow Fork 雪特性分析仪,保证积雪密度一致,大气环境温度采用手动通风干湿表进行测量。

观测时间:分别在 2018 年冬季 1 月 18 日、26 日、30 日及春季 3 月 12 日、15 日、19 日进行,每间隔 2h 观测一次,即分别在 08 时、10 时、12 时、14 时、16 时、18 时、20 时、22 时、24 时、02 时、04 时、06 时、08 时进行观测。

试验二:不同深度积雪对深层土壤温度的影响试验。

观测试验在 2017 年 10 月~2018 年 5 月进行,试验场设定在哈尔滨师范大学气象园内。具体试验过程为:将自然植被为人工草地的样地上的枯草清理干净,共清理出六个地块,面积大小为 1.5m×1.5m,沿地块四周预留 30cm 宽间隔,并埋设高 50cm 的聚乙烯薄膜作隔水处理,防止各试验样地之间土壤水分的水平迁移。在各试验样地中心位置埋设土壤湿度和土壤温度探头共 4 组,埋设深度分别为 5cm、15cm、25cm、35cm,利用 RR-7210 土壤温湿度自动监测系统对土壤温湿度进行自动记录,每间隔 1h 观测一次。在 2017 年 12 月 10 日第一次有效降雪后,进行试验预设的积雪深度控制,从试验样地周边取自然积雪,用筛雪网将雪均匀筛入六个地块,并用筛雪网均匀压实,人为堆积积雪深度为 10cm、20cm、30cm、40cm、50cm,其中一个为对照样地,无积雪。在试验期间,随时关注天气预报,如果有新的降雪,每次降雪后及时清扫裸地上的积雪。为方便对积雪深度控制,特定制 6 个与试验所需积雪体积大小相同的正方形铁框,置于试验样地之上,裸地四周也设置 10cm 高的正方形铁框,防止外部积雪进入影响试验结果,试验场布置如图 5.23 所示。在积雪开始融化后用钢板尺每天上午 09 时测量融化深度并记录(注:试验

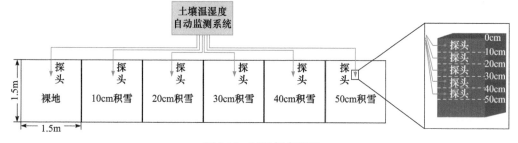

图 5.23 试验场布置图

样地设置在哈尔滨师范大学气象园内，不受人为干扰影响，最大限度地保留自然状态的积雪；由于积雪反照率受灰尘及杂质影响很大，因此在人工筛撒积雪时要最大限度地保证积雪的纯净)。

观测项目如下。

(1) 土壤湿度(液态含水率)：其是表征地表干燥程度的客观指标，采用 RR-7210 土壤温湿度自动监测系统，设定监测时间间隔为 1h，土壤深度分别为 5cm、15cm、25cm、35cm。

(2) 土壤温度：采用 RR-7210 土壤温湿度自动监测系统，设定监测时间间隔为 1h，土壤深度分别为 5cm、15cm、25cm、35cm。

(3) 积雪密度：采用 Snow Fork 雪特性分析仪分层测定，从上至下每隔 10cm 于雪层中间位置测量三次取平均值。

(4) 积雪日融化厚度：测量时间为积雪开始融化至积雪完全结束融化，即 2 月 26 日雪深开始出现厚度下降至 3 月 24 日积雪完全结束融化期间，每天上午 09 时用钢板尺测量各样地雪深变化，直至积雪完全融化结束。

5.6.2　不同深度积雪对地表温度的影响分析

1. 冬季积雪覆盖对地表温度的影响分析

1) 积雪下的地表温度与裸地地表温度比较

图 5.24 及表 5.11 展示了不同深度积雪下的地表温度及裸地地表温度。结果表明，5cm、10cm、20cm、30cm、40cm、50cm 积雪下的地表温度在各个时刻均大于同时间的裸地地表温度，说明积雪对地表具有保温效应。即使是 5cm 厚的积雪下地表温度也大于裸地地表温度，且随着积雪深度的增加，其保温效应也越来越强，并在任意时刻均表现出保温效应。一天中，5cm、10cm、20cm、30cm、40cm、50cm 积雪下地表平均温度分别高出裸地地表温度 5.19℃、5.82℃、6.33℃、6.79℃、7.29℃、8.40℃。同时，可以看出，积雪下的地表温度变化呈现出日变化特征，但也有区别，表现为在达到最高温度的时间不一致。日出后温度逐渐升高，午后达到最高，裸地中午 12:00 温度达到最高，积雪下的地表达到最高温度的时间落后于裸地 2h 左右，而后温度开始下降，凌晨 2:00 达到最低，再逐渐升高，积雪下的地表达到最低温度的时间与裸地和大气基本一致。

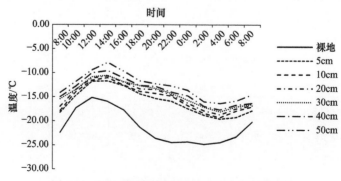

图 5.24　裸地及不同深度积雪下的地表温度变化

表 5.11　冬季不同深度积雪下地表温度与裸地地表温度之差　　　（单位：℃）

积雪深度	8:00	10:00	12:00	14:00	16:00	18:00	20:00	22:00	24:00	2:00	4:00	6:00	8:00	平均值
5cm	4.18	2.65	3.38	4.27	5.07	6.93	8.27	8.55	6.88	6.03	4.88	4.05	2.33	5.19
10cm	4.53	3.42	3.60	4.95	5.15	7.43	9.35	9.62	7.52	6.40	5.18	5.37	3.17	5.82
20cm	5.42	3.87	4.05	5.30	5.77	7.95	10.17	9.85	8.03	6.95	5.78	5.82	3.38	6.33
30cm	6.98	3.87	4.33	5.42	5.87	8.62	10.40	10.20	8.65	7.68	6.38	6.25	3.63	6.79
40cm	7.42	4.57	5.12	6.40	6.65	8.63	10.82	10.47	9.57	7.88	6.78	6.58	3.88	7.29
50cm	8.32	5.52	5.72	8.10	8.05	9.62	11.35	11.75	10.73	8.83	8.12	7.43	5.63	8.40

　　利用方差分析方法，对裸地及不同深度积雪下的地表温度进行了差异分析。方差分析结果表明(表 5.12)，在 0.05、0.01 概率水平下，积雪下的地表温度与裸地地表温度均具有显著差异，进一步说明了积雪具有保温效应。不同深度积雪下的地表温度虽然在数值上有差异，但在 0.05 概率水平下，5cm、10cm 与 50cm 积雪的地表温度有显著差异，20cm 以上与 50cm 无显著差异；在 0.01 概率水平下，5cm 与 50cm 积雪的地表温度有显著差异，10cm 以上与 50cm 无显著差异，说明当积雪深度达到 20cm 以上时，对地表的保温效应虽然在数值上有差异，但差异并不显著。

表 5.12　裸地与不同深度积雪下地表温度之间的差异性

积雪深度	差异显著性	
	α=0.05	α=0.01
50cm	a	A
40cm	ab	AB
30cm	ab	AB
20cm	ab	AB
10cm	b	AB
5cm	b	BC
裸地	c	D

注：采用标示法表示显著性差异，相同字母表示无差异，不同字母表示有差异。

　　以积雪深度为自变量(x)，以不同深度积雪下的地表温度与裸地地表温度之差为因变量(Y，代表保温效应的强度)，做线性回归方程，方程为

$$Y=0.597x+4.548 \qquad R^2=0.975 \qquad (5.1)$$

方程通过 0.01 水平检验($R_{0.01}^2=0.874$)，说明积雪深度和相应积雪深度下的土壤温度表现出显著线性相关关系，积雪深度每增加 10cm，积雪下的地表土壤温度与裸地地表土壤温度之差增加 5.97℃(图 5.25)。

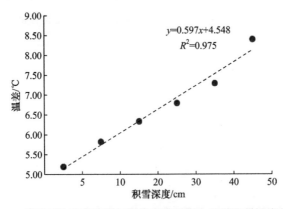

图 5.25　积雪下的地表温度与裸地地表温度之差随积雪深度的变化

2) 不同大气温度下积雪的保温效应

通过三天连续 24h 的野外试验观测，结果表明，在不同大气温度背景下，同一深度积雪对地表的保温效应不同，即积雪对地表温度的影响受到大气温度背景的影响 (表 5.13)。从表 5.13 中可以得出，大气温度越高，同一深度积雪下地表温度越高，积雪下的地表温度与裸地地表温度之差越大，积雪表现出的保温效应越强。以 5cm 积雪为例，在大气温度为 $-19.08℃$、$-23.23℃$、$-25.85℃$ 时，积雪下的地表温度与裸地地表温度之差分别为 $6.90℃$、$4.93℃$、$4.28℃$。

表 5.13　不同深度积雪下的地表温度与裸地地表温度之差　　　　　　　(单位：℃)

大气温度	5cm	10cm	20cm	30cm	40cm	50cm
$-19.08℃$	6.90	7.12	7.48	7.83	7.97	9.11
$-23.23℃$	4.39	5.27	5.78	6.29	7.03	8.31
$-25.85℃$	4.28	5.07	5.74	6.25	6.88	7.77

图 5.26 显示不同大气温度条件下，不同深度积雪下的地表温度随积雪深度的变化特征。以积雪深度为自变量(x)，以不同深度积雪下的地表温度为因变量(Y)，建立关系方程 (表 5.14)，可以看出，不同大气温度条件下，积雪深度与积雪深度下的地表温度均呈显著

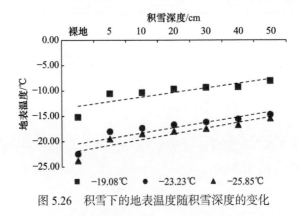

图 5.26　积雪下的地表温度随积雪深度的变化

线性相关关系($P<0.05$)。对比不同大气温度条件下的积雪地表温度变化速率，在大气温度分别为-19.08℃、-23.23℃、-25.85℃时，积雪深度每增加 1 个单位，地表温度分别增加 0.891℃、1.052℃、1.107℃，可见，大气温度越低，积雪下地表温度随积雪深度加深增加速率越快，说明气温降低，积雪的保温强度越强。

表 5.14　积雪下的地表土壤温度随积雪深度变化的线性回归方程

大气温度	线性回归方程	R^2
-19.08℃	$Y=0.891x-13.913$	0.714*
-23.23℃	$Y=1.052x-21.506$	0.805*
-25.85℃	$Y=1.107x-22.916$	0.841**

*表示通过概率水平为 0.05 的显著性检验；**表示通过概率水平为 0.01 的显著性检验。

2. 春季积雪覆盖对地表土壤温度的影响分析

1）积雪下的地表温度与裸地地表温度比较

图 5.27 和表 5.15 显示春季裸地与 10cm、20cm、30cm、40cm、50cm 积雪下地表土壤温度的分布。可以看出，春季不同积雪下地表土壤温度与裸地地表土壤温度相比，其变化特征与冬季有明显区别。在春季白天(8:00～16:00)，积雪下的地表温度低于裸地地表温度，平均低于裸地 7.18℃；下午至夜间(16:00～8:00)，积雪下的地表温度高于裸地地表温度，平均高于裸地 3.07℃。不同积雪深度下地表温度均表现出相同的分布特征，说明在春季，积雪表现出的保温效应主要出现在夜间，而白天则表现出降温效应。从全天平均值总体看，不同深度积雪下的地表温度均低于裸地地表温度，10cm、20cm、30cm、40cm、50cm 积雪下的地表温度分别低于裸地地表 2.10℃、0.77℃、0.82℃、0.83℃、1.05℃，平均低于裸地 1.11℃，证明春季积雪总体表现为降温效应。

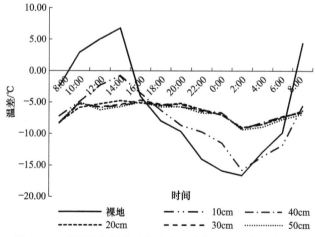

图 5.27　不同深度积雪下的地表温度与裸地地表温度变化

表 5.15　春季不同积雪下地表温度与裸地地表温度之差　　　　（单位：℃）

积雪深度	8:00	10:00	12:00	14:00	16:00	18:00	20:00	22:00	24:00	2:00	4:00	6:00	8:00	平均值
10cm	-4.72	-7.80	-7.33	-7.57	0.50	1.68	1.00	4.32	4.37	0.85	-0.70	-1.97	-9.98	-2.10
20cm	-5.72	-8.73	-10.30	-11.53	-1.03	2.45	4.50	7.85	8.82	7.62	4.42	2.38	-10.73	-0.77
30cm	-5.82	-8.15	-10.77	-12.17	-0.60	2.62	4.35	7.55	8.87	7.50	4.42	2.57	-11.00	-0.82
40cm	-5.77	-7.97	-10.90	-12.27	-0.98	2.58	3.93	7.73	9.17	7.35	4.72	2.53	-10.98	-0.83
50cm	-5.72	-7.87	-11.28	-12.50	-0.93	2.23	3.97	7.30	9.08	7.25	4.00	2.10	-11.28	-1.05

　　利用方差分析方法，对裸地及不同深度积雪下的地表土壤温度进行了差异分析。方差分析结果表明(表 5.16)，在 0.05、0.01 概率水平下，积雪下的地表温度与裸地均具有显著差异，进一步说明了积雪具有降温作用，不同深度积雪下的地表温度虽然在数值上有差异，但在 0.05、0.01 概率水平下，不同深度积雪下的地表温度之间差异性不显著，说明积雪深度对降温效应没有显著影响。

表 5.16　裸地与不同深度积雪下地表温度之间的差异性

积雪深度	差异显著性	
	α =0.05	α =0.01
50cm	a	A
40cm	a	A
30cm	a	A
20cm	a	A
10cm	a	A
裸地	b	B

注：采用标示法表示显著性差异，相同字母表示无差异，不同字母表示有差异。

2) 不同大气温度下积雪的降温效应

　　通过三天连续 24h 的野外试验观测，大气温度分别为-7.9℃、-6.1℃、-5.4℃，可见大气温度越高，积雪下的地表温度越高(图 5.28)，但方差分析结果显示，大气温度分别为-7.9℃、-6.1℃、-5.4℃时，相同深度积雪下的地表温度没有显著差异(P>0.05)，同一深度

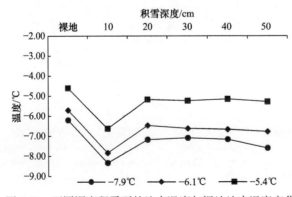

图 5.28　不同深度积雪下的地表温度与裸地地表温度变化

积雪对地表的温度效应影响差别较小(表 5.17)，即积雪对地表的降温效应未受到大气温度的影响。

表 5.17　不同深度积雪下的地表温度与裸地地表温度之差　　(单位：℃)

大气温度	10cm	20cm	30cm	40cm	50cm
−7.9℃	−2.14	−0.98	−0.89	−0.97	−1.40
−6.1℃	−2.14	−0.77	−0.92	−0.97	−1.08
−5.4℃	−2.03	−0.57	−0.63	−0.55	−0.68

5.6.3　不同深度积雪对深层土壤温度的影响分析

1. 对冬季深层土壤温度的影响

不同积雪覆盖条件下，不同深度土层冬季土壤温度分布情况见表 5.18。可以看出，不同深度土层土壤温度均表现出裸地土壤温度低于有积雪覆盖下的土壤温度。方差分析结果显示(表 5.19)，对于所有的土层来说，裸地土壤温度均显著低于有积雪覆盖下的土壤温度，即积雪对所有土层均可以起到保温作用。

表 5.18　冬季不同积雪覆盖条件下不同深度土层土壤温度　　(单位：℃)

土层深度	裸地	10cm	20cm	30cm	40cm	50cm
5cm	−13.40	−10.52	−9.51	−8.97	−9.00	−8.38
15cm	−11.54	−9.15	−8.30	−8.18	−8.17	−4.32
25cm	−10.04	−8.67	−7.47	−7.60	−7.51	−6.83
35cm	−8.77	−7.81	−7.24	−7.02	−6.64	−6.55

表 5.19　冬季不同深度积雪下土壤温度之间的差异分析

积雪深度	5cm		15cm		25cm		35cm	
	$\alpha=0.05$	$\alpha=0.01$	$\alpha=0.05$	$\alpha=0.01$	$\alpha=0.05$	$\alpha=0.01$	$\alpha=0.05$	$\alpha=0.01$
50cm	a	A	a	A	a	A	a	A
40cm	ab	AB	b	B	b	B	b	B
30cm	ab	AB	b	B	b	B	c	C
20cm	b	B	b	B	c	C	d	D
10cm	c	C	c	C	d	D	e	E
裸地	d	D	d	C	e	E	f	F

注：采用标示法表示显著性差异，相同字母表示无差异，不同字母表示有差异。

对于同一土层，不同积雪深度下土壤温度与裸地土壤温度之差见表 5.20，可以看出，随积雪深度增加，其土壤温度与裸地土壤温度之差逐渐增大，即随积雪深度增加，其对土壤的保温作用逐渐增强。进一步利用方差分析加以验证(表 5.19)得到,对于不同土层来说,不同积雪深度对土壤的保温作用略有差异。对于 5cm、15cm、25cm 土层来说,积雪深度为 10cm 时,土壤温度与裸地土壤温度之差分别为 2.88℃、2.39℃、1.37℃;而当积雪深度为 20cm、30cm、40cm 时,其土壤温度与裸地温度之差均无显著差异,分别在 4℃、3℃、2.5℃左右。也就是说,当积雪深度达到 20cm 时,与 10cm 积雪相比,积雪对土壤温度的保温作用显著增强,而当积雪深度在 20~40cm 时,积雪深度增加对土壤温度的保温作用没有显著提升。而当积雪深度达到 50cm 时,土壤温度与裸地土壤温度之差分别为 5.02℃、7.22℃、3.21℃,与 20cm、30cm、40cm 积雪相比,积雪对土壤温度的保温作用又有了显著提升。而对于 35cm 土层来说,不同积雪深度覆盖下,其土壤温度与裸地土壤温度之差均具有显著差异,分别为 0.96℃、1.53℃、1.75℃、2.13℃、2.22℃。也就是说,35cm 土层,随积雪深度增加,积雪对土壤温度的保温作用逐渐增强。

表 5.20　冬季不同积雪覆盖条件下土壤温度与裸地土壤温度之差　　(单位:℃)

土层深度	10cm	20cm	30cm	40cm	50cm
5cm	2.88	3.89	4.43	4.4	5.02
15cm	2.39	3.24	3.36	3.37	7.22
25cm	1.37	2.57	2.44	2.53	3.21
35cm	0.96	1.53	1.75	2.13	2.22

为了研究土壤温度随积雪深度的变化特征,以积雪深度为自变量(x)、不同土层土壤温度为因变量(Y),做线性回归方程,得到表 5.21。所有回归方程均通过 0.05 水平检验,即不同土层土壤温度与积雪深度均呈显著线性相关关系,土壤温度随积雪深度的增加而增大。且随土层深度的增加其变化速率逐渐减小,积雪深度每增加 1cm,5cm、15cm、25cm、35cm 土层土壤温度分别增加 0.865℃、0.719℃、0.565℃、0.425℃。

表 5.21　冬季积雪深度对土壤温度影响的线性回归方程

土层深度	线性回归方程	R^2
5cm	$Y=0.865x-12.988$	0.781*
15cm	$Y=0.719x-11.349$	0.809*
25cm	$Y=0.565x-9.998$	0.837*
35cm	$Y=0.425x-8.827$	0.900**

*表示通过概率水平为 0.05 的显著性检验;**表示通过概率水平为 0.01 的显著性检验。

从垂向上分析不同积雪对土壤保温作用的差异性,以 35cm 土层土壤温度与 5cm 土层土壤温度之差为例,裸地及 10cm、20cm、30cm、40cm、50cm 积雪下土壤温度差分别为 4.63℃、2.71℃、2.27℃、1.95℃、2.36℃、1.83℃,即有积雪覆盖下土壤垂向温度差异较小,说明有积雪覆盖,深层土壤温度的变化速率小,进一步说明积雪具有较好的绝热性，隔绝了土壤与大气环境间的热交换，使得不同深度土壤温度间的差异缩小。同时，随着积雪厚度的增加，差异越来越小，说明积雪厚度越大，保温效果也越强。同样的特点在其他土层温度之差中也有表现。

2. 对春季深层土壤温度的影响

不同积雪覆盖条件下，不同深度土层春季土壤温度分布情况见表 5.22。可以看出，5cm 土层，裸地土壤温度高于积雪覆盖下的土壤温度；而 15cm、25cm、35cm 土层，除 10cm 积雪下的 15cm 土层外，裸地土壤温度低于有积雪覆盖下的土壤温度。方差分析结果显示(表 5.23)，5cm 土层，裸地土壤温度显著高于积雪覆盖下的土壤温度，即在春季积雪对 5cm 土层起降温作用；15cm、25cm、35cm 土层，裸地土壤温度均显著低于 20cm、30cm、40cm、50cm 积雪覆盖的土壤温度，即当积雪深度达到 20cm 以上时，在春季积雪对 15cm、25cm、35cm 土层均可以起到保温作用。

表 5.22　春季不同积雪覆盖条件下不同深度土层土壤温度　　　(单位：℃)

土层	裸地	10cm	20cm	30cm	40cm	50cm
5cm	−0.62	−2.02	−1.65	−0.93	−1.06	−1.27
15cm	−3.45	−3.95	−3.03	−1.15	−1.72	−1.46
25cm	−4.19	−4.16	−3.18	−1.55	−1.53	−1.92
35cm	−4.40	−4.33	−3.49	−1.67	−1.57	−1.90

表 5.23　春季不同深度积雪下土壤温度之间的差异分析

积雪深度	5cm		15cm		25cm		35cm	
	$\alpha=0.05$	$\alpha=0.01$	$\alpha=0.05$	$\alpha=0.01$	$\alpha=0.05$	$\alpha=0.01$	$\alpha=0.05$	$\alpha=0.01$
50cm	a	A	a	A	a	A	a	A
40cm	a	A	a	A	b	AB	b	AB
30cm	a	A	a	A	b	B	bc	B
20cm	a	A	b	B	c	C	c	C
10cm	a	A	c	C	d	D	d	D
裸地	b	B	c	C	d	D	d	D

注：采用标示法表示显著性差异，相同字母表示无差异，不同字母表示有差异。

对于同一土层，不同积雪深度下土壤温度与裸地土壤温度之差见表 5.24，结合方差分析结果(表 5.23)可以得到，对于不同土层来说，不同积雪深度对土壤温度的影响略有差异。对于 5cm 土层来说，不同积雪深度下，其土壤温度与裸地土壤温度均具有显著差异，即有积雪覆盖情况下，5cm 土层土壤温度与裸地比显著下降，下降 0.31~1.4℃，但积雪深度增加，对土壤温度的降温作用并无显著差异。对于 15cm 土层来说，积雪深度为 20cm

以下时，土壤温度与裸地温度有显著差异；而当积雪深度为 30cm、40cm、50cm 时，土壤温度彼此之间无显著差异，与裸地之间的温度差在 2℃左右。也就是说，当积雪深度达到 30cm 时，与 20cm 积雪相比，积雪对土壤温度的保温作用显著增强，而当积雪深度为 30~50cm 时，积雪深度增加对土壤温度的保温作用没有显著提升。

表 5.24　春季不同积雪覆盖条件下土壤温度与裸地土壤温度之差　　　　　　（单位：℃）

土层深度	10cm	20cm	30cm	40cm	50cm
5cm	−1.40	−1.03	−0.31	−0.44	−0.65
15cm	−0.50	0.42	2.30	1.73	1.99
25cm	0.03	1.01	2.64	2.66	2.27
35cm	0.07	0.91	2.73	2.83	2.50

为了研究土壤温度随积雪深度的变化特征，以积雪深度为自变量(x)、不同土层土壤温度为因变量(Y)，做线性回归方程，得到表 5.25。15cm、25cm、35cm 土层回归方程均通过 0.05 水平检验，即其土壤温度与积雪深度均呈显著线性相关关系，土壤温度随上覆积雪深度的增加而增大。随土层深度的增加其变化速率逐渐增大，积雪深度每增加 1cm，15cm、25cm、35cm 土层土壤温度分别增加 0.498℃、0.597℃、0.645℃。

表 5.25　春季积雪深度对土壤温度影响的线性回归方程

土层深度	线性回归方程	R^2
5cm	$Y=0.009x-1.289$	0.001
15cm	$Y=0.498x-4.144$	0.746*
25cm	$Y=0.597x-4.844$	0.792*
35cm	$Y=0.645x-5.150$	0.817*

*表示通过概率水平为 0.05 的显著性检验。

从垂向上分析不同积雪对土壤保温作用的差异性，以 35cm 土层土壤温度与 5cm 土层土壤温度之差为例，裸地及 10cm、20cm、30cm、40cm、50cm 积雪下土壤温度差分别为−3.78℃、−2.31℃、−1.84℃、−0.74℃、−0.51℃、−0.63℃，即有积雪覆盖下土壤垂向温度差异较小，说明有积雪覆盖，深层土壤温度的变化速率小，进一步说明积雪较好的绝热性，隔绝了土壤与大气环境间的热交换，使得不同深度土壤温度间的差异缩小。同时，随着积雪厚度的增加，差异越来越小，说明积雪厚度越大，保温效果也越强。同样的特点在其他土层温度之差中也有表现。

3. 对春季(3 月 24 日~4 月 10 日)土壤液态含水率的影响

不同积雪覆盖条件下，不同深度土层土壤液态含水率分布情况见表 5.26。可以看出，不同深度土层土壤液态含水率均表现出，裸地土壤液态含水率低于有积雪覆盖下的土壤液态含水率。方差分析结果显示(表 5.27)，5cm、15cm、25cm 土层，裸地土壤液态含水率均显著低于积雪覆盖下的土壤液态含水率，即积雪对春季 5cm、15cm、25cm 土层有显著增湿的效果；而对于 35cm 土层，裸地土壤液态含水率显著低于 20cm、30cm、40cm、50cm 积雪覆盖的土壤液态含水率，即当积雪深度达到 20cm 以上时，在春季，积雪才对 35cm 土层有显著增湿的效果。

表 5.26　春季不同积雪覆盖条件下不同深度土层土壤液态含水率　　　(单位：%)

土层深度	裸地	10cm	20cm	30cm	40cm	50cm
5cm	0.82	6.33	9.42	10.57	12.58	17.59
15cm	1.09	4.24	10.58	12.01	15.39	16.32
25cm	2.43	3.67	8.28	9.07	10.25	11.61
35cm	4.00	4.12	5.02	10.24	12.43	13.29

表 5.27　不同深度积雪下土壤液态含水率之间的差异分析

积雪深度	5cm		15cm		25cm		35cm	
	$\alpha=0.05$	$\alpha=0.01$	$\alpha=0.05$	$\alpha=0.01$	$\alpha=0.05$	$\alpha=0.01$	$\alpha=0.05$	$\alpha=0.01$
50cm	a	A	a	A	a	A	a	A
40cm	b	B	b	A	b	A	a	A
30cm	c	C	c	B	c	B	b	B
20cm	d	CD	d	B	d	C	c	C
10cm	e	D	e	C	e	D	cd	C
裸地	f	E	f	D	f	E	d	C

注：采用标示法表示显著性差异，相同字母表示无差异，不同字母表示有差异。

对于同一土层，不同积雪深度下土壤液态含水率与裸地土壤液态含水率之差见表 5.28，可以看出，随积雪深度增加，其土壤液态含水率与裸地土壤液态含水率之差逐渐增大，即随积雪深度增加，其对土壤的增湿效果逐渐增强。进一步利用方差分析加以验证(表 5.27)可以得到，对于不同土层来说，不同积雪深度对土壤的增湿效果略有差异。对于 5cm、15cm、25cm 土层来说，不同积雪深度下，其土壤液态含水率与裸地土壤液态含水率之差均有显著差异，即随积雪深度增加，其对土壤的增湿效果显著增强。对于 35cm 土层来说，积雪深度为 20cm、30cm 时，土壤液态含水率与裸地土壤液态含水率之差具有显著差异，分别为 1.02%、6.24%，而当积雪深度为 40cm、50cm 时，其土壤液态含水率之间无显著差异，与裸地土壤液态含水率之差在 8%～9%。也就是说，当积雪深度在 20～40cm 时，随积雪深度增加，积雪对土壤湿度的增湿效果显著增强，而当积雪深度达到 40cm 以上时，积雪深度增加对土壤温度的增湿效果没有显著提升。

表 5.28　春季积雪覆盖下土壤液态含水率与裸地液态含水率之差　　　　　（单位：%）

土层深度	10cm	20cm	30cm	40cm	50cm
5cm	5.51	8.60	9.75	11.76	16.77
15cm	3.15	9.49	10.92	14.30	15.23
25cm	1.24	5.85	6.64	7.82	9.18
35cm	0.12	1.02	6.24	8.43	9.29

为了研究土壤液态含水率随积雪深度的变化特征，以积雪深度为自变量(x)、不同土层液态含水率为因变量(Y)，做线性回归方程，得到表 5.29。所有回归方程均通过 0.01 水平检验，即不同土层土壤液态含水率与积雪深度均呈显著线性相关关系，土壤液态含水率随上覆积雪深度的增加而增大，且自 15cm 土层向下，随土层深度的增加其变化速率逐渐减小，积雪深度每增加 1cm，5cm、15cm、25cm、35cm 土层液态含水率分别增加 2.15%、3.141%、1.989%、1.898%。

表 5.29　积雪深度对土壤液态含水率影响的线性回归方程

土层深度	线性回归方程	R^2
5cm	$Y=2.115x-2.181$	0.893**
15cm	$Y=3.141x-1.240$	0.954**
25cm	$Y=1.989x-0.862$	0.926**
35cm	$Y=1.898x-0.910$	0.929**

**表示通过概率水平为 0.01 的显著性检验。

5.7　本 章 结 论

(1) 1983～2019 年黑龙江省春季 0～30cm 土壤湿度均值为 88.22%，0～10cm、10～20cm、20～30cm 土层土壤湿度平均值分别为 82.63%、89.66%、92.36%，土壤湿度随深度增加而增加，各土层均未出现干旱状态。但各土层土壤湿度均出现极显著下降趋势，21 世纪 10 年代较 20 世纪 80 年代各层土壤湿度下降了 6%～15%，20 世纪 80 年代末进入偏干期。黑龙江省春季土壤湿度呈现由东到西逐渐减小的趋势，32%左右的站点呈现显著下降趋势，主要集中在黑龙江省东部、北部及西南部海伦—青冈—巴彦一带。前秋季降水量、积雪期长度及积雪初日是影响黑龙江省土壤湿度最重要的因素，对土壤湿度的影响能持续到 5 月，并能影响到 20～30cm；地表温度、日平均气温、日平均风速和降水量也对不同深度不同月份土壤湿度产生了不同程度影响。

(2) 松嫩平原春季土壤湿度显著低于三江平原，且年际变化更显著。两大平原整体均呈现表层土壤湿度显著低于深层土壤湿度的特征，且松嫩平原深层土壤湿度下降趋势较为显著。前秋季降水量对两大平原春季土壤湿度影响均是最大的，且影响持续时间最长。

随着气温回暖,降水量的增加,日平均气温、降水量、日平均日照时数开始对春季土壤湿度有不同程度的影响。而积雪参数仅对松嫩平原春季土壤湿度有显著影响,其中影响较大的是积雪期长度和积雪初日,其对土壤湿度的影响能最深涉及 20~30cm 土层,最久能持续到 5 月;而最大雪深及积雪终日仅在积雪融化期对浅层土壤水分有所影响。

(3) 通过室外试验得到,积雪覆盖对地表土壤温度产生了显著影响,不同深度的积雪对地表温度的影响存在一定差异。冬春季节积雪表现出的温度效应不同,冬季,积雪对地表具有保温作用,且随着积雪深度的增加,保温效应逐渐增强。积雪下的地表温度也受大气温度影响,大气温度越高,积雪下的地表温度越高,与裸地温差越大,保温效应越强。春季,积雪对地表温度的影响在不同时段表现不同,表现为积雪下地表温度白天低于裸地地表温度,保温效应表现在夜间,全天总体效应为降温作用;积雪深度对降温效应没有显著影响,平均低于裸地 1.11℃。

(4) 冬季,积雪对所有土层均可以起到保温作用;随积雪深度增加,其对土壤的保温作用逐渐增强;随上覆积雪深度的增加,土壤温度变化速率逐渐减小;从垂向上看,与裸地相比,有积雪覆盖下土壤垂向温度差异较小。春季积雪对土壤温度的影响与冬季不同,表现为积雪在春季对 5cm 土层起降温作用,而除 10cm 积雪下的 15cm 土层外,其他土壤仍然起到保温效应;对于 5cm 土层来说,随积雪深度增加,其对土壤温度的降温作用并无显著差异;15cm、25cm、35cm 土层,当积雪深度达到 20cm 以上时,积雪才起到保温作用,且随着上覆积雪深度的增加而增大。

(5) 积雪对春季 5cm、15cm、25cm 土层有显著增湿的效果,且随积雪深度增加,其对土壤的增湿效果显著增强。而对于 35cm 土层,当积雪深度达到 20cm 以上时,才对其有显著增湿的效果,当积雪深度为 20~40cm 时,随积雪深度增加,积雪对土壤温度的增湿效果显著增强,而当积雪深度达到 40cm 以上时,积雪深度增加对土壤温度的增湿效果没有显著提升。自 15cm 土层向下,随土层深度的增加,土壤液态含水率随积雪深度的变化速率逐渐减小。

参 考 文 献

白莉, 王中良, 黄毅. 2010. 西安地区大气降水的痕量金属特征及其来源解析. 干旱区地理, 33(3): 385-393.

蔡玉琴, 王烈福. 2019. 21 世纪初青海省牧区雪灾的变化特征分析. 青海气象, (3): 87-91.

车涛, 李新. 2005. 1993-2002 年中国积雪水资源时空分布与变化特征. 冰川冻土, 27(1): 64-67.

车涛. 2020. 中国积雪地面观测规范. 北京: 科学出版社.

陈光宇, 李栋梁. 2011. 东北及邻近地区累积积雪深度的时空变化规律. 气象, 37(5): 513-521.

陈雷. 1995. 雪水浇花花更艳. 中国花卉盆景, (12): 11.

陈艳秋, 陈宇, 吴曼丽. 2013. 辽宁省设施农业暴雪及大风灾情特征分析. 安徽农业科学, 41(4): 1660-1661, 1692.

丹增诺布, 白玛央宗, 扎西央宗. 2019. 2015 年西藏日喀则市和阿里地区雪灾遥感监测评价. 高原科学研究, 3(2): 43-50.

丁一汇, 戴晓苏. 1994. 中国近百年来的温度变化. 气象, 20(2): 19-26.

董灿. 2015. 我国人为源大气汞排放清单的分析研究. 西安: 西安建筑科技大学.

符淙斌, 延晓冬, 马柱国, 等. 2010. 全球变化与地球系统. 北京: 气象出版社.

高景文. 1984. 雪对树木生长的作用. 内蒙古林业, (1): 29.

郭玲鹏, 李兰海, 徐俊荣, 等. 2012. 气温变化条件下融雪速率和土壤水分变化的同步观测试验. 干旱区研究, 29(5): 890-897.

哈斯塔木嘎. 2018. 畜牧业雪灾综合风险预测研究. 北方农业学报, 46(4): 95-100.

韩微, 效存德, 郭晓寅, 等. 2018. 南极长城站和中山站降水形态变化特征的研究. 气候变化研究进展, 14(2): 120-126.

郝晓华, 王建, 李弘毅. 2008. MODIS 雪盖制图中 NDSI 阈值的检验——以祁连山中部山区为例. 冰川冻土, (1): 132-138.

侯冰飞, 姜超, 孙建新. 2019. 基于雪雨比的黑龙江省降水相态变化特征分析. 高原气象, 38(4): 781-793.

胡健, 张国平, 刘丛强. 2005. 贵阳市大气降水中的重金属特征. 矿物学报, (3): 257-262.

胡铭, 刘志辉, 陈凯, 等. 2013. 雪盖影响下季节性冻土消融期的土壤温度特征分析. 水土保持研究, 20(3): 39-43.

胡汝骥. 1962. 利用积雪保墒, 实现作物增产. 新疆农业科学, (1): 39-41, 15.

胡一民. 2000. 雪水栽花有奇效. 中国花卉盆景, (1): 11.

户元涛. 2018. 1996-2012 年欧亚大陆积雪与气候变化的相互关系. 兰州: 兰州大学.

黄崇福. 2005. 综合风险管理的梯形架构. 自然灾害学报, (6): 8-14.

贾炳杰. 1985. 特殊生长激素——雪水. 农业科技通讯, (7): 40.

贾思勰. 2007. 齐民要术. 北京: 北京出版社.

蒋汉明, 邓天龙, 赖冬梅, 等. 2009. 砷对植物生长的影响及植物耐砷机理研究进展. 广东微量元素科学, 16(11): 1-5.

李晨昊, 萨楚拉, 王牧兰, 等. 2019. 1961-2016 年内蒙古雪灾时空分布特征. 自然灾害学报, 28(2): 136-144.

李栋梁, 刘玉莲, 于宏敏, 等. 2009. 1951-2006 年黑龙江省积雪初终日期变化特征分析. 冰川冻土, 31(6): 1011-1018.

李培基. 1988. 中国季节积雪资源的初步评价. 地理学报, (2): 108-119.

李培基. 1999. 1951-1997 年中国西北地区积雪水资源的变化. 中国科学(D 辑): 地球科学, S1: 63-69.

李时珍. 1996. 本草纲目. 北京: 团结出版社.

李嵩, 高庆九, 王冀, 等. 2014. 吉林省降雪时空变化分析. 北京农业, (18): 192-193.

李廷全, 那济海, 王萍, 等. 2006. 松嫩平原近年春旱特点浅析. 中国农业气象, 27(1): 53-55.

李新, 刘绍民, 马明国, 等. 2012. 黑河流域生态-水文过程综合遥感观测联合试验总体设计. 地球科学进展, 27(5): 481-498.

李雨鸿, 孙倩倩, 李辑, 等. 2015. 东北地区春播期土壤水份预测研究. 干旱地区农业研究, 33: 178-182.

李云, 冯学智, 肖鹏峰, 等. 2015. 巴音布鲁克典型区 MODIS 亚像元积雪覆盖率估算. 南京大学学报(自然科学), 51(5): 1022-1029.

李志超. 1977. 雪水浸种能增产. 气象, (10): 17-18.

林蒲田. 2003. 雪水与农业. 湖南农业, (24): 23.

刘俊峰, 陈仁升, 宋耀选. 2012. 中国积雪时空变化分析. 气候变化研究进展, 8(5): 55-62.

刘丽霞. 2006. 水质对植物生长的影响. 河北林业科技, (5): 38-39.

刘玉莲, 任国玉, 于宏敏. 2012. 中国降雪气候学特征. 地理科学, 3(10): 1176-1185.

刘玉莲, 任国玉, 于宏敏. 2013. 我国强降雪气候特征及其变化. 应用气象学报, 24(3): 304-313.

卢洪健, 莫兴国, 孟德娟, 等. 2015. 气候变化背景下东北地区气象干旱的时空演变特征. 地理科学, 35(8): 1051-1059.

吕鑫, 郭庆彪, 徐建辉. 2016. 徐州市气溶胶光学厚度时空分布遥感监测与分析. 遥感信息, 31(5): 79-84.

马丽娟, 秦大河. 2012. 1957-2009 年中国台站观测的关键积雪参数时空变化特征. 冰川冻土, 34(1): 1-11.

苗爱梅, 王洪霞, 逯张禹. 2016. 基于 GIS 的山西省暴雪灾害风险区划研究. 中国农学通报, 32(20): 133-140.

牛春霞, 杨金明, 张波, 等. 2016. 天山北坡季节性积雪消融对浅层土壤水热变化影响研究. 干旱区资源与环境, 30(11): 131-136.

钱正英, 沈国舫, 石玉林. 2007. 东北地区有关水土资源配置、生态与环境保护和可持续发展的若干战略问题研究 (中国工程院重大咨询项目). 北京: 科学出版社.

秦大河, 周波涛, 效存德. 2014. 冰冻圈变化及其对中国气候的影响. 气象学报, 72(5): 869-879.

任喜珍. 2010. 积雪消融对土壤水热状况的影响研究. 呼和浩特: 内蒙古农业大学.

邵东航, 李弘毅, 王建, 等. 2017. 基于多源遥感数据的积雪反照率反演研究. 遥感技术与应用, (1): 71-77.

沈明珠, 董克虞. 1978. 含氰污水的农业评价(一)氰化物对蔬菜的影响. 农业科技资料, (3): 25-34.

施雅风. 2001. 中国冰川与环境: 现在、过去和未来. 北京: 科学出版社.

史培军, 王静爱, 陈婧, 等. 2006. 当代地理学之人地相互作用研究的趋向-全球变化人类行为计划(IHDP)第六届开放会议透视. 地理学报, 61(2): 115-126.

孙军杰, 于溪滨, 郭松林, 等. 1995. 不同积雪深度对地面温度的增温效应. 中国农业气象, 16(6): 49.

孙晓瑞, 高永, 丁延龙, 等. 2019. 基于 MODIS 数据的 2001-2016 年内蒙古积雪分布及其变化趋势. 干旱区研究, 36(1): 104-112.

孙秀忠, 罗勇, 张霞, 等. 2010a. 近 46 年来我国降雪变化特征分析. 高原气象, 29(6): 1594-1601.

孙秀忠, 孙照渤, 罗勇. 2010b. 1960-2005 年东北地区降雪变化特征研究. 气象与环境学报, 26(1): 1-5.

王波, 王莹, 李永生. 2019. 黑龙江省降雪气候变化特征. 中国农学通报, 35(10): 114-120.

王晨轶, 纪仰慧, 金磊, 等. 2012. 2009 年黑龙江省干旱分析及评估. 干旱气象, 30(1): 124-129.

王澄海, 王芝兰, 崔洋. 2009. 40 余年来中国地区季节性积雪的空间分布及年际变化特征. 冰川冻土, 31(2): 301-310.

王贵琛, 赵连娣, 牛文泉. 1985. 灌溉水中六价铬对蔬菜生物效应的初步观察. 农业环境科学学报, (1): 15-18.

王继臣. 2008. 大气氟化物对植物的伤害及其测试分析方法. 安徽农业科学, (11): 4650-4651.

王佳萍. 2018. 中国东部地区吸光性碳质气溶胶的光学性质、混合状态及其来源研究. 南京: 南京大学.

王建, 车涛, 张立新, 等.2009. 黑河流域上游寒区水文遥感-地面同步观测试验. 冰川冻土, 31(2): 189-197.

王健. 1994. 雪水浸种的好处. 现代农业, (1): 22.

王萍, 李廷全, 闫平, 等. 2006. 近年黑龙江省春旱频繁发生的研究分析. 自然灾害学报, (3): 95-98.

王芝兰. 2008. 中国地区积雪的年际变化特征及其未来 40 年的可能变化. 兰州: 兰州大学.

魏丹. 2007. 积雪及下伏冻土中的水、热、盐运移规律的研究. 沈阳: 沈阳农业大学.

魏凤英, 张婷. 2009. 东北地区干旱强度频率分布特征及其环流背景. 自然灾害学报, 18(3): 1-7.

吴海燕, 孙甜田, 范作伟, 等. 2014. 东北地区主要粮食作物对气候变化的响应及其产量效应. 农业资源
　　与环境学报, 31(4): 299-307.

杨倩. 2015. 东北地区积雪时空分布及其融雪径流模拟. 长春: 吉林大学.

再仁. 2003. 雪对农业的益处. 湖南农业, (21): 22.

张海军. 2010. 2000-2009 年东北地区积雪时空变化研究. 长春: 吉林大学.

张晶晶, 陈爽, 赵昕奕. 2006. 近 50 年中国气温变化的区域差异及其与全球气候变化的联系. 干旱区资
　　源与环境, 20(4): 1-6.

张丽娟, 陈红, 张金峰, 等.2011. 黑龙江省雷暴灾害损失风险评估与区划. 自然灾害学报, 20(6): 117-123.

张廷军. 2019. 北半球积雪及其变化. 北京: 科学出版社.

张雪婷, 李雪梅, 高培, 等. 2017. 基于不同方法的中国天山山区降水形态分离研究. 冰川冻土, 39(2):
　　235-244.

张音, 海米旦·贺力力, 古力米热·哈那提, 等. 2020. 天山北坡积雪消融对不同冻融阶段土壤温湿度的
　　影响. 生态学报, 40(5): 1602-1609.

章诞武, 丛振涛, 倪广恒. 2016. 1956-2010 年中国降雪特征变化. 清华大学学报(自然科学版), 56(4): 381-
　　386, 393.

赵春雨, 王颖, 李栋梁, 等. 2010. 辽宁省冬半年降雪初终日的气候变化特征. 高原气象, 29(3): 755-762.

赵秀兰. 2010. 近 50 年中国东北地区气候变化对农业的影响. 东北农业大学学报, 41(9): 144-149.

中国气象局. 2003. 地面气象观测规范. 北京: 气象出版社.

中国气象局. 2012. 降水量等级(GB/T 28592—2012). 中华人民共和国国家质量监督检验检疫总局, 中国
　　国家标准化管理委员会.

邹继颖, 刘辉, 祝惠, 等. 2012. 重金属汞镉污染对水稻生长发育的影响. 土壤与作物, 1(4): 227-232.

左志燕, 张人禾. 2008. 中国东部春季土壤湿度的时空变化特征. 中国科学(D 辑): 地球科学, 38(11):
　　1428-1437.

Agnan Y, Douglas T A, Helmig D, et al. 2018. Mercury in the Arctic tundra snowpack: temporal and spatial
　　concentration patterns and trace gas exchanges. The Cryosphere, 12: 1939-1956.

Agnan Y, Le Dantec T, Moore C W, et al. 2016. New constraints on terrestrial surface-atmosphere fluxes of gaseous
　　elemental mercury using a global database. Environmental Science & Technology, 50(2): 507-524.

Berg T, Sekkesaeter S, Steinnes E, et al. 2003. Springtime depletionof mercury in the European Arctic as
　　observed at Svalbard. Science of the Total Environment, 304(1): 43-51.

Bintanja R. 2018. The impact of Arctic warming on increased rainfall. Scientific Reports, 8(1): 16001.

Blanchet J, Marty C, Lehning M. 2009. Extreme value statistics of snowfall in the Swiss Alpine region. Water
　　Resources Research, 45(5): 5424-5435.

Bond T C, Doherty S J, Fahey D W, et al. 2013. Bounding the role of black carbon in the climate system: a
　　scientific assessment. Journal of Geophysical Research, 118(11): 5380-5552.

Brooks S B, Saiz-Lopez A, Skov H, et al. 2006. The mass balance of mercury in the springtime arctic
　　environment. Geophysical Research Letters, 33(13): 1-4.

Brooks S, Lindberg S, Southworth G, et al. 2008. Springtime atmospheric mercury speciation in the McMurdo,
　　Antarctica coastal region. Atmospheric Environment, 42: 2885-2893.

Brown R D. 2000. Northern hemisphere snow cover variability and change, 1915-1997. Journal of Climate, 13(13): 2339-2355.

Cayan D R. 1996. Interannual climate variability and snowpack in the western United States. Journal of Climate, 9(5): 928-948.

Chang Q K, Ting Y, Kan Y, et al. 2009. Snowfall trends and variability in Qinghai, China. Theor Appl Climatol, 98: 251-258.

Changnon D. 2017. A spatial and temporal analysis of 30-day heavy snowfall amounts in the eastern United States, 1900-2016. Applied Meteorology and Climatology, 57: 319-331.

Changnon S A. 2007. Catastrophic winter storms: an escalating problem. Climatic Change, 84(2): 131-139.

Che T, Xin L, Jin R, et al. 2008. Snow depth derived from passive microwave remote-sensing data in China. Annals of Glaciology, 49(1): 145-154.

Cline D, Armstrong R, Davis R, et al. 2002a. CLPX GBMR snow pit measurements//Parsons M, Brodzik M J. CLPX-Ground: Ground Based Passive Microwave Radiometer(GBMR-7)Data. Boulder, CO: National Snow and Ice Data Center.

Cline D, Armstrong R, Davis R, et al. 2002b. CLPX LSOS snow pit measurements //Parsons M, Brodzik M J. CLPX-Ground: Snow Measurements at the Local Scale Observation Site(LSOS). Boulder, CO: National Snow and Ice Data Center.

Cline D, Elder K, Bales R. 1998. Scale effects in a distributed snow water equivalence and snowmelt model for mountain basins. Hydrological Processes, 12(10/11): 1527-1536.

Christoph M, Juliette B. 2012. Long-term changes in annual maximum snow depth and snowfall in Switzerland based on extreme value statistics. Climatic Change,111(3-4):705-721.

Ding M H, Han W, Zhang T, et al. 2020. Towards more snow days in summer since 2001 at the Great Wall Station, Antarctic Peninsula: the role of the Amundsen Sea low. Advances in Atmospheric Sciences, 37(5): 494-504.

Doherty S J, Warren S G, Grenfell T C, et al. 2010. Light-absorbing impurities in Arctic snow. Atmospheric Chemistry and Physics, 10(11): 647-680.

Douglas T A, Sturm M, Simpson W R, et al. 2008. Influenceof snow and ice crystal formation and accumulation on mercury deposition to the Arctic. Environ Sci Technol, 42: 1542-1551.

Dozier J, Painter T. 2004. Multispectral and hyperspectral remote sensing of alpine snow properties. Annual Review of Earth and Planetary Sciences, 32: 465-494.

Dye D G. 2002. Variability and trends in the annual snow-cover cycle in Northern Hemisphere land areas(1972-2000). Hydrological Processes, 16(15): 3065-3077.

Estilow T W, Young A H, Robinson D A. 2015. A long-term Northern Hemisphere snow cover extent data record for climate studies and monitoring. Earth System Science Data, 7(1): 137-142.

Fang F M, Wang Q C. 2004. Urban environmental mercury in Changchun, a metropolitan city in northeastern China: source, cycle, and fate. Science of the Total Environment, 330(1-3): 159-170.

Fang F, Wang Q, Li J. 2001. Atmospheric particulate mercury concentration and its dry deposition flux in Changchun City, China. Science of the Total Environment, 281(1-3): 229-236.

Ferrari C P, Dommergue A, Veysseyre A, et al. 2002. Mercury speciation in the French seasonal snow cover. Science of the Total Environment, 287(1): 61-69.

Flanner M G, Zender C S, Randerson J T, et al. 2007. Present-day climate forcing and response from black carbon in snow. Journal of Geophysical Research: Atmospheres, 112(D11): D11202.

Forsström S, Ström J, Pedersen C A, et al. 2009. Elemental carbon distribution in Svalbard snow. Journal of Geophysical Research, 114: D19112.

Fowler H J, Cooley D, Sain S R, et al. 2010. Detecting change in UK extreme precipitation using results from the climate prediction. net BBC Climate Change Experiment. Extremes, 13(2): 241-267.

Fu X, Feng X, Sommar J, et al. 2012. A review of studies on atmospheric mercury in China. Sci Total Environ, 421-422: 73-81.

Gascón E, Sánchez J L, Charalambous D, et al. 2015. Numerical diagnosis of a heavy snowfall event in the center of the Iberian Peninsula. Atmospheric Research, 153: 250-263.

Gregory J, David M. 2010. Long-term variability in northern Hemisphere snow cover and associations with warmer winters. Climatic Change, 99(1-2): 141-153.

Grenfell T C, Doherty S J, Clarke A D, et al. 2011. Light absorption from particulate impurities in snow and ice determined by spectrophotometric analysis of filters. Applied Optics, 50: 2037-2048.

Hall D K, Riggs G A, Salomonson V V, et al. 2002. MODIS snow-cover products. Remote Sensing of Environment, 83(1): 181-194.

Hall D K, Riggs G A, Salomonson V V. 1995. Development of methods for mapping global snow cover using moderate resolution imaging spectroradiometer data. Remote Sensing of Environment, 54(2): 127-140.

Hall D K, Riggs G A. 2007. Accuracy assessment of the MODIS snow products. Hydrological Processes, 21(12): 1534-1547.

Han Y, Huh Y, Hong S, et al. 2011. Quantification of total mercury in Antarctic surface snow using ICP-SF-MS: spatial variation from the coast to Dome Fuji. Bulletin of the Korean Chemical Society, 32: 4258-4264.

Hansen J, Nazarenko L. 2004. Soot climate forcing via snow and ice albedos. Proceedings of the National Academy of Sciences of the USA, 101(2): 423-428.

Hu Z, Kang S, Li X, et al. 2020. Relative contribution of mineral dust versus black carbon to Third Pole glacier melting. Atmospheric Environment, 223: 117288.

Huang J, Kang S, Zhang Q, et al. 2015. Characterizations of wet mercury deposition on a remote high-elevation site in the southeastern Tibetan Plateau. Environmental Pollution, 206: 518-526.

Huang Q, Reinfelder J R, Fu P, et al. 2020. Variation in the mercury concentration and stable isotope composition of atmospheric total suspended particles in Beijing, China. Journal of Hazardous Materials, 383: 121131.

Huntington T G, Hodgkins G A, Keim B D, et al. 2004. Changes in the proportion of precipitation occurring as snow in New England (1949-2000). International Journal of Climatology, 17(13): 2626-2636.

Hynčica M, Huth R. 2019. Long-term changes in precipitation phase in Europe in cold half year. Atmospheric Research, 227: 79-88.

Imbulana N, Gunawardana S, Shrestha S, et al. 2018. Projections of extreme precipitation events under climate change scenarios in Mahaweli River basin of Sri Lanka. Current Science, 114(7): 1495-1509.

Jiang L M, Wang P, Zhang L X, et al. 2014. Improvement of snow depth retrieval for FY3B-MW RI in China. Science in China(Series D), 57(6): 1278-1292.

Johnson K P, Blum J D, Keeler G J, et al. 2008. Investigation of the deposition and emission of mercury in arctic snow during an atmospheric mercury depletion event. Journal of Geophysi-cal Research: Atmospheres, 113(D17): 1-11.

Jones H G, Pomeroy J W, Walker D A, et al. 2003. Snow Ecology-Interdisciplinary Study of Covered Ecosystem. Cambridge: Cambridge University Press.

Juan I L M, Goyette S, Vicente S S M, et al. 2011. Effects of climate change on the intensity and frequency of heavy snowfall events in the Pyrenees. Climatic Change, 105: 489-508.

Juan L U. 2017. Research and source analysis of heavy metal elements pollution with atmospheric snowfall in Lanzhou City. Hubei Agricultural Sciences, 56(4): 650-653.

Kašpar M, Bližňák V, Hulec F, et al. 2021. High-resolution spatial analysis of the variability in the subdaily rainfall time structure. Atmospheric Research, 248: 105202.

Kenneth E K, Michael A P, Leslie E, et al. 2009. Trends in twentieth-century U. S. extreme snow-fall seasons. Journal of Climate, 22: 6204-6215.

Kim S J, Choi H S, Kim B M, et al. 2013. Analysis of recent climate change over the Arctic using ERA-Interim reanalysis data. Advances in Polar Science, 24(4): 326-338.

Knowles N, Dettinger M D, Cayan D R. 2006. Trends in snowfall versus rainfall in the Western United States. Journal of Climate, 19(18): 4545-4559.

Kokhanovsky A A, Zege E P. 2004. Scattering optics of snow. Applied Optics, 43(7): 1589-1602.

Krasting J P, Broccoli A J, Dixon K W, et al. 2013. Future changes in northern hemisphere snowfall. Journal of Climate, 26: 7813-7828.

Laacouri A, Nater E A, Kolka R K. 2013. Distribution and uptake dynamics of mercury in leaves of common deciduous tree species in Minnesota, USA. Environmental Science & Technology, 47(18): 10462-10470.

Larose C, Dommergue A, de Angelis M, et al. 2010. Springtime changes in snow chemistry lead to new insights into mercury methylation in the Arctic. Geochimica et Cosmochimica Acta, 74(22): 6263-6275.

Li C J, Kang S C, Shi G T, et al. 2014. Spatial and temporal variations of total mercury in Antarctic snow along the transect from Zhongshan Station to Dome A. Tellus Series B-Chemical and Physical Meteorology, 66.

Li J, Posfai M, Hobbs P V, et al. 2003. Individual aerosol particles from biomass burning in southern Africa: 2, compositions and aging of inorganic particles. Journal of Geophysical Research: Atmospheres, 108(D13).

Li X, Kang S, Zhang G, et al. 2018. Light-absorbing impurities in a southern Tibetan Plateau glacier: variations and potential impact on snow albedo and radiative forcing. Atmospheric Research, 200: 77-87.

Li Z, Liu J, Tian B. 2012. Spatial and Temporal Series Analysis of Snow Cover Extent and Snow Water Equivalent for Satellite Passive Microwave Data in the Northern Hemisphere (1978-2010). IEEE International Geoscience and Remote Sensing Symposium.

Liang N, Bradley R S. 2015. Snow occurrence changes over the central and eastern United States under future warming scenarios. Scientific Reports, 5(1): 1-8.

Liu C, Fu X, Zhang H, et al. 2019. Sources and outflows of atmospheric mercury at Mt. Changbai, northeastern China. Science of the Total Environment, 663: 275-284.

Liu J, Li Z. 2013. Temporal Series Analysis of Snow Water Equivalent of Satellite Passive Microwave Data in Northern Seasonal Snow Clawwes(1978-2010). IEEE International Geoscience and Remote Sensing Symposium.

Liu K, Wang S, Wu Q, et al. 2018. A highly resolved mercury emission inventory of Chinese coal-fired power plants. Environmental Science & Technology, 52: 2400-2408.

Loppi S, Frati L, Paoli L, et al. 2004. Biodiversity of epiphytic lichens and heavy metal contents of flavoparmclia caperatathalli asindicator of temporal variations of air pollution in the town of montccatini termc(central Italy). Science of the Total Environment, 29(1-3): 113-122.

Lundberg A, Koivusalo H. 2003. Estimating winter evaporation in boreal forests with operational snow course data. Hydrological Processes, 8(17): 1479-1493.

Luo Y, Duan L, Wang L, et al. 2014. Mercury concentrations in forest soils and stream waters in northeast and south China. Science of the Total Environment, 496: 714-720.

Ma L J, Qin D H. 2012. Temporal-spatial characteristics of observed key parameters of snow cover in China during 1957-2009. Sciences in Cold and Arid Regions, 4(5): 384.

Martel J L, Mailhot A, Brissette F, et al. 2018. Role of natural climate variability in the detection of anthropogenic climate change signal for mean and extreme precipitation at local and regional scales. Journal of Climate, 31(11): 4241-4263.

Marty C, Blanchet J. 2012. Long-term changes in annual maximum snow depth and snowfall in Switzerland based on extreme value statistics. Climatic Change, 111(3-4): 705-721.

Marty C, Meister R. 2012. Long-term snow and weather observations at Weissfluhjoch and its relation to other high-altitude observatories in the Alps. Theoretical and Applied Climatology, 110(4): 573-583.

Micah J H, William A G. 2020. Quantifying the changing nature of the winter season precipitation phase from 1849 to 2017 in Downtown Toronto(Canada). Atmosphere, 11(8): 867.

Mudryk L R, Derksen C, Kushner P J, et al. 2015. Characterization of northern hemisphere snow water equivalent datasets, 1981-2010. Journal of Climate, 28: 8037-8051.

Nelson S J, Johnson K B, Weathers K C, et al. 2008. A comparison of winter mercury accumulation at forested and no-canopy sites measured with different snow sampling techniques. Applied Geochemistry, 23: 384-398.

Niu H, Kang S, Wang H, et al. 2020. Light-absorbing impurities accelerating glacier melting in southeastern Tibetan Plateau. Environ. Pollut., 257: 113541.

Niu H, Kang S, Zhang Y, et al. 2017. Distribution of light-absorbing impurities in snow of glacier on Mt. Yulong, southeastern Tibetan Plateau. Atmospheric Research, 197: 474-484.

Niu Z Y, Sun P J, Li X L, et al. 2020. Spatial characteristics and geographical determinants of mercury and arsenic in snow in northeastern China. Atmospheric Pollution Research, 11: 2068-2075.

O' Gorman P A. 2014. Contrasting responses of mean and extreme snowfall to climate change. Nature, 512: 416-431.

Ogren J A, Charlson R J, Groblicki P J. 1983. Determination of elemental carbon in rainwater. Analytical Chemistry, 55(9): 1569-1572.

Paudyal R, Kang S, Huang J, et al. 2017. Insights into mercury deposition and spatiotemporal variation in the glacier and melt water from the central Tibetan Plateau. Science Total Environment, 599-600: 2046-2053.

Paudyal R, Kang S, Tripathee L, et al. 2019. Concentration, spatiotemporal distribution, and sources of mercury in Mt. Yulong, a remote site in southeastern Tibetan Plateau. Environmental Science Pollution Research, 26: 16457-16469.

Pu W, Cui J, Shi T, et al. 2019. The remote sensing of radiative forcing by light-absorbing particles (LAPs) in seasonal snow over northeastern China. Atmospheric Chemistry and Physics, 19(15): 9949-9968.

Qian Y, Flanner M G, Leung L R, et al. 2011. Sensitivity studies on the impacts of Tibetan Plateau snowpack pollution on the Asian hydrological cycle and monsoon climate. Atmospheric Chemistry and Physics, 11(5): 1929-1948.

Qian Y, Gustafson Jr W I, Leung L R, et al. 2009. Effects of soot-induced snow albedo change on snowpack and hydrological cycle in western US based on WRF chemistry and regional climate simulations. Journal of Geophysical Research, 114(D3): 1-19.

Qin D H, Xiao C D, Ding Y J, et al. 2006. Progress on cryospheric studies by international and Chinese communities and perspectives. Journal of Applied Meteorological Science, 17(6): 649-656.

Qu B, Ming J, Kang S C, et al. 2014. The decreasing albedo of the Zhadang glacier on western Nyainqentanglha and the role of light-absorbing impurities. Atmospheric Chemistry and Physics, 14: 11117-11128.

Ramsay B. 2000. Prospects for the Interactive Multisensor Snow and Ice Mapping System(IMS).New York: 57th Eastern Snow Conference.

Reinosdotter K, Viklander M. 2007. Road Salt Influence on pollutant Releases from melting urban snow. Water Quality Research Journal of Canada, 42(3): 153-161.

Riyaz A M, Sanjay K J, Arun K S, et al. 2015. Decline in snowfall in response to temperature in Satluj basin, western Himalaya. Journal of Earth System Science, 124(2): 2365-2382.

Robinson D A, Frei A. 2000. Seasonal variability of northern hemisphere snow extent using visible satellite data.

Professional Geographer, 52(2): 307-315.

Sarah B K, Thomas L, Delworth T. 2013. Controls of global snow under a changed climate. Journal of Climate, 26: 5537-5562.

Schaaf C, Gao F, Strahler A, et al. 2002. First operational BRDF, albedo nadir reflectance products from MODIS. Remote Sensing of Environment, 83(1): 135-148.

Scherrer S C, Christof A, Laternser M. 2004. Trends in Swiss Alpine snow days: the role of local- and large-scale climate variability. Geophysical Research Letters, 31(13): 13215.

Screen J A, Clara D, Ian S. 2012. Local and remote controls on observed Arctic warming. Geophysical Research Letters, 39(10): L10709.

Screen J A, Simmonds I. 2012. Declining summer snowfall in the Arctic: causes, impacts and feedbacks. Climate Dynamics, 38(11-12): 2243-2256.

Seong-Joong K, Hye-Sun C, Beak-Min K. 2013. Analysis of recent climate change over the Arctic using ERA-Interim reanalysis data. Advances in Polar Science, 24(4): 326-338.

Shepherd T G. 2016. Effects of a warming Arctic. Science, 353(6303): 989-990.

Siudek P, Falkowska L, Frankowski M, et al. 2014. An investigation of atmospheric mercury accumulated in the snow cover from the urbanized coastal zone of the Baltic Sea, Poland. Atmospheric Environment, 95: 10-19.

Song F, Qi H. 2007. Changes in winter snowfall/precipitation ratio in the contiguous United States. Journal of Geophysical Research, 112(D15): 109-120.

Stephen J D, Ross D B. 2007. Recent Northern Hemisphere snow cover extent trends and implications for the snow-albedo feedback. Geophsical Research Letters, 34(22): 60-64.

Sun S, Kang S, Guo J, et al. 2018. Insights into mercury in glacier snow and its incorporation into meltwater runoff based on observations in the southern Tibetan Plateau. Journal of Environmental Sciences, 68: 130-142.

Sun S, Ma M, He X, et al. 2020. Vegetation mediated mercury flux and atmospheric mercury in the alpine permafrost region of the central Tibetan Plateau. Environmental Science & Technology, 54: 6043-6052.

Susong D, Abbott M, Krabbenhoft D. 2003. Mercury accumulation in snow on the Idaho National Engineering and Environmental Laboratory and surrounding region, southeast Idaho, USA. Environmental Geology, 43(3): 357-363.

Talovskaya A V, Yazikov E G, Osipova N A, et al. 2019. Mercury pollution in snow cover around thermal power plants in cities (Omsk, Kemerovo, Tomsk Regions, Russia). Geography, Environment, Sustainability, 12: 132-147.

Tamang S K, Ebtehaj A M, Prein A F, et al. 2020. Linking global changes of sn-owfall and wet-bulb temperature. Journal of Climate, 33(1): 39-59.

Tang Y, Wang S, Wu Q, et al. 2019. Measurement of encesize-fractionated particulate-bound mercury in Beijing and implications on sources and dry deposition of mercury. Science Total Environment, 675: 176-183.

Tao C, Xin L, Jin R, et al. 2008. Snow depth derived from passive microwave remote-sensing data in China. Annals of Glaciology, 49(1): 145-154.

Tu M, Wang P, Jia X X, et al. 2013. Analysis and study on heavy metal pollution in snow samples from some areas of Beijing. Environmental Science&Technology, 36(4): 92-96.

Viklander M. 1999. Dissolved and particle-bound substances in urban snow. Water Science and Technology, 39(12): 27-32.

Wan Q, Feng X, Lu J, et al. 2009. Atmospheric mercury in Changbai Mountain area, northeastern China II. The distribution of reactive gaseous mercury and particulate mercury and mercury deposition fluxes. Environ Res, 109: 721-727.

Wang S X, Zhang L, Wang L, et al. 2014. A review of atmospheric mercury emissions, pollution and control in

China. Frontiers of Environmental Science & Engineering, 8: 631-649.

Wang X, Doherty S J, Huang J. 2013. Black carbon and other light-absorbing impurities in snow across Northern China. J. Geophys. Res., 118: 1471-1492.

Wang X, Pu W, Zhang X Y, et al. 2015. Water-soluble ions and trace elements in surface snow and their potential source regions across northeastern China. Atmospheric Environment, 114: 57-65.

Warren S G. 2019. Light-Absorbing impurities in snow: a personal and historical account. Frontiers In Earth Science, 6: 250.

Xu W H, Li Q X, Jones P, et al. 2017. A new integrated and homogenized global monthly land surface air temperature dataset for the period since 1900. Climate Dynamics, 50(15): 2513-2536.

Yang Y, Gan T Y, Tan X Z. 2019. Spatiotemporal changes in precipitation extremes over Canada and their teleconnections to large-scale climate patterns. Journal of Hydrometeorology, 20(2): 275-296.

Ye H C, Ye D Q, David R. 2008. Winter rain on snow and its association with air temperature in northern Eurasia. Hydrological Processes, 22: 2728-2736.

Zege E P, Samokhvalov I V, Kaul B V, et al. 2008. Correction for distortions in lidar measurements of cloud backscattering phase matrices caused by multiple scattering. Russian Physics Journal, 51(9): 958-964.

Zhang H, Fu X, Lin C, et al. 2015. Observation and analysis of speciated atmospheric mercury in Shangri-La, Tibetan Plateau, China. Atmospheric Chemistry & Physics, 15(2): 653-665.

Zhang L, Wang S, Wang L, et al. 2015. Updated emission inventories for speciated atmospheric mercury from anthropogenic sources in China. Environ Sci Technol, 49: 3185-3194.

Zhang Q, Huang J, Wang F, et al. 2012. Mercury distribution and deposition in glacier snow over western China. Environmental Science & Technology, 46(10): 5404-5413.

Zhang Q, Sun X, Sun S, et al. 2019. Understanding mercury cycling in Tibetan glacierized mountain environment: recent progress and remaining gaps. Bull Environ Contam Toxicol, 102: 672-678.

Zhang Y L, Kang S C, Zhang Q G, et al. 2015. A 500 year atmospheric dust deposition retrieved from a Mt. Geladaindong ice core in the central Tibetan Plateau. Atmospheric Research, 166: 1-9.

Zhang Y, Kang S, Cong Z, et al. 2017. Light-absorbing impurities enhance glacier albedo reduction in the southeastern Tibetan Plateau. Journal of Geophysical Research-Atmospheres, 122(13): 6915-6933.

Zhang Y, Kang S, Sprenger M, et al. 2018. Black carbon and mineral dust in snow cover on the Tibetan Plateau. Cryosphere, 12: 413-431.

Zhang Z F, Xi S, Liu N, et al. 2015. Snowfall change characteristics in China from 1961 to 2012. Resources Science, 37(9): 1765-1773.

Zhao C, Hu Z, Qian Y, et al. 2014. Simulating black carbon and dust and their radiative forcing in seasonal snow: a case study over North China with field campaign measurements. Atmospheric Chemistry and Physics 14(20): 11475-11491.

Zhong X, Kang S, Zhang W, et al. 2019. Light-absorbing impurities in snow cover across Northern Xinjiang, China. Journal of Glaciology, 65(254): 940-956.